本书编委会

主　编：杨军远　普布次仁

副主编：王　腾　刘志超　王颖波　钏荣华　米玛次仁

成　员（按音序排列）：

巴桑旺姆	白　玛	白玛曲西	白玛曲扎	边　琼
边玛罗布	蔡河章	陈佳龙	赤　曲	次　珍
次仁拉姆	次仁曲珍	次仁桑姆	次仁旺姆	次旺群培
代华光	旦　罗	德吉曲宗	德青巴珍	丁　增
多吉扎西	冯　艺	贡布措吉	郭龙光	郭艺楠
侯　栋	华　生	黄　鹏	加永登增	坚参扎西
拉巴卓玛	洛松桑邓	米久多杰	尼玛玉珍	潘贵元
孙　禄	索朗多吉	索朗塔杰	王　腾	吾珠多吉
吴　锋	西绕卓玛	香　求	向秋卓玛	杨　丹
杨丽敏	杨兴国	益西措姆	永　青	玉　洛
泽旺拥宗	扎西江村	扎西拉珍	张　静	张建春
张伟华	朱薇薇	庄玉文	卓　琼	卓　永
宗　珠	遵追白玛			

前　言

　　昌都市位于中国西藏自治区东部,地处横断山脉和三江流域的交汇处。受独特的地理位置和地形影响,昌都气候具有多样性、复杂性和独特性。作为西藏高原的重要组成部分,昌都的气候变化对整个高原区域乃至全球气候系统都具有深远影响。作为昌都气象科技工作者,我们深感昌都气象科技发展的战略意义和历史使命。随着昌都气象事业的发展,昌都气象工作者积累了大量宝贵的本地气象资料,针对昌都气候的科学研究,取得了大量的科研成果,也积累了丰富的经验。近年来,多种预报新技术和新资料的应用,既为气象工作提供了有力的支持,同时也对昌都市的气象科技能力提出了更高的要求。为深入贯彻落实习近平总书记关于气象工作重要指示精神,昌都气象工作者聚焦"四件大事"、聚力"四个创建""四个走在前列",坚持"人民至上、生命至上"理念,筑牢气象防灾减灾第一道防线,为昌都气象科技能力现代化和社会服务现代化提供支撑,努力推动气象事业高质量发展,为昌都"三区一高地"建设、副中心城市建设提供科学依据。这也是我们编写《昌都气候》一书的初衷。

　　昌都拥有新中国成立以来西藏第一个气象观测站。随着西藏社会经济的快速发展,昌都气象事业逐步实现了从无到有、从小到大,已从基础观测发展阶段进入观测、预报、服务综合性现代气象发展阶段。但目前,系统描述昌都气候的著作相对较少。"十三五"规划实施以来,昌都的气象观测站网建设取得了突飞猛进的发展,多角度的气象研究也逐步深入,在气候和气候变化方面积累了大量资料和研究成果,这为我们编著一部系统全面阐述昌都气候及其变化影响的专著提供了基础。昌都气象局高度重视,成立由杨军远和普布次仁为主编的《昌都气候》编委会,邀请西藏自治区内外气象专家加入编写组,于 2023 年 4 月正式启动了《昌都气候》一书的编著工作。

　　《昌都气候》一书分为 7 章,总结凝练了几代昌都气象工作者在长期的观测预报和科学研究中揭示的昌都天气气候变化规律,对昌都天气气候的主要影响、气候的基本特点、主要气象灾害及时空变化规律等做了详细的概括和深入的分析,同时,我们也希望通过介绍昌都的气候变化影响和气候资源情况,为读者展现一个更为全面、立体的昌都气候图景。第 1 章概述，阐述昌都气候、自然环境、社会经济概况、水能资源、气候资源和天气气候主要影响系统，由张建春、遵追白玛、香求、丁增、边琼、白玛、杨丽敏、代华光、赤曲等撰写。第 2 章气候要素特征，阐述云量、日照与辐射、气温、降水、湿度与蒸发、气压与风、地温与冻土的时空分布特征，由潘贵元、杨兴国、次仁桑姆、永青、华生、旦罗、扎西江村、卓琼、次仁拉姆、宗珠撰稿。第 3 章气候变化，分析了昌都市近 30 年气候变化、极端气候事件变化和未来气候变化预估，由边琼、西绕卓玛、边玛罗布、白玛曲西、扎西多吉、陈佳龙、吾珠多吉、坚参扎西等撰稿。第 4 章气象灾害及风险区划，阐述昌都市干旱、洪涝、冰雹、雪灾、雷暴的时空特征和气象灾害风险区划，由孙禄、郭龙光、庄玉文、加永登增、蔡河章等撰稿。第 5 章农业与气候，阐述了昌都市主要作物播种面积、种类，主要林木分布、种类、覆盖率及相关生长气候条件等概况，由卓永、玉洛、西绕卓玛、索朗多吉、次仁旺姆、德吉曲宗、次仁曲珍、张伟华、杨丹、索朗塔杰等撰稿。第 6 章气候资源与区划，阐述昌都气候区划、水资源、太阳能资源、风能资源和旅游气候资源，由朱薇薇、侯栋、白玛曲扎、黄鹏、吴锋、扎西拉珍、张静、巴桑旺姆、尼玛玉珍等撰稿。第 7 章气候变化的影响及应对，阐述气候变化对生态系统、交通、旅游和能源的影响及应对气候变化的重点领域和措施，由王腾、郭艺楠、洛松桑邓、益西措姆、米久多杰、索朗多吉、贡布措吉、次旺群培、泽旺拥宗、德青巴珍、拉巴卓玛、次珍等撰稿。此外，本书所用数据的整理、检验和校对由郭艺楠、白玛负责。

本书编写工作得到了西藏各级气象部门的关心和支持，衷心感谢所有为本书的编写提供了帮助的专家、同仁及相关单位。特别是自治区气象局正高级工程师杜军、边多、卓玛和高级工程师王元红，以及援藏省、市气象局专家，对本书的编写均提出了非常宝贵的建议和意见。正是有了他们的关注和支持，我们才能不断进步，深入探索昌都气候的奥秘。此外，由于昌都气候条件复杂，书中难免有不当之处，敬请读者不吝指正！

作者

2024 年 6 月

目　录

第1章 概 述

昌都市位于西藏自治区东部,地处横断山脉和三江(金沙江、澜沧江、怒江)流域,是西藏自治区东大门。东与四川省隔江相望,东南与云南省接壤,北与青海省交界,地理位置独特。总地势西北部高,东南部低,三条大江与三列山脉南北走向,相间分布,平行骈走,岭谷栉比,河谷深切,地形结构独特。属高原亚温带亚湿润气候,西北部、北部严寒干燥,东南部温和湿润,喜凉粮食作物种类、药用植物众多,原生森林资源及水资源、太阳能资源、风能资源等气候资源丰富。

昌都市是我国重要的国家安全屏障,也是重要的生态安全屏障,自然资源丰富,但气象灾害频发,气候变化敏感,生态环境脆弱。研究昌都市气候,把握天气气候影响机理,提升气候预测水平,对人们抵御自然灾害、防灾抗灾,合理开发和利用风、光、水等气候资源,维护国家生态安全、保护生态环境,建设社会主义现代新昌都具有非常积极的意义和价值。

1.1 气候概述

昌都市位于中纬度地区,由于青藏高原隆起,改变了其应属的亚热带气候,成为了高原大陆性气候,呈现出山地亚热带、山地暖温带、高原温带、高原寒带和永冻带等多样气候带。全市年平均日照时数为 2186.4～2767.0 h;年平均气温在 3.4～11.6 ℃;年平均降水量为 247.7～644.1 mm;年平均蒸发量为 1327.4～2611.1 mm,是年降水量的 4 倍多;年平均相对湿度为 37.6%～58.9%。由于受南北平行峡谷及中低纬度地理位置等因素的影响,气候总体特征具有垂直分布明显、区域性差异大,日照充足、太阳辐射强、日温差大、年温差小,夏季多夜雨、冬季多寒风的特点。气候多样,夏季气候温和湿润,冬季气候干燥寒冷;西北部、北部严寒干燥,而东南部温和湿润。山脉河流的南北纵向排列有利于暖湿气流的南北输送,峡谷高差悬殊,气候垂直变化大于水平变化。气象灾害种类多(主要有干旱、雷电、冰雹、暴雨、洪涝、霜冻、雪灾、大风等)、频率高、强度大、影响面广、造成的损失重。

1.1.1 昌都市气候特征

1.1.1.1 辐射强,日照充足

昌都市平均海拔在 3500 m 以上,空气稀薄,年平均气压和每立方米空气中含氧量仅有平原地区的 2/3。水和空气中尘埃杂质含量少,太阳辐射强度大。各县年平均日照时数在 2186.4~2767.0 h,比我国东部同纬度的长江流域要高出 30%,分布为南北少、中部多,但地区差异不大。

昌都市年太阳总辐射量为 6199.6 MJ/m²。夏季太阳总辐射量最多,为 1878.7 MJ/m²;其次是春季,为 1735.4 MJ/m²;秋季为 1409.1 MJ/m²;冬季最少,为 1176.4 MJ/m²。月变化呈单峰型,以 5 月最高,为 649.7 MJ/m²;12 月最低,为 379.8 MJ/m²。

1.1.1.2 整体气温偏低,日温差大,年温差小

昌都市年平均气温为 3.4~11.6 ℃,呈西北和东南低,中间高的分布规律。受地势结构、大气环流特点制约,气候分布为三江河谷地带气温最高,由东南向西北逐渐降低。月平均气温 7 月最高,1 月最低。由于受纬度、地势、水陆分布和天气等因素的影响,昌都市气温日变化大,日温差全年比同纬度的东部地区大得多,大部分地区气温日较差在 10 ℃ 以上,气温日较差冬季大、夏季小。

1.1.1.3 降水分布不均,冬季干燥,夏季湿润

昌都市年降水量为 247.7~644.1 mm,降水集中在夏季和秋季,季节分布不均。春季降水量为 49.5~99.5 mm,占全年降水量的 15.4%~20.0%;夏季降水量为 142.3~400.4 mm,占全年降水量的 57.4%~62.2%;秋季降水量为 51.6~154.8 mm,占全年降水量的 20.8%~24.0%;冬季降水量为 4.2~14.1 mm,占全年降水量的 2.0%~2.2%;。干、湿季特点分明,冬季干燥,夏季湿润。

1.1.1.4 相对湿度小,蒸发量大

昌都市各县(区)年平均相对湿度为 37.6%~58.9%,自东南向西北递减,低值中心为八宿县,高值中心为芒康县。每年 10 月至次年 4 月相对湿度小,大部分地区不到 50%,这段时间一般为干季。3、4 月份西南季风自南向北开始影响昌都市时,相对湿度逐月增大,除八宿县和察雅县外,进入 6 月后,各地相对湿度在 50% 以上。

各地年蒸发量为 1089.6~1891.9 mm,地处怒江河谷的八宿县年蒸发量最高,类乌齐县年蒸发量最低。

1.1.1.5 气象灾害种类多,频率高

昌都市气象灾害具有种类多、频率高、强度大、影响面广、造成损失重等特点。

常年发生暴雨、洪涝的县(区)超过 60％,干旱在昌都市几乎年年皆有。

从全市范围看,干旱、雪灾、霜冻、冰雹、大风、洪涝等气象灾害频繁,每年不同程度影响农牧业生产。气象灾害中以干旱发生频率大,损失较为严重,是造成农牧业生产力低而不稳的主要原因之一。昌都市高寒牧区几乎年年都要受雪灾的影响,其中以春季雪灾的危害更为突出,因积雪覆盖草场,影响牲畜的放牧,若持续时间过长,加上低温冷害,可造成牲畜受冻饥饿而大批死亡。

在海拔 3500～4000 m 的地区,多为农牧兼作区,灾害以霜冻为主。"十年十霜,十霜九灾"是这一带最为明显的气候特点之一。霜冻严重的年份,往往造成粮食大面积减产,有部分地区甚至颗粒无收。冰雹、大风也是昌都市常出现的气象灾害,造成的损失、范围虽不大,但其危害不可低估,常造成局地粮食减产,牲畜伤亡。

1.1.2　昌都市地形对气候的影响

地形对气候的影响是很明显的。一方面,高大的山脉可以阻滞气流的运行,起着不同气候区域之间的分界线作用;另一方面,在山区本身,以及高原、盆地、平原等地形不同的地方,又可以形成各不相同的局部性气候特点。

昌都市境内山川骈列,地势北高南低,自然地理特征及其格局不但保留有青藏高原的形态,还呈现近期自然地理作用的深刻影响,故地域类型多样、分异明显。由于高原山地的抬升和河流的强烈下切,形成高差悬殊的高山峡谷地带,山地垂直自然发育广泛。北部处于高原与高山峡谷间的过渡地带,高原面为残留状态,保留在丁青、洛隆、类乌齐、江达、邦达等区域,山势较和缓,海拔在 4500 m 左右,相对切割深度 1000～1500 m,河谷江面海拔多在 3000～4000 m。南部为深切割高山,分水岭狭窄,谷坡陡峻,高差达 2000～2500 m,形成起伏剧烈的峡谷地形。气候受山地阻隔或深切峡谷地形效应的影响,形成了以三江干流为主体,以干旱河谷稀树灌丛草原为基带的垂直带谱结构,此外,还有许多高度和面积不等的山体和草原,以及星罗棋布的溪沟、小河流。

地形对气温的影响主要表现在气温随地形高度的增加而降低,海拔高的地方气温低于河谷地带,其次是背风坡地区气温要比迎风坡地区高。从昌都市各地气温情况看,年平均气温随海拔高度的增加而递减,海拔每升高 100 m,年平均气温下降 0.6 ℃。河谷地带如八宿县和察雅县年平均气温都在 10 ℃ 以上,洛隆县、卡若区、江达县、贡觉县的年平均气温在 6 ℃ 以上。

降水分布与地形的不同有着极其密切的联系。昌都市的北部和东北部地区,当冷空气进入高原时,在高原中部东西走向的唐古拉山和念青唐古拉山的地形作用下,以及西北东南走向的巴颜喀拉山对气流的阻挡作用,使得这一带常年都是北方冷空气活动的通道和常定路径,也是冷暖空气在此经常交汇兴云致雨的场所。这里夏季多阵雨、冰雹,冬春多大风、大雪及低温。虽然降水多对作物、牧草的生长有利,可是夏秋之交,北方冷空气活动加剧南侵,加上地面的辐射冷却强烈,又往往造成大面积的霜冻灾害。冬春的强冷空气活动,往往接踵而来的是大风、大雪和强降温天气,这又给当地的畜牧业生产带来了深重的灾难。

又如,以八宿县为中心的怒江河谷,由于地处伯舒拉岭的背风坡,印度洋和孟加拉湾的暖湿气流不易到达,相反却受到的是气流翻山后的焚风效应和干热风的侵袭,致使怒江河谷成为干热河谷,降水特少,个别年份降水总量仅 106 mm,是昌都市典型的易旱地区。在横断山脉的地形地理作用下,往往是一山之隔,气候两样,其差异之大令人难以置信。如朱郭寺山南面,温和湿润、森林郁郁葱葱,而北面则严寒干冷。然乌沟东、西两侧,也各是一番天地。

地形对风的影响亦不小。如地处迎风坡的洛隆,年平均风速达 3.4 m/s,居全市各地之首,芒康亦如此,年平均风速 2.0 m/s。而地处背风坡的昌都,年平均风速仅 1.4 m/s,二者相差 2 倍。

总之,地形对气候的影响是很显著的,虽同属一县一地,但因地形不同而出现不同的气候特征。冬季,在地势高的山区,霜雪甚浓,而在河谷地带却可以看到山地亚热带类型植物。春季,河谷地带报春花盛开,高寒山顶却依然白雪皑皑。这些就是昌都市“一山有四季”“山高一丈,大不一样”的立体气候的真实写照。

1.1.3　影响昌都市气候形成的主要因子

昌都市的独特气候形成,除受地形影响外,也受其所处纬度、太阳辐射、昼夜的长短以及高原季风环流的影响。

高原季风环流因热力差异作用,夏季,高原为热源,高原上空大气柱受热膨胀,空气密度变小产生上升运动,周围大气辐合补充而形成低压环流;冬季,高原为冷源而形成冷高压环流,从而使得高原上空与邻近四周自由大气之间周而复始地存在着随季节的转换而变化的大气环流。

昌都市位于西藏东部的三江流域地带,山高谷深、地形复杂,使得近地面层风向日变化大而年变化小。据气象资料表明,昌都市除丁青县外,近地层多吹山谷风,季风层位于山谷风之上,再往上为行星西风气流。高原上的加热中心基本位于昌都市上空,与华东地区加热中心遥遥相对称。如不计潜热输送项,高原上的加热中心位于西部地区上空,这正表明三江流域的感热输送作用比较重要,华东地区则以潜热输送为主,感热输送项很小。之所以高原上感热输送项大,是因为其上大气柱较薄,水汽含量少,地表吸收太阳辐射多,升温较快。夏季,高原地表向大气提供的热量大于大气向外释放出的热量,使得低层生成热低压环流;再者,每年的 4—5 月,印度夏季风在缅甸和印度东北部盛行的时候,西南季风及其中的云团主要沿高原东南部的河谷地区向北推进,由此对高原中部、东部、东南部的天气产生明显影响,因而昌都市各地夏季盛行偏南或东南气流。冬季,虽然地面仍为热源,但提供给大气的热量小于大气向外空放出的热量,使得低层生成冷高压;再者,北方冷空气大量涌入昌都市上空,因而冬季昌都市各地盛行偏北气流。两个截然不同的环流系统,不但使我国东部地区的天气受其影响,而且当地的天气、气候更受其制约。

1.1.4　昌都市气候变化趋势

根据历年观测气象资料分析,昌都市年平均气温平均每 10 a 升高 0.42 ℃,高于全球(0.32 ℃/(10 a))和青藏高原(0.35 ℃/(10 a))的升温率;其中 21 世纪以来升温速率略有减小,升温率为 0.40 ℃/(10 a),冬季气温上升明显,升温率为 0.56 ℃/(10 a)。1979—2021 年,昌都市年平均最高气温和年平均最低气温平均每 10 a 分别升高 0.39 ℃、0.56 ℃,其中 21 世纪初年平均最低气温升温率为 0.43 ℃/(10 a)。昌都市平均年降水量量平均每 10 a 增加 4.60 mm,其中 1979—2001 年增加更明显,增长速率为 50.1 mm/(10 a),年平均降水的增加主要表现在夏季,增长速率为 32.6 mm/(10 a)。但是 21 世纪以来平均年降水量为减少趋势,减少速率为 18.8 mm/(10 a),年降水量的减少主要出现在夏季,减少速率为 17.9 mm/(10 a)。近 41 年昌都市年日照时数呈"增—减"态势。1979—2001 年昌都市年日照时数呈增加趋势,每 10 a 增加 13.8 h;21 世纪初昌都市年日照时数为减少趋势,平均每 10 a 减少 62.0 h,其中四季年日照时数均为减少趋势。

1.2　自然环境

昌都市是西藏自治区下辖地级市,位于西藏自治区东部、横断山脉西段、"三江"流域中上流。东隔金沙江与四川省甘孜藏族自治州相望;东南与云南省迪庆藏族自治州接壤;西南、西北分别与林芝市和那曲市毗邻;北与青海省玉树藏族自治州交界,处于商贸往来的枢纽地位,素有"藏东明珠"的美称。南北地跨北纬 28°30′～32°28′,东西地跨东经 93°40′～99°05′,南北长约 445 km,东西宽约 527 km,总面积 10.98 万 km²,占西藏自治区面积的 9%。全市平均海拔在 3500 m 以上。

昌都市辖卡若、江达、贡觉、察雅、芒康、左贡、八宿、洛隆、边坝、丁青和类乌齐共 1 区 10 县,138 个乡镇,1141 个村委会,34 个社区居民委员会和 1 个民族乡(芒康县纳西民族乡）。2020 年全市常驻人口 76.1 万人，其中，居住在城镇人口为 13.3 万人，居住在乡村人口为 62.8 万人，现有藏族、汉族、回族、纳西族、白族、蒙古族等 36 个民族。全市耕地面积 7.2423 万 hm^2，园地面积 130 hm^2，林地面积 407.7984 万 hm^2，草地面积 576.9158 万 hm^2，城镇村及工矿用地 1.3102 万 hm^2，交通运输用地 7112 hm^2，水域及水利设施用地 25.7318 万 hm^2，其他土地 78.4468 万 hm^2。

1.2.1　地形地貌

昌都市属于横断山脉的主要部分，整体地势西北部高，山体较完整，分水岭地区保存着宽广的高原面；东南部低，山体被切割成星罗棋布状。谷地由北向南逐步加深，岭谷栉比，河谷深切，仅有零星残存的高原面。高原主要分布在他念他翁山北段和宁静山，海拔在 4000～4500 m，最高处位于边坝县境内的念青唐古拉山脊，海拔高达 6980 m；在北纬 30°以南，为典型的高山峡谷区，河谷底海拔 2500～3500 m，最低处位于芒康县的金沙江河谷，海拔仅 2296 m。

昌都市的山脉为南北走向，三条大江与三列山脉相间分布，平行骈走。从西向东依次是伯舒拉岭、怒江；他念他翁山、澜沧江；达玛拉山—宁静山、金沙江。山脉海拔多在 4000～5000 m，山脉之间有深邃的河谷，山岭与河谷的高差达 1000～2000 m。独特的自然地貌和地形结构，使雄伟壮丽的青藏高原愈加多姿多彩。

昌都市的基本地貌类型有山地、台地和平原等。其中山地是昌都市最基本的地貌类型，形成了"山上有原，原上有山"的特殊地貌景观。

1.2.2　土壤和植被

1.2.2.1　土壤

昌都市拥有丰富多样的土壤类型，其土壤主要可以分为高山棕壤、高原草地土壤和冰碛土等几种类型。

高山棕壤是昌都市最主要的土壤类型之一，分布在海拔 3000 m 以上的地区。该类型的土壤层深厚，富含有机质和养分，具有良好的保水保肥性能，适宜农作物生长。

高原草地土壤主要分布在昌都市的高原草地地区，土壤层相对较浅，质地疏松，含有较多的石块和植物残渣。这种土壤适合草地生态系统的发展，对于畜牧业具有重要的意义。

冰碛土，主要分布在昌都市的高山和山谷地带，由冰川融水带来的碎石、砂砾等物质堆积而成。这种土壤质地较为粗糙，排水性好，但养分含量相对较低，因此在农

业生产中需要进行适当的土壤改良。

1.2.2.2 植被

昌都市五分草地三分林,总面积 1098 万 hm²,草地面积 576.9158 万 hm²,占总面积的 52.54%,林地面积 407.7984 万 hm²,占总面积的 37.14%,近 90% 的林草植被覆盖率。因气候条件适宜,且地势复杂,故拥有丰富多样的林草植被类型,主要可以分为高山森林、高原草原、亚高山灌丛和河谷湿地等几种类型。

高山森林是昌都市最主要的植被类型之一。在海拔 3000 m 以上的地区,常见的植被类型包括针叶林和阔叶林。针叶林主要由云杉、松树等组成,而阔叶林则以柳树、桦树等为主要树种。高山森林覆盖茂密,为昌都市的生态环境提供了重要的保护和调节功能。

高原草原广泛分布于昌都市的高原地带。这里的植被主要由牧草和草本植物组成,包括藏羚羊草、钩藜等。高原草原是昌都市畜牧业发展的重要基地,也是珍稀动物,如藏羚羊等的栖息地。

亚高山灌丛分布在昌都市的山坡地带。这里的植被多以低矮的灌木为主,如柴达木、锦鸡儿等。亚高山灌丛在保护土壤、防止水土流失等方面具有重要的作用。

河谷湿地主要分布在昌都市的河谷地带,包括河流、湖泊和湿地等。这里的植被类型较为丰富,包括芦苇、蒲草等湿地植物。河谷湿地是昌都市生态系统的重要组成部分,对于保护水源、调节气候等具有重要的功能。

昌都市植被丰富多样,为当地生态环境的保护和生物多样性的维护提供了坚实的基础。然而,由于气候变化和人类活动的影响,昌都市的植被也面临一定的压力和威胁,因此需要加强植被保护和恢复工作,促进可持续的生态环境发展。

1.2.3 水能资源

昌都市河流众多,源远流长。河流水系从东向西依次为金沙江、澜沧江、怒江,属藏东三江流域。境内雪山挺拔,高耸入云,终年积雪皑皑;江河深切,沟谷纵横,河川密布;高山湖泊,晶莹碧翠,多姿多彩。水利水能资源十分丰富。

1.2.3.1 河流

昌都市水系属外流水系,主要河流有怒江、澜沧江、金沙江及其支流,是我国及亚洲东南部主要河流的上游集结区之一,河流众多,水网发育。大小河流分属于太平洋和印度洋两大水系。怒江为萨尔温江的上游,该流域属印度洋水系。澜沧江、金沙江属太平洋水系,其中金沙江为长江上游,最终注入东海;澜沧江为东南亚著名河流——湄公河的上游,流经横断山脉地区,最后注入南海。此外,位于昌都市西南部的然乌湖是帕隆藏布江的源头,属雅鲁藏布江水系,它最终流入印度洋。

怒江发源于那曲境内的唐古拉山脉吉热格帕峰南麓,是西藏第二条大河。它在索县荣布区热曲河口以下 2 km 处流入昌都市,流经边坝、洛隆、八宿和左贡等县,在左贡县碧土西 13 km(28°52′N)进入察隅县,然后入云南,出国境到缅甸,称萨尔温江。怒江在昌都市河长 660 km,流域面积 48 000 km²,年平均流量为 758.2 m³/s,年径流量为 239.1 亿 m³(嘉玉桥站)。怒江河谷地貌特征可以洛隆县俄西区东约 5 km 附近分为上下两段,上段为以峡谷为主的窄峡相间河谷段,下段为深切峡谷段。

澜沧江纵贯昌都市中部,分为扎曲和昂曲。澜沧江自青海杂多县进入卡若区,流经察雅、左贡和芒康等县,在盐井南面进入云南,然后出国境,称湄公河。澜沧江在昌都市境内长约 490 km,江面海拔 2160~3500 m,落差 1340 m,流域面积 38 000 km²,年平均流量为 472.5 m³/s,年径流量为 149.3 亿 m³。

金沙江发源于青海境内唐古拉山脉的格拉丹冬雪山北麓,是西藏和四川的界河。它在江达县和四川的石渠县交界处(江达县邓柯乡的盖哈河口)进入昌都市边界,经江达、贡觉和芒康等县东部边缘,巴塘县中心线附近的麦曲河口西南方小河的金沙汇口处入云南,然后在云南丽江折向东流,为长江上游。金沙江在昌都市段河长 587 km,江面海拔 2296~3340 m,落差 1044 m,流域面积 23 000 km²,年平均流量为 957.3 亿 m³,年径流量为 301.9 亿 m³(巴塘站)。

1.2.3.2　湖泊

昌都市湖泊数量众多,但规模很小,仅莽错湖和然乌湖面积超过 10 km²。此外,较大的湖泊还有布托错青(面积 9.0 km²)、布托错穷(面积 6.4 km²)、仁错(面积 3.7 km²)。昌都市湖泊全部为外流淡水湖。湖泊的成因多样,有构造成因、冰川成因以及其他成因(如堵塞谷地成湖)等。昌都市湖泊大多为古冰川作用形成的冰川湖,如布托错青和布托错穷,其中面积在 1 km² 以下的高山湖泊基本上都为冰川湖泊,也有一些湖泊为现代谷地因山崩、滑坡或泥石流堵塞形成的湖泊,如然乌湖就是由山崩堵塞而形成的。

1.2.3.3　冰川

昌都市冰川和积雪面积 2071.8 km²,均为海洋性冰川。边坝、八宿境内的冰川及积雪面积最大,左贡、丁青次之。这些在山峰岭上布满着的冰雪,是天然的固体水库,蕴藏着巨大的水利水能资源。

来古冰川位于西藏昌都市八宿县然乌镇境内,为世界三大冰川之一,是帕隆藏布的源头。由 6 个冰川组成:美西冰川、亚隆冰川、若骄冰川、东嘎冰川、雄加冰川和牛马冰川,来古在藏语的意思就是隐藏着的世外桃源般的村落,来古冰川紧邻然乌湖,是西藏已知的面积最大和最宽的冰川,其中西藏最美的湖泊之一的然乌湖就在它身边,站在这里可以看到6条海洋性冰川,这样的自然景观在中国甚至在世界上都绝无仅有,是我国一个观看冰川的绝佳地点。

烔茸冰川位于丁青县,是世界上落差最大,最密集的悬冰川。从6328 m高的布迦雪山峰顶倾泻而下,形成坡面大约70°的悬冰川体,每年11月至次年5月,冰川下的冰碛湖面冻结,行走在上面,可以看到冰面上竖立着晶莹剔透的冰山。到了夏天,冰碛湖逐渐融化,浮冰如同一块块象牙玉飘浮在湖面。

1.2.3.4 河谷

在昌都市北部,河谷地区主要沿着雅鲁藏布江流域分布。雅鲁藏布江在这一区域呈现出蜿蜒曲折的走向,形成了许多壮丽的河湾和河滩。这里的河谷地区是昌都市农业发展的重要区域,种植业和畜牧业相对集中。农民主要种植小麦、玉米、土豆等作物,养殖牛、羊等家畜,南部,尼洋河是主要的河流,也是河谷地区的重要组成部分。尼洋河流经昌都市区的南部,向东流入雅鲁藏布江。河谷地区土地肥沃,气候适宜,适合农作物的种植和畜牧业的发展。农民主要种植大麦、蔬菜等作物,养殖牛、猪等家畜。

1.2.4 气候资源

气候资源是一种宝贵的自然资源,可以被人类直接或间接的利用,为人类生产、生活提供原材料和能源,广泛存在于大气圈中的光照、热量、降水、风能,可以分为热量资源、光能资源、水分资源、风能资源和大气成分资源等,具有普遍性、清洁性和可再生性,被应用于国计民生的各个领域,在人类可持续发展中占据着重要地位和作用。

气候是气候资源的来源和基础,气候资源的形成不同于气候的形成,气候需同一定的社会因子相结合转变为能源形成气候资源,相对更加复杂。昌都市平均海拔3500 m以上,日照时间长、太阳辐射强,太阳能资源尤为丰富。在国家政策的扶持下,太阳能电池板、热水器、太阳灶等设备在昌都市得到广泛应用,光伏发电已成为西藏清洁能源发展的大趋势。据了解,2023年5月,全球规模最大的光伏电站在西藏昌都市芒康县开工,这是目前全球在建规模最大、海拔最高、生态环保措施最完善的清洁能源发电项目。

风能资源也是气候资源之一,是一种清洁的可再生能源,是由太阳辐射地表受热不均,引起大气层受热不均,使得空气沿水平方向流动所形成的动能,是太阳能的一种转化形式。由于其地势高亢,受大气环流影响,昌都市风能资源具有潜在的开发价值。

昌都市亦有着丰富的水能、森林资源,有着多民族、多宗教以及人与自然相处和谐的人文胜景,有着毗邻川、滇、青三省的独特区位优势和开发条件,哺育了长江文明和东南亚文明,造就了三江并流的奇绝风景,昌都市旅游资源发展潜力巨大。

1.3 社会经济概况

过去的 70 多年间,特别是 1978 年我国改革开放以来,昌都市各行各业发生着翻天覆地的变化,昌都市经济从单一的原始农牧业发展为现代工业、农牧业及第三产业等并举的多元化经济结构。经过近半个世纪的财富创造和不断积累,2000 年昌都市经济发展实现生产总值 17.42 亿元,其中,第一产业总值 9.43 亿元,第二产业总值 3.27 亿元,第三产业总值 4.72 亿元;2020 年昌都市实现生产总值 252.89 亿元,其中,第一产业总值 31.09 亿元,第二产业总值 114.05 亿元,第三产业总值 107.75 亿元,在生产总值中,第一、二、三产业比重分别约为 12.3%、45.1%、42.6%。昌都市经济快速发展,社会发展水平实现质的提升。

1.3.1 第一产业现状

1997 年前农牧业一直是昌都市经济发展的重要支柱,其产值在工农业总产值中占有很大的比重。自改革开放以来,昌都市的农林牧渔业得到了巨大的发展。

1.3.1.1 农业

昌都市作为西藏重要的农业区之一,其农业健康、可持续发展不仅对本地社会和经济的可持续发展起着重大作用,同时也对整个地区实施可持续发展战略及增加农牧民收入有巨大的现实意义。据统计,昌都市的农作物种类丰富,作物超过 20 多个种类,其中粮食作物包括青稞、大麦、荞麦、稻谷、小麦(春小麦、冬小麦)、玉米、大豆、杂豆、豌豆和马铃薯;油料作物主要有花生和油菜籽;植物采集有虫草、贝母、天麻、雪莲花、红景天、灵芝和柴草;在瓜果类中,西瓜和草莓是昌都市的主要品种,此外,昌都市还有人工种植中草药材,如天麻、玛卡、藏红花、雪菊、党参,以及蔬菜类如菠菜、芹菜、油菜、茄子和西红柿等。

丰富的农作物品种不仅为昌都市农民提供了多样化的种植和收入来源,也为昌都市的农业发展提供了坚实的基础。昌都市的农业生产注重生态环境保护和可持续发展,采用科学的耕作方式和先进的农业技术,提高农产品的质量和产量,并致力于推动农业产业化和农村经济的发展。昌都市的农业发展不仅为当地农民带来了丰收和增加收入的机会,也为农村地区提供了就业机会和改善生活条件的途径。同时,农业的健康发展也为昌都市的粮食安全、农产品供给和生态环境保护做出了积极贡献。

目前,昌都市总耕地面积 7.2423 万 hm²,其中,水浇地占总耕面积的 52%。粮食作物播种面积约占全市总播面积的 80%;油料作物播种面积约占全市总耕地面积的 6%;蔬菜播种面积约占全市总耕地面积的 7%;饲草料播种面积约占全市总耕地面积的 7%。粮食作物是主要的农作物种植,占据了绝大部分的播种面积。油料、蔬菜和饲草料等作物也有一定的播种面积,但相对较小。水浇地的利用率较高,占据了总耕地面积的一半以上。这些数据反映了昌都市农业生产的特点和重点。

昌都市农业区域海拔高度跨度很大,从海拔 2200~4300 m 都有农作物的种植。根据昌都市的地理条件、气候特点和农业区域优势,按照优势资源优先开发、优势区域优先发展、大力发展特色优势产业的发展思路,全市耕地面积按海拔划分为 4 个种植区域,提出不同的发展方向和重点对策建议。涉及卡若区、察雅县、八宿县、洛隆县、贡觉县 5 县(区)17 个乡镇,这个区域是农业种植的重点区域;在海拔 3300~4000 m 的区域,年无霜期为 100~140 d,一年只能种植一季农作物。芒康、左贡、洛隆、丁青、卡若、八宿、边坝、江达、贡觉、察雅各县(区)的多数乡镇和类乌齐县的部分乡镇处于这一区域。其面积最大,耕地面积超过 3.33 万 hm²,主要发展粮食、油菜作物种植;在类乌齐、丁青、边坝、左贡等县,海拔高度在 4100~4300 m,年无霜期在 46~100 d,一年只能种植一季农作物。

1.3.1.2 林业

昌都市是西藏最大林区之一,森林资源丰富。2020 年昌都市森林面积 382 万 hm²,森林蓄积量 2.61 亿 m³,森林覆盖率 34.78%,林地面积 445.8 万 hm²。昌都市常见的树种有云杉、冷杉、云南樟、西藏红杉、高山松、桦木等 20 余种,主要分布在横断山脉上段与怒江中上游地带。云杉和冷杉是昌都市林区的主要树种之一,它们具有较高的经济和生态价值,其木材质地紧密,耐腐蚀性好,被广泛用于木材、建筑和家具制造等方面。云南樟是一种具有香气的树种,被用于制作香料和药材。西藏红杉是昌都市特有的树种,具有珍贵的观赏和保护价值。高山松和桦木也是昌都市常见的树种,桦木是一种常见的硬质树种,具有纹理美丽、耐久和耐腐蚀的特点,它被广泛用于家具制造和木工艺品制作。它们适应高寒环境,为当地的生态系统提供重要的支持。

昌都市的森林资源丰富,对当地的经济和生态环境发挥着重要作用。森林的保护和合理利用是昌都市林业发展的重要任务,通过科学的林业管理和可持续发展的策略,在开发利用这些植物资源时,应注重可持续发展和生态保护,合理规划和管理林地,确保植物资源的可持续利用。进一步提高昌都市林区的林业生产能力,促当地经济的繁荣和生态环境的改善。

1.3.1.3　牧业

昌都市是我国五大牧场之一,畜牧业在西藏经济中占据着非常重要的地位。昌都市的畜牧业以猪、牦牛、绵羊和藏羚羊等为主要养殖对象。牦牛是西藏高原地区的特有牲畜,是藏族人民的重要经济资源和文化象征。牦牛肉、牦牛奶、牦牛毛等都是具有高经济价值的产品,被广泛应用于食品加工、纺织和皮革等行业。绵羊在昌都市也有广泛的养殖,其羊毛和羊肉都是重要的农产品。畜牧业在昌都市经济中具有重要意义,首先,畜牧业提供了大量的就业机会,特别是对于当地农牧民来说,养殖是他们的主要经济来源。其次,畜牧业的发展促进了农牧业的结构调整和产业升级,推动了农村经济的发展。此外,畜牧业也为当地居民提供了丰富的农产品和畜产品,满足了他们的食物和生活需求。

昌都市的牧业区域包括卡若区、芒康县、洛隆县和边坝县等地。这些地区的畜牧业以牦牛、绵羊和藏香猪等为主要养殖对象。卡若区是昌都市的核心县区,该区境内包括了城区以及周边的乡镇和农村地区,畜牧业在这里相对发达,以牦牛、绵羊等为主要养殖对象;芒康县位于昌都市的西南部,横跨雅鲁藏布江,是昌都市重要的畜牧业县之一。该县地势较为平坦,适宜草原的发展,畜牧业经济相对较为发达;洛隆县位于昌都市的东部,是典型的高原山地地区,畜牧业在这里也占有重要地位。该县以藏羚羊保护区闻名,同时也发展牦牛、绵羊等畜牧业;边坝县位于昌都市的北部,是昌都市的边疆县,也是重要的畜牧业区域之一。该县地势较为崎岖,以牦牛、绵羊等为主要养殖对象,同时也有独特的藏族文化。

在类乌齐、丁青、边坝、左贡等县,海拔高度在 4100～4300 m,年无霜期在 46～100 d。虽然地处高寒牧业区,但一些地方由于小气候特征明显,通过早播和使用早熟品种,仍然可以种植粮食作物,农作物播种面积只有几千公顷,作物生长期也只有105 d 左右。该种植区特点是低温且多霜冻,适合种植饲草。饲草是牧业发展的重要组成部分,可以提供牲畜所需的饲料资源。在这些高寒地区,农民们可以种植高山草甸和高山牧草等适应低温环境的饲草品种,为牧畜业提供充足的饲料。昌都市作为西藏自治区的重要畜牧业区域,拥有广阔的草原和适宜的气候条件,为畜牧业的发展提供了良好的基础。地方政府也致力于推动畜牧业的科学管理和可持续发展,促进农牧民的增收和生活水平的提高。

1.3.2　第二产业现状

近几年,昌都市的第二产业即工业和建筑业发展情况呈现出稳步增长的态势。根据统计数据显示,昌都市的第二产业总产值在过去几年中持续增长,从 2017 年的

73.27 亿元增加到 2020 年的 114.05 亿元,增长率为 13.91%。工业和建筑业占据了昌都市第二产业的大部分份额,其增长率也在不断扩大。

1.3.2.1 工业

在工业方面,昌都市的工业发展主要集中在传统农副产品加工、建材制造和小型制造业等领域。随着农产品加工技术的提升和市场需求的增长,农副产品加工业得到了进一步发展。例如,农产品的精深加工和价值链延伸,使得农产品的附加值得到提升,进一步推动了工业的发展。同时,建材制造业也得到了一定程度的发展,石材加工和建筑材料的生产逐渐扩大,满足了昌都市基础设施建设和房地产市场的需求。小型制造业方面,昌都市的家庭作坊和小型企业数量逐年增加,涉及的领域也日益多样化,包括纺织、制衣、手工艺品等,进一步推动了工业的多元化发展。

1.3.2.2 建筑业

在建筑业方面,昌都市的城市化进程和基础设施建设的推进,对建筑业的发展起到了积极的推动作用。在城市化进程中,昌都市的城市建设和房地产市场不断扩大,住宅、商业和公共建筑的建设需求不断增长。与此同时,基础设施建设也在不断加强,包括道路、桥梁、水利设施等的建设。这些都促使了建筑业的快速增长,为昌都市经济的发展提供了强有力的支撑。昌都市的第二产业近年来保持了良好的发展态势。工业方面,农副产品加工、建材制造和小型制造业等领域得到了进一步发展,推动了工业的多元化和高附加值发展。特别是,城市化进程和基础设施建设的推进为建筑业的快速增长提供了机遇。随着工业和建筑业的不断发展,昌都市的经济实力和综合竞争力也将不断提升。

1.3.3 第三产业现状

2020 年昌都市第三产业总产值达到 107.75 亿元,占比为 42.6%。这一数字反映了第三产业在昌都市经济中的重要地位,同时也展示了第三产业作为昌都市经济发展的新动力。第三产业是指服务业,包括但不限于旅游业、餐饮业、金融业、教育业、医疗保健业、文化娱乐业等。这些行业在昌都市的经济发展中起到了重要的支撑作用,不仅满足了人们的日常生活需要,还为第一二产业的发展提供了必要的条件。

改革开放以来,昌都市的第三产业呈现出高速发展的态势,远远高于全国平均水平。第三产业总值几乎呈跳跃式增长,这也反映了昌都市经济结构调整的成果。过去几十年,昌都市在政府的引导下,大力发展服务业,推动了产业结构的转型升级。服务业的发展带动了就业机会的增加,提高了居民的收入水平。旅游业的蓬勃发展吸引了大量的游客,为昌都市带来了可观的旅游收入。餐饮业的繁荣为人们提供了多样化的饮食选择。金融业的发展为昌都市的企业和个人提供了更加便捷的金融服务。教育业和医疗保健业的提升为居民提供了更好的教育和医疗条件。文化娱乐业的兴起丰富了居民的文化生活。昌都市的第三产业发展不仅为经济增长注入了新的动力,还为第一二产业的发展提供了必要的支持。服务业的发展提高了农产品和工业品的销售渠道,促进了农业和工业的发展。服务业的需求也带动了相关产业的发展,形成了产业链的良性循环。

1.4 主要气候影响系统

气候系统由大气、海洋、陆地表面、冰雪覆盖和生物圈等部分组成,太阳辐射是气候系统的主要能源。在太阳辐射的作用下,气候系统是其内部的大气环流、下垫面性质和人类活动在长时间互相作用下,复杂天气过程的综合表现。昌都市的主要气候影响系统有高原低涡、高原切变线、北支槽、南支槽、西太平洋副热带高压、伊朗高压和孟加拉湾风暴。

1.4.1 高原低涡

高原低涡是生成于青藏高原主体上的一种次天气尺度低压涡旋,是高原夏季的主要降水系统,也是高原地区特有的天气系统,集中出现在高原 $30°\sim50°N$ 纬度带内。高原低涡的垂直厚度一般在 400 hPa 以下,平均水平尺度为 $400\sim500$ km,多数为暖性结构,生命期 $1\sim3$ d。它常在高原西部生成,尤其是 87°E 以西,然后沿 32°N 附近的切变线东移发展,最后绝大多数在高原东部地形的下坡处减弱、消失,极少能移出高原主体。高原中部是过渡带,在此地带低涡生消的概率相当。高原低涡不仅是夏季高原地区的直接降水系统,值得注意的是,在有利的环流形势配合下,少数高原低涡能够东移出高原发展。东移的高原低涡不仅影响高原临近地区,还影响到我国长江中下游、黄淮流域,甚至朝鲜半岛、日本等地,往往引发这些地区大范围的暴雨、雷暴等灾害性天气过程。高原低涡是特定季节和环流背景下,受高原下垫面热力、动力作用而形成的独特产物,是昌都市夏季的一种主要天气系统。对高原低涡的研究不仅是青藏高原气象学理论研究的一个重要问题,同时对提高高原及其下游地区的天气预报水平都有重要的实际意义。

何光碧等(2009)结合降水资料、500 hPa 高空资料、地面降水资料等,对青藏高原地区的低涡、切变线观测数据进行了普查和分析,王鑫等(2009)对 1980—2004 年 5—9 月逐日 08 时、20 时两个时次的 500 hPa 天气图资料做了普查,统计了高原低涡的中心位置、活动情况等反映高原低涡特征的指标量。利用这些指标量对高原低涡的时空分布、移动路径和发展规律等特征进行了统计研究,得出青藏高原 500 hPa低涡可分为三类:一是有锋区配合的斜压涡,二是有冷中心或冷槽配合的冷涡,三是位于暖脊或暖中心附近的暖涡。前两类与处于不同发展阶段的温带气旋类似,统称为冷涡,而暖涡是青藏高原独特的产物。高原低涡多数是暖性结构(约占 2/3),多出现在盛夏,是昌都市天气系统研究的重点。

1.4.2　高原切变线

高原切变线是指 500 hPa 等压面上反映在青藏高原上,温度梯度小、三站风向对吹的辐合线或二站风向对吹的辐合线,长度大于 5 经/纬距。在平均流场上,横切变线反映得较清楚。切变线以北是负涡度区,正涡度中心位于切变线以南,涡度零线与切变线平行、偏于切变线以北一个纬度,因此切变线上只有弱的正涡度,而主要的上升运动位于切变线以南。切变线两侧温度梯度很弱,而露点梯度却很大,切变线位于高温区,但并不与暖中心重合,因此,它是一个温度场分布较均匀而湿度梯度明显的系统。高原横切变线在垂直方向上是一个浅薄系统,其伸展高度一般在400 hPa 以下。多数高原横切变线是由西风带短波槽顺转而来,其形成初期具有明显的斜压性。从降水落区相对切变线位置分布看,竖切变线的两条高频带与高原上及其东侧的两条多雨带相对应,90％以上的横切变降水出现在切变线附近或南面,90％以上的竖切变线降水出现在竖切变线附近或东南面。

高原切变线是昌都市主要的降水系统之一,大多出现在 5—9 月,冬半年影响昌都可带来雪灾天气,夏季不仅可造成昌都大范围的降水天气,移出昌都市后还可造成昌都以东广大地区产生暴雨天气。高原切变线按形态可分为竖切变线和横切变线两大类。竖切变线有两种情况,一种竖切变线产生于两个小高压之间,是暖性结构,但尺度小降水少,维持时间也短;另一种竖切变线产生两个副热带高压之间,常给高原地区带来强降温天气,但次数也少。横切变线是昌都市的主要降水系统,它出现的概率最大,经常横贯整个高原地区,厚度约 2 km。它不但是由热力因素引起的,也包含有高原地形动力作用的影响。横切变线按性质又可分为冷性、暖性和冷转暖性切变线三类。从昌都区域切变线型的环流形势看,中东部存在东西向切变线,切变型的主要特征是南侧有低值系统,西北气流与西南气流构成风切变,这种冷、暖空气的交汇往往能够形成强烈辐合,迫使暖湿空气抬升,产生强降水。

1.4.3　北支槽

北支槽,属于西风槽的一种,具有西风槽的性质,即槽前有暖平流,槽后有冷平流。当发展较深的北支槽伴随南下的极涡开始影响我国北方地区,若北支槽在巴尔喀什湖一带受到阻扰或东亚大槽的建立不利于西风槽快速东移,且北支槽底纬度较低时,一旦有南支槽东移,会引导北方冷空气南下与南支槽前的暖湿气流交汇,形成昌都区域东南部大面积阴雨雪天气。北支槽在昌都市的降水中主要起引导冷空气南下的作用。北支槽平均活动位置位于$30°\sim50°N$附近,常常与南下的极涡相接,由于它属于西风槽的一种因此具有西风槽的性质,即槽前有暖平流,槽后有冷平流。当发展较深的北支槽伴随南下的极涡开始影响我国北方地区尤其是东北地区时,往往会伴随着蒙古气旋的剧烈发展,给东北地区和西北、华北地区带来大风降温天气,东北地区还往往出现降雪甚至于雪灾等恶劣天气。而如果北支槽底纬度较低时,一旦有南支槽东移,会引导北方冷空气南下与南支槽前的暖湿气流交汇,形成高原东南部大面积阴雨雪天气。

春季由于大陆升温较快,使得西风槽北移弱化,环流形式开始向夏季转变,也使得北支槽大大减弱,最终使得南支槽与北支槽合并,此时高空环流也改变为夏季环流形势。

秋季大陆降温较快,高空环流形势也开始向冬季转化,此时西风带南移,北支西风急流也开始南移,因此使得北支槽活动加强,影响纬度也开始降低,最终活动稳定于$50°N$附近,随着南支槽的重新建立高空环流改变为冬季形势。

1.4.4 南支槽

当高原有明显的高压脊,西太平洋副热带高压较强,则南支槽东移加强,其西南气流可直达东部地区影响天气。南支槽是冬半年副热带南支西风气流在高原南侧孟加拉湾地区产生的半永久性低压槽,平均活动位置位于$10°\sim35°N$附近。南支槽10月在孟加拉湾北部建立,冬季(11—2月)加强,春季(3—5月)活跃,6月消失并转换为孟加拉湾槽。10月南支槽建立表明北半球大气环流由夏季型转变成冬季型,6月南支槽消失同时孟加拉湾槽建立是南亚夏季风爆发的重要标志之一。冬季水汽输送较弱,上升运动浅薄,无强对流活动,南支槽前降水不明显,雨区主要位于高原东南侧一带。春季南支槽水汽输送增大,同时副高外围暖湿水汽输送加强,上升运动发展和对流增强,南支槽造成的降水显著增加,因此春季是南支槽最活跃的时期。影响昌都市的低槽,主要来源于高原南侧的孟加拉湾,常称之为孟加拉湾南支槽、印缅槽或南支波动等等。

据统计,地中海、孟加拉湾、北美西海岸和非洲西海岸是北半球四个南支槽活动最频繁的地区,孟加拉湾是其中首位。孟加拉湾南支槽活动有明显的季节性,10月至次年6月都有南支槽活动,其中3—5月最为活跃。而每年夏季副热带高压北进,西风带锋区北抬,25 °N 以南为副高控制,因而 7—9 月基本上没有明显的移动性南支槽活动。5—6 月和 9—10 月是季节转换期,也是南支槽趋向沉寂或活跃的转换期。6 月份西太平洋副高加强西伸,则与东伸的伊朗副高间形成稳定的孟加拉湾低槽,长江中下游随之进入梅雨。这种低槽不再是南支波动,而是稳定性的,有人称之为梅雨"锚槽"。10 月副高南退,南支波动重新趋于活跃。

南支槽的季节性变化与冷空气活动有着密切的关系。3—5 月和 11 月春、秋季节天气忽冷忽热,冷空气最活跃。6—8 月冷空气活动频数最少,而南支波动则是 7—9 月最不活跃,仅有一个月的相差。南支槽活跃的年份,历史上春季(3—4 月)降水量最多的 1977 年和 1987 年,3—4 月南支槽出现的频数都在 20 d 以上(历年平均 15 d)。由此可以推断,南支槽的多寡与冷暖空气活动的密切相关,可能是冷暖空气激发的产物。

1.4.5　西太平洋副热带高压

西太平洋副热带高压(以下简称"西太平洋副高")位于西北太平洋上,是副热带大型环流系统,它的强弱变化及其南北和东西位置的进退摆动,是副热带环流调整的主要表现,但它同时受西风带槽脊和东风带系统的制约和影响。西太平洋副高和西太平洋、东亚地区的天气变化有着极其密切的关系,其强弱和位置变化对我国夏季降水的分布型和旱涝趋势有重要影响,是影响高原大范围天气气候的主要环流系统。

夏季西藏地区高层受稳定的青藏高压控制,低层处于西太平洋高压和伊朗高压的断裂带中,形成了几支不同性质的气流汇合,形成了夏季青藏高原 500 hPa 环流的 3 个基本流型,即雨型、西藏高压型(Q 型)、西太平洋高压型(T 型)。在某种意义上讲,夏季西藏大范围天气预报主要是这 3 个基本环流型的建立、持续、转换和强度的预报。西太平洋副高对昌都市天气、气候有重要影响。西太平洋副高的强度和位置有明显的季节变化,夏季北进时,持续时间较长,移动速度较慢,而秋季南退时,却时间短,速度快。

西太平洋副高对昌都市天气的影响十分重要,夏半年更为突出,这种影响一方面表现在西太平洋副高本身;另一方面还表现在西太平洋副高与其周围天气系统间的相互作用。由于副热带高压的形状、南北位置和东西位置有不同组合,并且和周围不同的天气系统相互作用、相互联系、相互制约,在西太平洋高压控制下的地区,有强烈的下沉逆温,使低层水汽难以成云致雨,造成晴空万里的稳定天气,时间长久了可能出现大范围干旱。副热带高压与昌都市夏季天气气候的关系十分复杂,夏季西太平洋副高脊的西伸也影响高原上低槽、切变线等天气形势的发展,一般其脊顶越偏东越有利于切变线、低涡的活动,反之则不利。夏半年昌都市大部分地区的暴雨、洪涝、高温干旱等主要灾害性天气都和西太平洋副高有密切的关系。

1.4.6 伊朗高压

青藏高原位于亚洲大陆的中部,夏季为热源,东半球副热带高压带断裂成伊朗高压和西太平洋副高。与西太平洋副高类似,伊朗高压的演变主要表现为位置的移动及面积和强度的变化。500 hPa副热带高压在青藏高原及其附近地区的东西向活动有2种过程:第1种过程是从伊朗地区有分裂的副高进入高原,并逐渐在东移中变性和消失,同时又在伊朗上空重建副高的过程;第2种过程是在西风带动力性高压东移到东亚大陆或高原有残留的副高东移,与西太平洋高压叠加时,导致西太平洋高压西伸到大陆,以后又在东移的西风槽前东退。说明伊朗高压不仅影响青藏高原天气气候,且对西太平洋副高活动有影响。

伊朗高压的强弱趋势和位置变化具有明显的季节变化,夏季伊朗高压较强大,冬季减弱,范围也明显减小。由春季至夏季伊朗高压面积、脊线和东伸脊点有明显变化,即强度增强,范围扩大,向东伸展;4—8月,脊线由南向北的季节变化也非常显著,8月份平均位置达到29°N。不过,伊朗高压脊线的位置移动快慢也存在一些差别,6—7月伊朗高压存在较大距离的移动,表现出一定的跳跃性。伊朗高压除季节变化外还具有明显的年际变化。夏季平均面积指数最大值(30)是最小值(7)的4倍多,最东位置与最西位置相差达40个经度,南北位置最大相差8个纬度,其中7月份各指数均方差最大。

西藏高原夏季降水呈现出东、西部分布相反的特点。东部为负相关,西部为正相关,其中伊朗高压脊线和高原中西部降水相关关系明显。当伊朗高压偏北时,高原降水呈西多东少分布型,高原中西部容易出现洪涝,而昌都市则会降水偏少;反之,高原降水呈西少东多分布型,昌都市容易发生洪涝灾害。

1.4.7 孟加拉湾风暴

孟加拉湾是全球8个热带气旋易发地区之一。每年的初夏(5—6月)和秋末(10—11月),是孟加拉湾风暴最为活跃的时期。研究表明:2000—2020年初夏孟加拉湾地区共有18个热带气旋和风暴生成,移动方向、路径特征,可以将风暴分为北上、西北移、东北移、转向4种类型,影响藏东雨季开始过程都是孟加拉湾风暴不断北移或东北移动的过程。孟加拉湾风暴的形成和出现,对昌都市水汽输送带的建立和强弱有密切联系,是造成昌都市南部暴雨(雪)的主要天气系统之一。

孟加拉湾风暴对昌都市的影响,主要集中在5月和9—12月,经过关键区(15°N

以北,85°~90°E)的 80％以上的孟加拉湾风暴可以影响到高原地区。对昌都市的影响主要为 3 种形势。

（1）横槽切变型

西太平洋副热带高压西伸至南海附近,青藏高原有横槽或低涡切变线活动,随着横槽切变线转竖南移,在高原南侧到孟加拉湾形成了较深的低压槽区,槽前的西南气流将加强副高外围的西南气流,孟加拉湾风暴的暖湿气流沿西南气流影响高原,与高原低槽或低涡切变活动相配合,可造成区域性的降水。

（2）南支槽型

西太平洋副高西伸至南海附近,印度半岛上有南支槽东移到孟加拉湾上空加深,南支槽云系与孟加拉湾风暴云团相遇,形成范围更大的暴雨云团,在槽前的西南气流引导下影响高原,容易形成暴雪。

（3）西太平洋副高型

西太平洋副高西伸位置偏西,副高从南海西伸至中南半岛,西伸点可达 100°~105°E,随着副高的加强西移,其外围的西南气流将加强孟加拉湾至高原的西南气流,孟加拉湾风暴与西南气流相互作用在昌都市形成大降水天气。

第 2 章　气候要素特征

气候要素是表征某一特定地点和特定时段内的气候特征或状态的参量,主要包括气温、湿度、气压、风、云、雾、日照和降水等,这些参量是目前气象台站所观测的基本项目。气候要素也包括具有能量指示意义的参量,如太阳辐射、蒸发、大气稳定度、大气透明度等,气温、降水与光照对动植物的生长、分布及人类活动有着重大影响。

气候要素不仅是人类生存和生产活动的重要环境条件,也是人类物质生产不可缺少的自然资源。在生态学、地学、资源科学和农学等多学科的研究中,气候要素数据都是重要的基础数据源。

2.1　云量、日照与辐射

2.1.1　云量

云是悬浮在大气中的小水滴、过冷水滴、冰晶或它们的混合物组成的可见聚合体,有时也包含一些较大的雨滴、冰粒和雪晶。云的底部不接触地面,并有一定的厚度。云量是指云遮蔽天空视野的成数。云量观测包括总云量和低云量,天空被所有的云遮蔽的总份数,称为"总云量";天空被低云量遮蔽的份数,称为"低云量"。云量作为辐射强迫和反馈因子,是全球气候研究的重要参数。

2.1.1.1　总云量

昌都市总云量的年变化十分显著,冬、夏季差异大,一般 6—8 月总云量最多,11 月和 12 月最少(表 2.1),云量的年变化与降水和湿度的变化相吻合,雨季前后有明显的跳跃。昌都市冬季平均总云量在 2～5 成,是一年中云量最少的季节;春季各地总云量较冬季明显增多,为 5～7 成;夏季是四季中总云量最多的季节,达到 7～8 成,秋季会随着各地雨季的结束,总云量明显减少,为4～6 成。

表 2.1 昌都市各县(区)代表站平均总云量(单位:成)

站名	1 月	2 月	3 月	4 月	5 月	6 月	7 月	8 月	9 月	10 月	11 月	12 月
丁青	4.8	6.3	7.1	7.1	7.1	7.8	7.8	7.6	7.1	5.7	3.8	3.8
类乌齐	3.7	5.4	6.6	7.2	7.0	7.7	7.8	7.5	7.1	5.4	3.2	2.6
卡若	3.9	5.5	6.6	7.2	6.8	7.5	7.7	7.4	6.8	5.3	3.4	3.0
洛隆	3.4	4.8	6.2	6.6	6.3	7.1	7.6	7.3	6.5	4.8	3.0	2.6
八宿	2.8	4.1	5.8	6.5	6.3	7.0	7.9	7.7	6.6	4.5	2.8	2.1
芒康	2.3	3.6	5.4	6.5	6.3	7.1	8.2	8.1	6.7	4.3	2.6	2.0
左贡	2.5	3.5	5.0	6.2	6.0	6.8	8.1	7.9	6.6	4.0	2.5	1.9

　　昌都市各县(区)年平均总云量在 5～6 成,总云量的地域分布,年和四季基本一致,均为北部较多,南部偏少,其中丁青县最多,左贡县最少(图 2.1)。

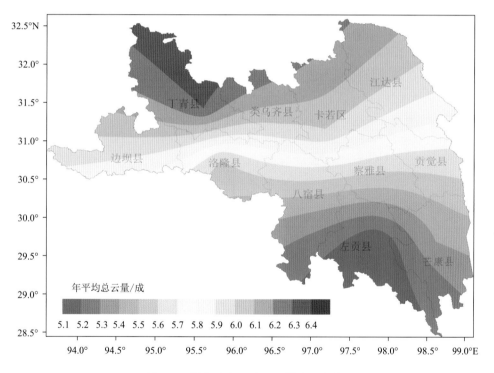

图 2.1 昌都市年平均总云量空间分布

2.1.1.2 低云量

　　昌都市各县(区)低云量季节性特征为夏季＞春季＞秋季＞冬季,夏季为 5～7 成、春季为 4～6 成,低云量的最低值出现在左贡,最高值出现在芒康;而秋季为 3～4 成、冬季为 1～3 成,最多出现在丁青,最少出现在卡若和左贡(表 2.2)。

表 2.2　昌都市各县(区)代表站平均低云量(单位:成)

站名	1月	2月	3月	4月	5月	6月	7月	8月	9月	10月	11月	12月
丁青	3.1	4.4	4.9	5.1	5.5	6.5	6.5	6.3	5.9	4.6	2.6	2.2
类乌齐	2.4	4.0	4.6	5.2	5.5	6.2	6.3	6.2	5.9	4.4	2.2	1.6
卡若	1.9	3.2	3.8	4.3	4.5	5.2	5.3	5.0	4.6	3.4	1.8	1.4
洛隆	2.0	3.0	4.0	4.5	4.8	5.7	6.0	5.9	5.2	3.8	2.0	1.4
八宿	1.7	2.7	3.9	4.5	4.9	5.8	6.5	6.4	5.7	3.8	1.9	1.2
芒康	1.7	3.0	4.3	5.1	5.1	6.2	7.3	7.2	6.1	3.8	2.1	1.3
左贡	1.4	2.3	3.5	4.2	4.5	5.7	6.6	6.4	5.4	3.2	1.6	1.0

　　昌都市年平均低云量在 3~5 成,呈西北多、东北和西南部偏少,以卡若、察雅、左贡一线为最少,不足 4 成,丁青、类乌齐最多为 4~5 成(图 2.2)。

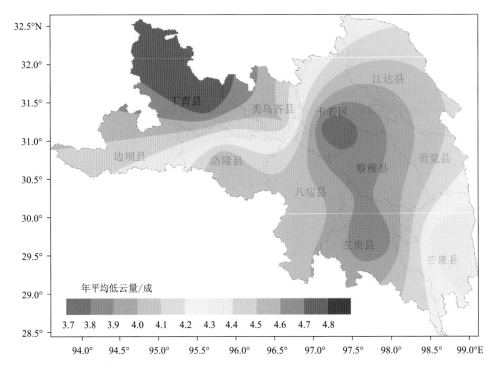

图 2.2　昌都市年平均低云量空间分布

2.1.1.3　晴阴天日数

　　按"总云量<2 成"为晴天、"总云量≥8 成"为阴天的标准,统计昌都市 7 个国家基本气象站的阴晴日数(表 2.3)。昌都市年晴天日数为 5~57 d,总体上呈北少南多的分布,其中左贡站晴天日数最多,丁青站最少;从季节来看,冬季晴天最多,秋季次

之,春、夏晴天天数均较少。

　　昌都市年阴天日数为 45～134 d,在空间上看呈南北多中间少的分布,全市阴天日数卡若站最多,类乌齐站和芒康站最少;从季节上来看,夏季阴天天数最多,为413 d;春季次之,为 61 d;冬季阴天天数最少,为 3 d。

表 2.3　昌都市各站阴晴天数(单位:d)

站名	晴天日数					阴天日数				
	春	夏	秋	冬	年	春	夏	秋	冬	年
卡若	0	1	4	6	11	28	92	12	2	134
丁青	1	0	2	2	5	12	50	9	1	72
类乌齐	0	0	2	10	12	2	39	4	0	45
洛隆	0	0	6	9	15	2	57	5	0	64
左贡	0	0	14	43	57	1	60	3	0	64
芒康	0	0	13	28	41	1	38	6	0	45
八宿	2	3	11	22	38	15	77	10	0	102

2.1.2　日照

　　日照时数是太阳在一地实际照射地面的时数,用日照计来测定,与白昼长度、云量和地形条件有关。日照时数占可能日照时数的百分比,即气象上的日照百分率。

2.1.2.1　日照时数

　　昌都市日照丰富,大部分地区日照时数比同纬度的东部平原地区大。昌都市各县区年日照时数在 2186.4～2767.0 h,低值区在类乌齐县,年日照时数为 2186.4 h;高值区在八宿县,年日照时数为 2767.0 h(图 2.3)。

　　由于太阳高度角的季节变化和云量的影响,昌都市日照时数的年变化比较复杂,大致分为 2 种类型(图 2.4)。第 1 种为"V"形,芒康县属于这一类,两个峰值分别出现在太阳高度角比较大的 1 月和 12 月;两个谷值则对应于太阳高度角较小的雨季 7 月和 8 月。第 2 种类型是多峰型,除芒康县外其余县属于此类,峰值分别出现在 2—3 月和 12 月;5 月和 7 月日照时数较低。

　　日照时数的季节变化也存在比较明显的地域性(表 2.4),卡若、丁青、洛隆大部春、秋季大,夏、冬季小;芒康、左贡、类乌齐大部冬、春季大,夏、秋季小;八宿春、夏、冬季大,秋季小。

　　全市冬季日照时数为 542.3～716.1 h,左贡最少,不到 600 h;芒康最多,在

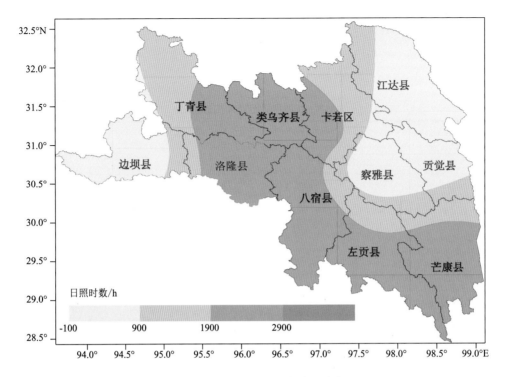

图 2.3　昌都市年日照时数空间分布

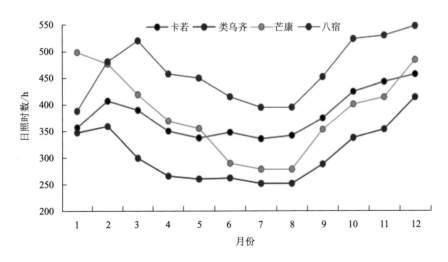

图 2.4　昌都市代表站日照时数年变化

700 h 以上,为全市的高值中心。春季日照时数为 548.8～785.4 h,类乌齐最少,不到 600 h;八宿最多,在 700 h 以上,为全市的高值中心。夏季日照时数为 502.3～665.1 h,东南部少西北部多的分布趋势依然未改变。秋季日照时数为 529.7～651.5 h,总体呈自东南部向门西北部递增,高值区位于八宿,低值区在左贡,最高和最低相差 121.8 h。

表 2.4 昌都市各站年、季日照时数(单位:h)

站名	年	冬季	春季	夏季	秋季
卡若	2463.4	609.3	643.3	603.8	607.1
丁青	2526.7	632.5	658.7	599.2	636.4
类乌齐	2186.4	593.5	548.8	507.6	537.3
洛隆	2525.3	632.0	669.8	586.6	636.9
左贡	2201.8	542.3	627.7	502.3	529.7
芒康	2606.9	716.1	692.2	537.9	660.7
八宿	2767.0	665.1	785.4	665.1	651.5

2.1.2.2 日照百分率

日照时数与当地可能日照时数之比用百分数表示即日照百分率。日照百分率具有可比性,如比值愈小,表明当地阴天愈多、光照愈短,愈大则表明当地晴天愈多、光照愈长。

从表 2.5 可知,昌都市年日照百分率在 51%～64%,以左贡、类乌齐最小,八宿最大。其中,东南部在 51%～64%,东北部在 51%～59%。可以看出,地势相对平坦开阔的高海拔地区日照百分率明显大于山区。

表 2.5 昌都市日照百分率年变化(%)

站名	1 月	2 月	3 月	4 月	5 月	6 月	7 月	8 月	9 月	10 月	11 月	12 月
卡若	57	65	59	53	51	56	54	55	60	68	71	73
丁青	59	67	61	54	53	57	56	56	61	70	73	76
类乌齐	57	59	53	47	46	50	48	48	52	61	64	68
洛隆	60	68	62	54	53	58	56	56	62	71	73	75
左贡	51	59	54	48	46	51	48	48	63	62	74	65
芒康	68	65	59	52	50	52	50	50	52	59	61	66
八宿	58	72	66	58	57	62	59	59	69	80	81	82

从四季日照百分率的空间分布来看,冬季日照百分率为 58%～71%,左贡最低,为 58%,八宿最高,为 71%。春季日照百分率为 49%～60%,高值中心位于八宿,为 60%;低值中心位于类乌齐,为 49%。夏季日照百分率为 49%～60%,最少的类乌齐为 49%,最多的八宿为 60%。秋季日照百分率为 57%～77%,卡若、洛隆、丁青等地在 68% 以上,其中八宿最多为 77%;芒康、类乌齐小于 60%,其中芒康最少为 57%。

以昌都市整体而言,日照百分率以秋季最高,为 67%;其次是冬季,为 65%;夏季最低,为 53%(图 2.5)。

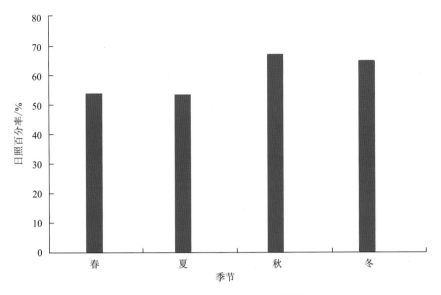

图 2.5 昌都市日照百分率季节变化

昌都市日照百分率的年变化呈"V"形分布(图 2.6),最高值出现在 12 月,为 70%;最低值出现在 5 月,为 50%。

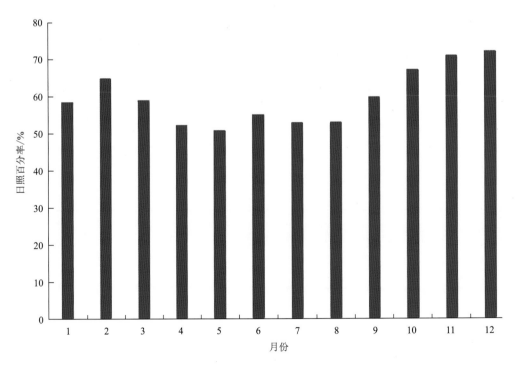

图 2.6 昌都市日照百分率年变化

2.1.3　太阳总辐射量

太阳总辐射由于太阳位置在时间上与空间上的变化不同而不同,通常由两部分组成,一部分是太阳辐射通过大气直接达到地面的平行光线,称为直接辐射;另一部分是太阳辐射被空气分子和浮游其中的微粒所散射的来自天穹各个部分的光线,称为散射辐射。故水平地表面上接收的太阳直接辐射与散射辐射之和称为太阳总辐射,或称为总辐射。

由于昌都市太阳辐射观测站点只有昌都站,且观测年限短,为了较全面地分析昌都辐射的气候特征,本书选取 1993—2019 年辐射观测资料,以分析昌都年、季辐射年变化等气候特征。昌都站年太阳总辐射量为 6199.6 MJ/m²,从季节来看,夏季太阳总辐射量最多,为 1878.7 MJ/m²,其次是春季,为 1735.4 MJ/m²;冬季最少,为 1176.4 MJ/m²;秋季为 1409.1 MJ/m²(图 2.7)。

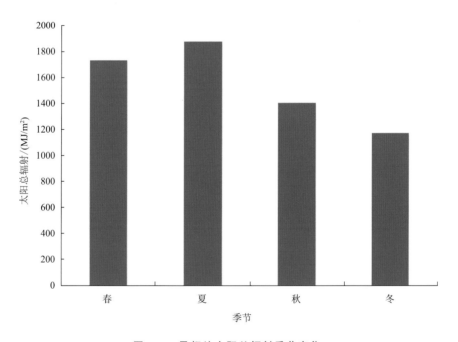

图 2.7　昌都站太阳总辐射季节变化

从太阳辐射的年变化来看,整体呈现单峰型,5 月最高,为 649.7 MJ/m²,12 月最低,为 379.8 MJ/m²(图 2.8)。

从太阳辐射逐月的统计可知,昌都太阳辐射春、夏季最多,秋季次之,冬季最少(表 2.6)。

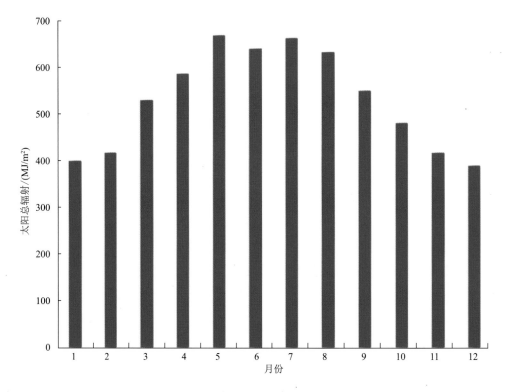

图 2.8 昌都站太阳总辐射年变化

表 2.6 昌都站逐月太阳总辐射量(单位:MJ/m²)

月份	1月	2月	3月	4月	5月	6月	7月	8月	9月	10月	11月	12月
辐射	390.5	406.1	515.8	569.9	649.7	620.7	644.3	613.7	535.3	467.4	406.4	379.8

2.2 气温

2.2.1 平均气温

2.2.1.1 平均气温的空间分布

(1)年平均气温

西藏由于海拔高,地面气温比同纬度平原地区低得多(高由禧 等,1982)。从气温地域分布看,昌都市年平均气温为 3.4~11.6 ℃,呈西北和东南低、中间高的分布规律(图 2.9 和表 2.7),其中察雅和八宿等河谷地带年平均气温在 10.0 ℃ 以上,洛隆、卡若、江达、贡觉年平均气温在 6.0 ℃ 以上。年平均气温随海拔高度的升高而递减,海拔每升高 100 m,年平均气温下降约 0.6 ℃。年平均气温随纬度增加而降低,如南部的芒康年平均气温为 4.1 ℃,北部的类乌齐平均气温为 3.4 ℃,二者相差 0.7 ℃。

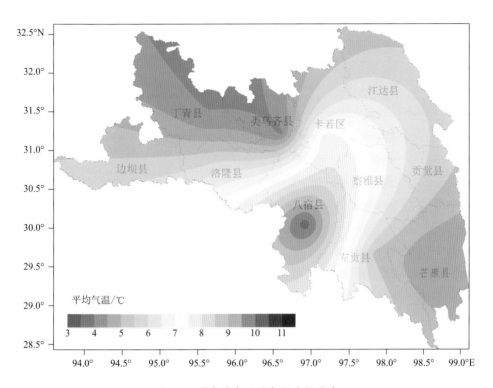

图 2.9　昌都市年平均气温空间分布

表 2.7　昌都市各县区气象站点的平均气温(单位:℃)

站名	1 月	2 月	3 月	4 月	5 月	6 月	7 月	8 月	9 月	10 月	11 月	12 月	年
卡若	−2.0	0.9	4.6	8.2	12.3	15.3	16.3	15.6	13.1	8.4	2.5	−1.6	7.8
丁青	−6.3	−3.8	−0.3	3.5	7.6	11.0	12.5	12.0	9.5	4.3	−1.5	−5.4	3.6
类乌齐	−6.8	−4.1	−0.3	3.3	7.5	11.3	12.4	11.8	9.4	4.3	−2.0	−5.9	3.4
洛隆	−3.7	−1.4	2.1	5.4	9.7	13.5	14.9	14.3	11.9	6.7	0.9	−2.9	6.0
左贡	−4.9	−2.6	1.0	4.6	9.1	13.2	13.2	12.5	10.7	6.1	−0.1	−4.2	4.9
芒康	−5.2	−3.3	0.2	3.7	8.2	11.8	12.1	11.6	9.6	5.2	−0.4	−4.2	4.1
八宿	1.0	3.5	6.8	10.1	14.9	18.9	19.2	18.5	16.8	12.1	6.0	1.7	10.8
江达	−4.1	−0.9	3.3	6.9	10.9	14.0	14.9	15.1	12.0	7.7	0.7	−3.4	6.4
察雅	1.8	4.6	8.2	11.5	15.8	19.0	19.3	19.9	16.3	13.2	6.6	2.7	11.6
贡觉	−3.4	−0.8	2.6	5.8	10.1	13.7	14.3	14.7	11.2	8.0	1.6	−2.3	6.3
边坝	−4.3	−1.6	1.9	5.3	9.4	13.3	14.6	15.0	11.8	7.0	1.1	−2.7	5.9

（2）1月和7月平均气温

如图2.10a所示，昌都市1月平均气温为—6.8（类乌齐）～1.8 ℃（察雅）。1月为最冷月，1月平均气温分布与年平均气温分布相似。干热河谷一带的察雅、八宿至怒江中游一带平均气温在1.0 ℃或以上，其余各地月平均气温均在0.0 ℃以下。其中，西北部的丁青、类乌齐月平均气温在—6.0 ℃以下，东南部的芒康月平均气温为—5.2 ℃。

从图2.10b来看，7月平均气温在12.1（芒康）～19.3 ℃（察雅）。其中，八宿、察雅月平均气温高于19.0 ℃，西北的丁青和类乌齐一带、东南部的芒康一带月平均气温在12.5 ℃以下，卡若区月平均气温为16.3 ℃，其余各地月平均气温为在13.2～14.9 ℃。

（3）季平均气温的空间分布

昌都市各地春季平均气温为3.5～11.8 ℃（图2.11a），呈西北和东南低、中间高的分布规律。其中，西北部丁青、类乌齐的平均气温在4.0 ℃以下，察雅、八宿干热河谷一带的平均气温在10.0 ℃以上，其余各地的平均气温在4.1～8.4 ℃，其中卡若的平均气温为8.4 ℃。

夏季各地平均气温均在10.0 ℃以上，为11.8～19.4 ℃（图2.11b）。其中，察雅、八宿、卡若一带的平均气温在15.0 ℃以上，尤其是察雅、八宿一带的干热河谷平均气温在19 ℃左右；西北部的丁青、类乌齐和东南部的芒康的平均气温均为11.8 ℃，其余各地的平均气温在13.0～14.7 ℃。

秋季各地平均气温在3.9～12.1 ℃（图2.11c）。察雅、八宿平均气温在10.0 ℃以上，西北部丁青、类乌齐和东南部的芒康一带的平均气温在5.0 ℃以下，其余各地平均气温在5.6～8.0 ℃。

冬季各地平均气温在—5.6～3.0 ℃（图2.11d）。全市除察雅、八宿平均气温在0.0 ℃以上外，其余各地均在0.0 ℃以下；西北部丁青、类乌齐和东南部芒康的平均气温在—4.0 ℃以下，其中类乌齐为全市最低，平均气温为—5.6 ℃，其余各地平均气温在—3.9～0.9 ℃。

昌都市季平均气温的垂直递减率在1.2～1.4 ℃/（100 m），以冬季直减率最大，春、秋季次之（1.3 ℃/（100 m）），夏季递减率最小。

2.2.1.2 平均气温的年变化

昌都市各地平均气温的年变化均呈单峰型（图2.12），最小值均出现在1月，最大值除察雅、贡觉、江达、边坝出现在8月外，其余各地均出现在7月。

2.2.1.3 气温的日变化

根据自动站2022年1月、4月、7月和10月资料分析，不同季节气温的日变化特征(图 2.13)表明,昌都市 11 个代表站气温日变化近似地以正弦曲线来描述,最高值出现在 16—17 时,最低值出现在 07—09 时。

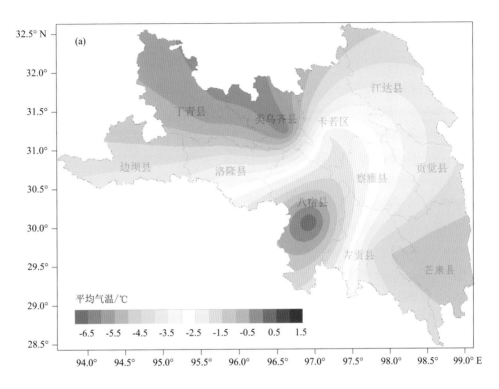

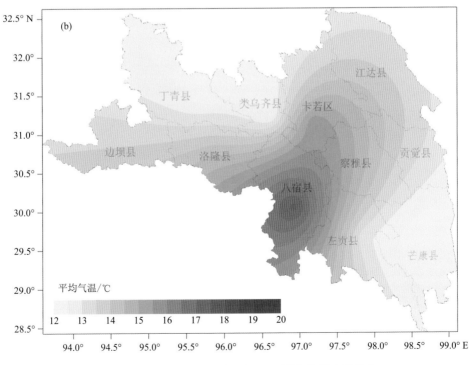

图 2.10　昌都市 1 月(a)和 7 月(b)平均气温的空间分布

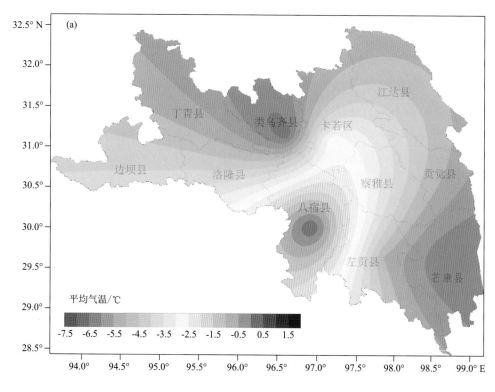

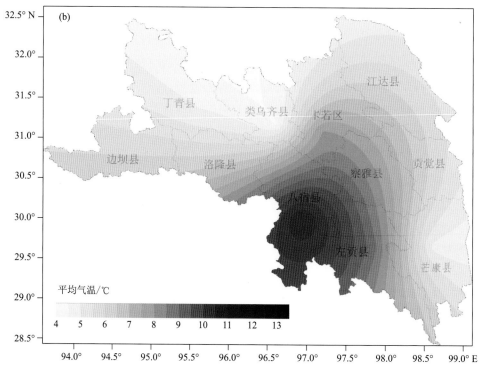

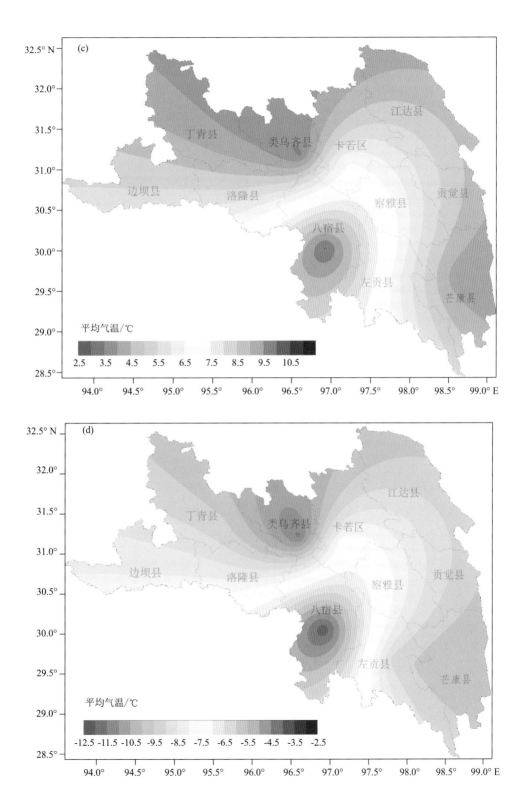

图 2.11　昌都市春(a)、夏(b)、秋(c)、冬(d)四季平均气温空间分布图

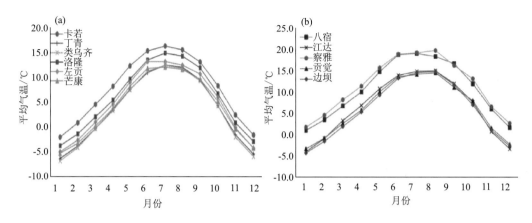

图 2.12　昌都市平均气温年变化

冬季 1 月,11 个代表站气温最低值出现在 08—09 时,其中芒康出现在 08 时,其余各站出现在 09 时;最高值出现在 16—17 时,其中卡若、丁青、察雅在 16 时和 17 时出现了最高值。

春季 4 月,最低值类乌齐出现在 08 时,卡若、边坝出现在 07 时和 08 时,其余各站出现在 07 时;最高值出现在 15—17 时,其中卡若、察雅出现在 16 时,左贡出现在 17 时,芒康、八宿出现在 16 时和 17 时,贡觉、边坝出现在 15 时和 16 时,其余各站出现在 15 时。

夏季 7 月,最低值出现在 07 时;最高值卡若、丁青、类乌齐、洛隆出现在 16 时和 17 时,八宿、江达、边坝出现在 17 时,其余各站出现在 16 时。

秋季 10 月,最低值大部份地方出现在 08 时,芒康、江达 07 时和 08 时出现了最低值;最高值出现在 15—16 时,其中洛隆出现在 15 时,八宿在 16 时和 17 时出现了最高值,其余各站出现在 16 时。

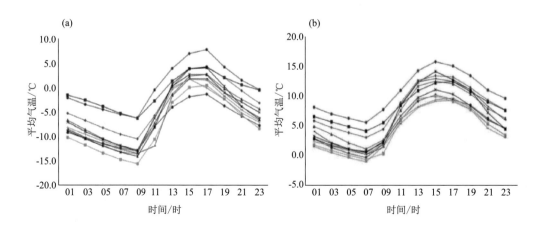

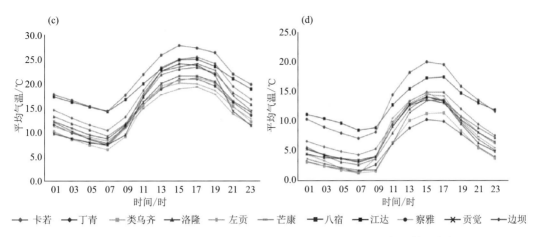

图 2.13　昌都市各站 1 月(a)、4 月(b)、7 月(c)、10 月(d)平均气温的日变化

2.2.2　最高气温和最低气温

2.2.2.1　平均最高气温

（1）空间分布

昌都市年平均最高气温为 11.6～20.4 ℃，呈西北和东南低、中间高的分布规律（图 2.14，表 2.8）。卡若、八宿、江达、察雅、贡觉、边坝等地高于 15.0 ℃，其中察雅最高，为 20.4 ℃；丁青、类乌齐、芒康、左贡等地低于 15.0 ℃，其中丁青最低为 11.1 ℃。

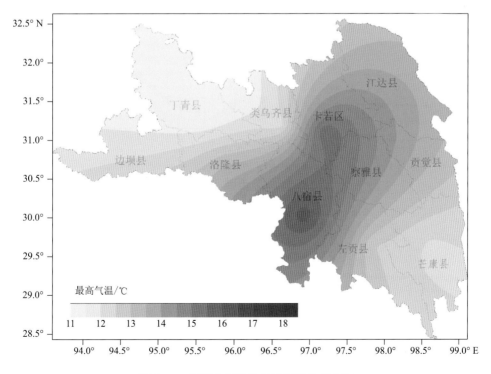

图 2.14　昌都市年平均最高气温空间分布

表 2.8 昌都市各县区气象站点的平均最高气温(单位:℃)

站名	1月	2月	3月	4月	5月	6月	7月	8月	9月	10月	11月	12月	年
卡若	8.3	10.1	13.3	16.8	20.8	23.4	24.2	23.7	21.6	17.5	12.9	9.4	16.8
丁青	1.7	3.6	6.9	11.0	15.1	18.1	19.4	19.1	16.8	11.6	6.5	3.0	11.1
类乌齐	3.7	5.2	8.1	11.6	16.0	19.3	20.2	19.8	17.6	13.0	8.2	5.4	12.3
洛隆	5.0	6.3	9.4	13.0	17.0	20.5	22.1	22.0	19.7	14.4	9.7	6.6	13.8
左贡	4.5	6.1	9.1	12.4	16.9	20.4	20.1	19.7	18.1	14.4	9.4	5.7	13.1
芒康	4.7	6.0	8.7	11.7	16.1	19.1	18.6	18.3	16.9	13.5	9.2	6.3	12.4
八宿	8.7	10.7	13.6	16.8	21.3	25.3	25.9	25.4	23.6	19.1	13.9	10.0	17.8
江达	8.1	10.4	13.7	16.8	20.3	23.4	24.6	25.4	20.8	17.3	13.2	9.8	17.0
察雅	11.2	13.2	16.6	19.5	23.8	27.5	27.6	28.5	24.7	21.9	17.3	13.5	20.4
贡觉	6.7	8.4	11.6	14.7	18.4	21.5	21.7	22.5	18.7	16.0	11.8	8.7	15.1
边坝	5.2	7.3	10.5	14.4	18.5	22.5	23.9	25.1	20.7	16.1	11.1	7.7	15.3

(2)年变化

昌都市各站平均最高气温的年变化呈单峰型(图 2.15),最大值出现在 6—8 月,其中左贡、芒康出现在 6 月,江达、察雅、贡觉、边坝出现在 8 月,卡若、类乌齐、丁青、洛隆出现在 7 月;最小值各地均出现在 1 月。

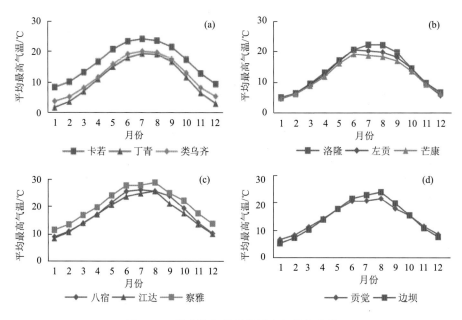

图 2.15 昌都市各站平均最高气温年变化

2.2.2.2 平均最低气温

（1）空间分布

昌都市各代表站年平均最低气温为－3.2～5.4 ℃，以察雅最高、类乌齐最低（图 2.16，表 2.9）。卡若、洛隆、八宿、察雅等地在 0 ℃以上，其余各地低于 0 ℃。

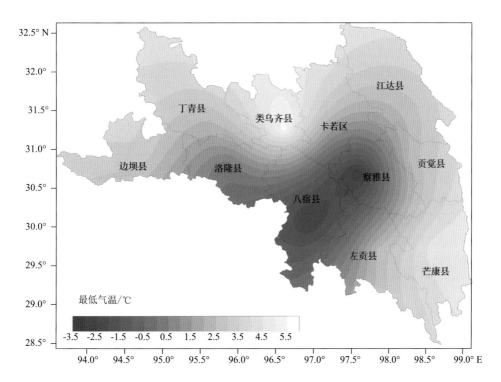

图 2.16 昌都市年平均最低气温空间分布

表 2.9 昌都市各县(区)气象站点的平均最低气温(单位：℃)

站名	1 月	2 月	3 月	4 月	5 月	6 月	7 月	8 月	9 月	10 月	11 月	12 月	年
卡若	－10.0	－6.9	－2.7	1.4	5.4	9.2	10.7	10.0	7.4	1.8	－5.1	－9.4	1.0
丁青	－12.6	－9.7	－5.9	－2.1	1.8	5.8	7.4	7.0	4.7	－0.6	－7.2	8.9	－0.2
类乌齐	－15.2	－12.0	－7.2	－3.0	0.9	5.4	7.1	6.4	4.0	－1.6	－9.1	－13.9	－3.2
洛隆	－11.3	－8.4	－4.3	－0.7	3.4	7.7	9.2	8.6	6.2	0.6	9.7	6.6	2.3
左贡	－12.6	－9.9	－5.4	－1.3	2.8	13.2	13.2	12.5	5.7	0.1	－7.0	－11.6	0.0
芒康	－13.4	－11.2	－6.9	－2.8	1.3	5.8	7.5	7.1	4.7	－0.9	－7.4	－11.9	－2.3
八宿	－5.7	－2.8	1.1	4.8	9.5	13.9	14.3	13.6	11.7	6.4	－0.5	－4.9	5.1
江达	－12.8	－9.2	－5.2	－0.8	3.7	8.2	9.5	9.2	7.4	1.4	－7.0	－11.2	－0.6
察雅	－5.1	－2.5	1.6	5.4	9.8	13.6	14.1	14.4	11.2	6.6	－0.5	－4.2	5.4
贡觉	－11.4	－8.6	－4.9	－0.6	4.0	8.0	9.2	9.2	6.7	1.8	－6.0	－10.2	－0.2
边坝	－12.5	－9.1	－5.1	－1.2	3.0	7.1	8.6	8.5	6.0	0.7	－6.3	－10.7	－0.9

（2）年变化

昌都市各站平均最低气温的年变化均呈单峰型（图 2.17），最大值出现在 6—8 月，察雅出现在 8 月，贡觉出现在 7 月、8 月，左贡出现在 6 月、7 月；最小值出现在 1 月，其中八宿、察雅 1 月平均最低气温高于−10.0 ℃，其余各站均低于−10.0 ℃。

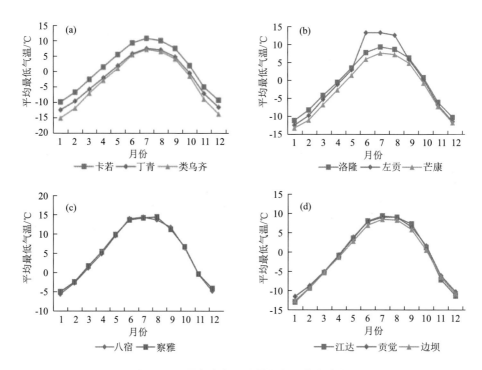

图 2.17 昌都市年平均最低气温的年变化

2.2.2.3 极端最高气温和极端最低气温

极端气温是指历年中给定时段（如某日、月、年）内所出现的气温极端值，可分为极端最低气温和极端最高气温。

（1）极端最高气温

昌都市极端最高气温为 26.1～35.9 ℃（表 2.10），最大值出现在察雅（35.9 ℃，2018 年 8 月 5 日），最小值出现在芒康（26.1 ℃，1983 年 7 月 8 日），两者相差 9.8 ℃。极端最高气温在 7—9 月均有出现，其中丁青、江达、察雅、贡觉和边坝在 8 月，左贡在 9 月，其余地方在 7 月。有 6 个站极端最高气温超过 30.0 ℃，主要分布在昌都市中部干热河谷一带至怒江中游一带，西北部的丁青、类乌齐和东南部的芒康极端最高气温分别为 27.6 ℃、28.7 ℃和 26.1 ℃。

从年极端最高气温出现的年份看，昌都出现在 20 世纪 70 年代初，芒康出现在 20 世纪 80 年代初，其余大部分站点出现在 21 世纪初期。

表 2.10 昌都市各县(区)代表站极端最高气温(单位:℃)及年极值出现日期

站名	1月	2月	3月	4月	5月	6月	7月	8月	9月	10月	11月	12月	年极值及出现日期
卡若	21.8	22.0	26.1	28.1	30.7	32.7	33.4	33.1	31.1	27.7	23.6	22.6	33.4 1972-07-08
丁青	16.6	15.4	20.2	20.4	24.6	26.3	27.0	27.6	26.2	21.9	17.4	15.2	27.6 2022-08-09
类乌齐	17.2	16.2	20.0	22.6	25.0	28.0	28.7	28.3	26.2	22.8	17.3	16.4	28.7 2006-07-17
洛隆	19.6	17.0	20.3	20.8	26.3	27.3	30.6	29.9	29.1	23.4	18.7	19.2	30.6 2006-07-17
左贡	17.2	15.9	21.6	22.2	26.3	27.3	27.9	26.7	30.0	22.2	18.1	16.1	30.0 2018-09-28
芒康	17.5	15.4	21.2	22.5	24.9	26.0	26.1	25.7	24.1	20.8	18.0	17.3	26.1 1983-07-08
八宿	18.4	21.4	25.0	25.4	30.3	32.4	33.4	32.0	32.0	29.7	22.0	17.7	33.4 2006-07-17
江达	18.3	23.7	25.1	25.0	31.0	30.8	31.8	33.6	28.6	26.2	23.4	21.6	33.6 2022-08-09
察雅	19.7	25.6	26.9	26.8	32.5	34.6	35.4	35.9	32.8	30.5	25.8	24.4	35.9 2018-08-05
贡觉	18.1	20.6	21.8	23.5	27.1	28.7	29.8	29.9	25.8	25.2	20.7	20.1	29.9 2022-08-09
边坝	18.1	16.5	20.4	21.5	26.6	28.9	31.1	32.1	29.4	24.3	17.8	18.9	32.1 2022-08-24

(2)极端最低气温

昌都市极端最低气温为 −29.4 ～ −11.3 ℃(表 2.11),出现在 12 月至次年 2 月。年极端最低气温的最低值(−29.4 ℃)出现在类乌齐(1998 年 2 月 7 日),为昌都市有气象观测记录以来的最低值,其中 7 个站年极端最低气温在 −20.0 ℃以下,占 64%。

从年极端最低气温出现的年份分析,大部分站点年极端最低气温出现在 20 世纪 80 年代。江达、察雅、贡觉、边坝建站较晚,观测资料只能代表近年的情况。

表 2.11 昌都市各县区代表站极端最低气温(单位:℃)及年极值出现日期

站名	1月	2月	3月	4月	5月	6月	7月	8月	9月	10月	11月	12月	年极值及出现日期
卡若	−19.4	−17.4	−13.0	−8.0	−4.0	−0.5	2.7	1.1	−1.4	−8.7	−14.5	−20.7	−20.7 1982-12-06
丁青	−23.7	−21.7	−19.3	−12.1	−6.3	−2.6	−0.2	−1.3	−3.9	−12.8	−18.5	−25.0	−25.0 1959-12-01
类乌齐	−25.9	−29.4	−23.7	−12.1	−9.2	−3.5	−1.8	−3.2	−6.8	−13.0	−23.0	−28.6	−29.4 1998-02-07
洛隆	−22.1	−20.6	−18.1	−10.0	−5.8	−1.6	0.6	0.3	−2.2	−9.3	−18.2	−21.9	−22.1 1983-01-04
左贡	−23.0	−19.4	−17.8	−11.4	−9.9	−1.8	0.6	1.1	−2.0	−10.3	−16.7	−22.7	−23.0 1983-01-05
芒康	−24.6	−20.3	−18.8	−11.1	−7.3	−3.8	−0.8	−0.6	−5.0	−10.0	−19.9	−23.8	−24.6 1983-01-05
八宿	−14.6	−12.9	−8.5	−3.6	0.0	4.5	7.4	5.1	1.0	−4.3	−9.5	−16.9	−16.9 1982-12-06
江达	−19.7	−19.9	−14.1	−8.4	−4.4	−2.8	2.5	1.6	−1.0	−9.2	−13.6	−18.7	−19.9 2022-02-13

站名	1月	2月	3月	4月	5月	6月	7月	8月	9月	10月	11月	12月	年极值及出现日期
察雅	−11.3	−10.8	−6.1	−7.7	3.1	3.6	9.0	8.1	3.9	−2.6	−5.9	−11.2	−11.3 2022-01-18
贡觉	−19.4	−19.9	−13.2	−8.9	−4.0	−2.9	4.0	3.2	−1.6	−8.6	−13.4	−19.7	−19.9 2022-02-13
边坝	−20.2	−18.8	−16.2	−9.0	−3.5	−2.3	3.1	1.7	−2.0	−8.9	−13.5	−19.1	−20.2 2016-01-23

2.2.3 气温日较差和年较差

2.2.3.1 气温日较差

高原气候的一个显著特点是气温的年较差大、日较差大。日较差全年都比同纬度东部平原地区大得多(高由禧 等,1982;杜军 等,2001)。昌都市年平均气温日较差为10.1～17.6℃,以丁青日较差最小;卡若、类乌齐、江达、察雅、贡觉、边坝较高,在15.1～17.6℃。这是由于白天,太阳辐射收入增加,地面受热剧烈,加之高原上大气中的水汽含量少,空气稀薄,增热、散热很快,夜间地面辐射强,致使昼夜温度变化趋于极端。从表2.12可以看出,昌都各站气温日较差冬季最大,夏季最小。日平均气温日较差最大值出现在12月,最小值出现在6月和7月,其中洛隆、八宿出现在6月,其他各站出现在7月。

表 2.12 昌都市各县区代表站平均气温日较差(单位:℃)

站名	1月	2月	3月	4月	5月	6月	7月	8月	9月	10月	11月	12月	年
卡若	18.3	17.0	15.9	15.4	15.4	14.2	13.5	13.7	14.1	15.6	18.0	18.8	15.8
丁青	14.3	13.3	12.8	13.2	13.2	12.3	12.0	12.2	12.1	12.3	13.7	20.6	10.1
类乌齐	18.9	17.2	15.3	14.6	15.1	13.9	13.1	13.4	13.6	14.6	17.2	19.3	15.5
洛隆	16.3	14.7	13.7	13.7	13.7	12.8	12.9	13.3	13.5	13.8	15.9	17.0	14.3
左贡	17.1	16.0	14.5	13.7	14.1	7.3	6.9	7.2	12.4	14.3	16.4	17.3	13.1
芒康	18.1	17.2	15.6	14.5	14.8	13.3	11.1	11.2	12.2	14.4	16.6	18.2	14.8
八宿	14.4	13.5	12.5	12.0	11.8	11.4	11.6	11.8	11.9	12.7	14.4	14.9	12.7
江达	21.0	19.6	18.9	17.6	16.6	15.2	15.1	16.3	13.4	15.9	20.3	21.0	17.6
察雅	16.3	15.7	15.0	14.1	14.0	13.8	13.4	14.2	13.5	15.3	17.7	17.7	15.1
贡觉	18.1	17.0	16.5	15.3	14.4	13.5	12.5	13.4	12.0	14.3	17.9	18.9	15.3
边坝	17.8	16.5	15.6	15.6	15.5	15.4	15.3	16.6	14.7	15.4	17.4	18.5	16.2

2.2.3.2 气温年较差

气温年较差是指一年中最高月平均气温与最低月平均气温之差。统计发现,昌都市气温年较差为 17.3～19.3 ℃(图 2.18),其中芒康最小,为 17.3 ℃,类乌齐、江达、边坝为最大,均大于 19.0 ℃,其余各站在 18.0～18.8 ℃。

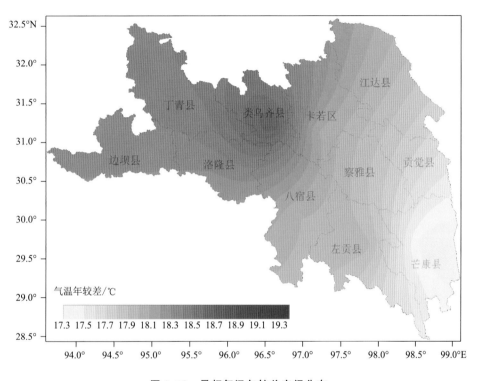

图 2.18　昌都气温年较差空间分布

2.2.4　界限温度与积温

积温是某一时期内大于或小于某一界限温度的日平均温度的总和,是表示某地或某时段温度特点的常用指标之一。<0 ℃的积温为负积温,>0 ℃的积温为正积温。某地或某时期内正、负积温的多少可表示其冷暖程度。积温能表示温度的累积效应,在农业生产中有重要意义,生物所需积温值可用来作为确定生长期的温度指标(程德瑜,1994)。

0 ℃、5 ℃、10 ℃等界限温度可用来鉴定该地区不同类型作物可能生长期到来与结束的迟早、可能生长期的长短,可供利用的总热量以及春、秋季增温、降温速度等(杜军 等,2001)。表 2.13 给出了各县(区)代表站各界限温度出现的初日、终日、持续日数及积温。

表 2.13 昌都市各县(区)代表站各界限温度出现的初日、终日、持续日数及积温

站名	≥0 ℃				≥5 ℃				≥10 ℃			
	初日 (月-日)	终日 (月-日)	持续日数 /d	积温 /℃·d	初日 (月-日)	终日 (月-日)	持续日数 /d	积温 /℃·d	初日 (月-日)	终日 (月-日)	持续日数 /d	积温 /℃·d
卡若	02-18	11-28	284.5	2971.5	04-01	10-28	210.8	2714.9	05-14	09-30	140.2	2084.5
丁青	03-29	11-03	219.9	1852.5	05-06	10-11	159.3	1652.7	06-26	08-25	64.1	797.7
类乌齐	03-27	11-02	220.8	1853.3	05-07	10-09	156.1	1639.5	06-26	08-25	60.4	757.6
洛隆	03-09	11-18	254.5	2439.8	04-22	10-20	182.5	2200.1	05-30	09-19	112.9	1585.3
左贡	03-18	11-11	239.1	2179.6	04-28	10-18	173.4	1959.5	06-03	09-02	91.5	1195.7
芒康	03-24	11-11	233.1	1941.3	05-04	10-12	162.7	1712.0	06-14	08-12	68.9	843.3
八宿	01-28	12-22	329.0	3925.6	03-13	11-18	251.7	3646.8	04-28	10-20	176.3	3007.4
江达	03-05	11-16	257.1	2538.3	04-02	10-24	206.9	2397.7	05-24	09-26	126.0	1743.5
察雅	01-22	12-25	338.4	3902.2	03-07	11-25	263.7	3076.7	04-22	10-25	186.7	2990.1
贡觉	03-09	11-22	258.6	2391.3	04-26	10-240	182.7	2110.1	06-09	10-14	97.9	1281.5
边坝	03-12	11-16	250.1	2355.4	04-25	10-22	181.6	2124.2	06-03	09-23	112.9	1531.9

2.2.4.1 ≥0 ℃的初日、终日、持续日数和积温

(1)初日

≥0 ℃初日总体上呈中部早、西北部和东南部晚,河谷早于山地的分布特征,并随海拔高度升高和纬度增加而推迟。察雅、八宿、卡若等海拔3500 m以下地区≥0 ℃初日较早,其中察雅、八宿出现在1月下旬,卡若出现在2月中旬,其余各地在3月上旬至下旬稳定通过0 ℃。

(2)终日

≥0 ℃终日分布特征与初日相反,中部晚、西北部和东南部早,山地早于河谷,随海拔高度升高而提前。西北部的丁青、类乌齐11月上旬结束,怒江中下游河谷地带的八宿、澜沧江河谷的察雅结束较晚,一般在12月下旬,其他地区出现在11月中旬至下旬;最早与最晚相差53 d。

(3)持续日数

昌都市≥0 ℃持续日数为219.9～338.4 d,由中部向西北和东南递减。西北部丁青、类乌齐持续日数较短,为219.9～220.8 d;八宿、察雅≥0 ℃持续日数大于300 d,其中察雅达338.4 d;其余地方≥0 ℃持续日数为250.0～300.0 d(图2.19)。

(4)积温

≥0 ℃积温为1852.5～3925.6 ℃·d,丁青、类乌齐、芒康最少,低于2000.0 ℃·d;八宿、察雅等地在3500.0 ℃·d以上;其余各地为2000.0～3000.0 ℃·d(图2.20)。

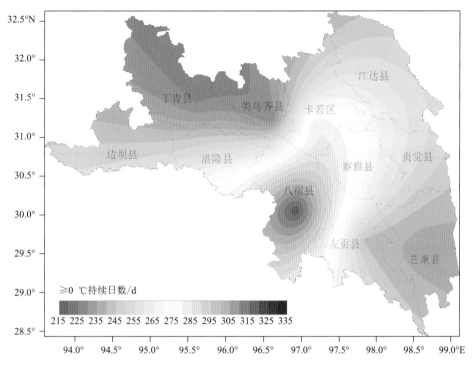

图 2.19 昌都市≥0 ℃持续日数空间分布

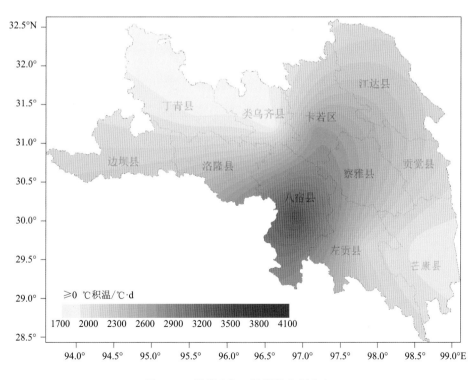

图 2.20 昌都市≥0 ℃积温空间分布

2.2.4.2 ≥5 ℃的初日、终日、持续日数和积温

（1）初日

≥5 ℃初日最早出现在察雅、八宿，为3月上旬至中旬；其余为4月上旬至5月上旬，其中丁青、类乌齐、芒康最迟，5月上旬稳定通过5 ℃。

（2）终日

≥5 ℃终日分布特征与初日相反，由西北部和东南部向中部推迟，大部分地方在10月上旬至下旬结束。其中，类乌齐结束的最早，为10月上旬；八宿、察雅结束的较晚，一般在11月中、下旬。

（3）持续日数

昌都市≥5 ℃持续日数为156.1～263.7 d(图2.21)，呈由中部向西北和东南逐渐缩短的分布特征，并随海拔高度升高递减。卡若、八宿、察雅、江达≥5 ℃持续日数在200 d以上，其中八宿、察雅≥5 ℃持续日数高于250 d；其余地方≥5 ℃持续日数少于200 d。

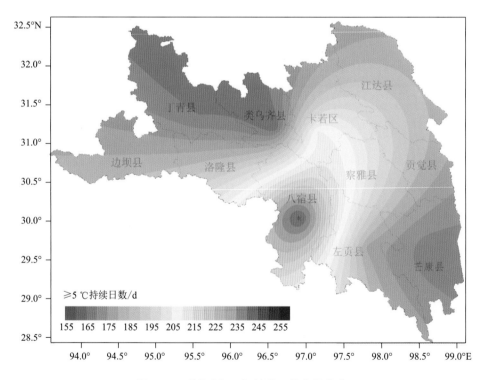

图2.21 昌都市≥5 ℃持续日数空间分布

（4）积温

昌都市≥5 ℃的积温为1639.5～3646.8 ℃·d，其分布与持续天数基本一致。丁青、类乌齐、左贡、芒康最少，低于2000.0 ℃·d；八宿、察雅最多，高于3000.0 ℃·d；

其余各地为 2000～3000 ℃·d(图 2.22)。

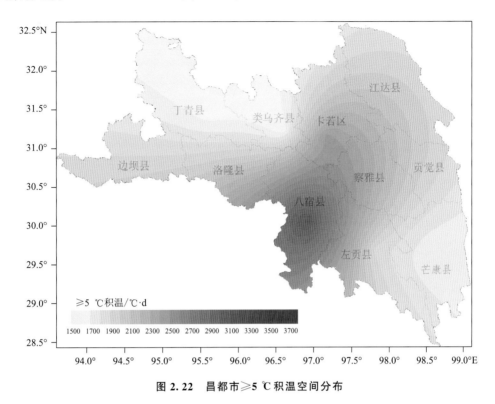

图 2.22　昌都市≥5 ℃积温空间分布

2.2.4.3　≥10 ℃的初日、终日、持续日数和积温

(1)初日

日平均气温稳定通过 10 ℃的初日,其分布与≥0 ℃初日大体一致,由中部向西北部和东南部逐渐推迟,并随海拔高度升高、纬度增加而推迟。察雅、八宿≥10 ℃初日较早,出现在 4 月下旬;卡若、洛隆、江达次之,出现在 5 月中旬至下旬,其余各地在 6 月上旬至下旬稳定通过 10 ℃。

(2)终日

≥10 ℃终日分布特征与初日相反,呈中部晚、西北部和东南部早的分布特征。芒康最早结束,在 8 月中旬,其次为西北部的丁青、类乌齐,在 8 月下旬;八宿、察雅、贡觉结束较晚,在 10 月中旬至下旬,以察雅结束最晚;其他地方在 9 月上旬至下旬结束。

(3)持续日数

如图 2.23 所示,昌都市各地≥10 ℃持续日数为 60.4～186.7 d,其中丁青、类乌齐、左贡、芒康、贡觉≥10 ℃持续日数不足 100.0 d,以类乌齐最短;其他各地≥10 ℃持续日数为 100～190 d,以察雅最长(186.7 d)。

(4)积温

昌都市≥10 ℃积温为 757.6～3007.4 ℃·d(图 2.24),以八宿最高、类乌齐最低,两地相差较为悬殊。其中,卡若、八宿、察雅最多,高于 2000.0 ℃・d,其余各地为 750～2000 ℃・d。

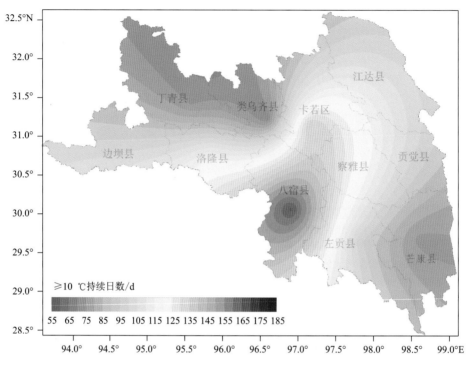

图 2.23　昌都市≥10 ℃持续日数空间分布

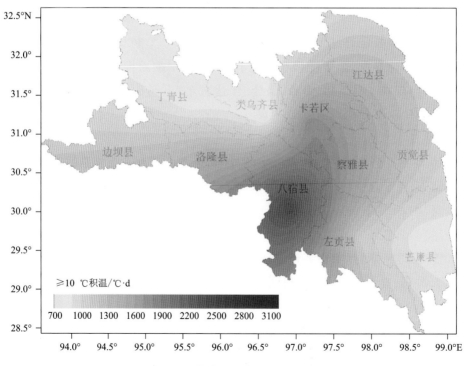

图 2.24　昌都市≥10 ℃积温空间分布

2.3　降水

2.3.1　降水量

2.3.1.1　降水量空间分布

(1)年降水量

根据 1954—2022 年气象资料分析,昌都市年降水量在 247.7～644.1 mm(图 2.25),其中降水量最大的是丁青,为 644.1 mm;降水量最小的是八宿,为 247.7 mm。其中,类乌齐、芒康年降水量在 500 mm 以上,其余地方降水量不足 500 mm。

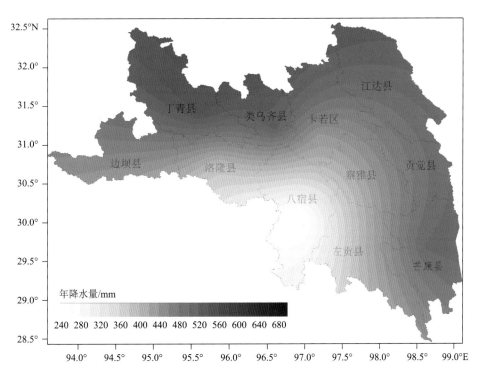

图 2.25　昌都市年降水量空间分布

(2)季降水量

春季降水量 49.5～99.5 mm(图 2.26),以丁青最多为 99.5 mm,类乌齐次之为 97.7 mm,八宿最少为 49.5 mm。全市春季平均降水量 74.9 mm,占年降水量的 15.8%。

夏季降水量为 142.3～400.4 mm,以芒康最大为 400.4 mm,丁青、类乌齐、贡觉、江达降水量在 300 mm 以上,察雅和八宿降水量不足 200 mm,分别为 187.8 mm

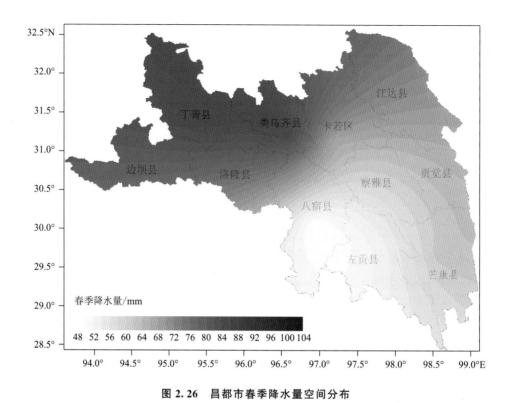

图 2.26　昌都市春季降水量空间分布

和 142.3 mm（图 2.27），其余各地区降水量在 200～300 mm，全市平均降水量为 283.2 mm，占年降水量的 59.7%。

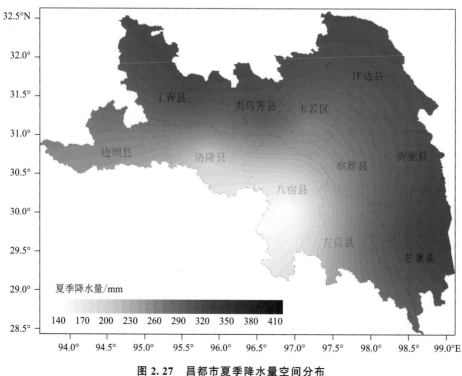

图 2.27　昌都市夏季降水量空间分布

秋季降水量为 51.6～154.8 mm,全市平均降水量为 108.3 mm,占年降水量的 22.8%,以丁青最多,类乌齐次之,八宿最少,其余各地降水量为 60～120 mm (图 2.28)。

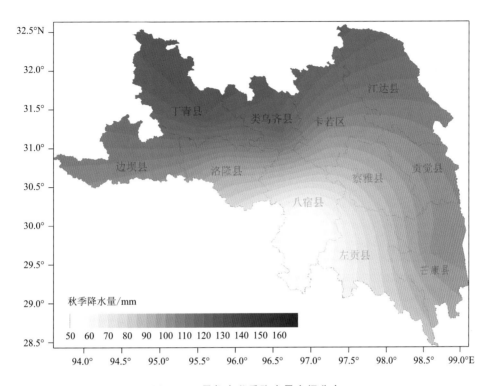

图 2.28　昌都市秋季降水量空间分布

冬季降水量各地为 4.2～14.1 mm,全市平均降水量为 8.4 mm,占全年降水量的 1.7%。其中西北部地区降水量在 10.0 mm 以上,其中丁青最多,为 14.1 mm,其余地区冬季降水量不足 10.0 mm,左贡、八宿甚至少于 5.0 mm(图 2.29)。

2.3.1.2　降水量年变化

昌都市降水量的年变化属于单峰型,最大月降水量出现在 7 月(或 8 月),最小值出现在 1 月和 12 月(图 2.30)。

2.3.1.3　降水量日变化

昌都站平均的降水量、频次和强度均在午夜达到最大,13 时降到最低。其中降水强度峰值时间最早,约出现在 01 时;降水量次之,出现在 02 时;而降水频次的峰值时间最晚,出现在 03 时前后。对于降水量,昌都站的降水以午夜峰值为主导,并在 17 时前后存在降水次峰值;午后降水量峰值主要由降水强度贡献而午夜降水量峰值主要来自降水频次的贡献。

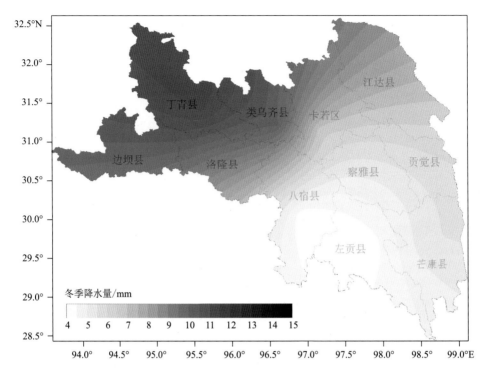

图 2.29　昌都市冬季降水量空间分布

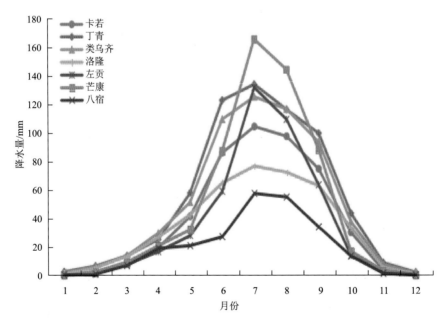

图 2.30　昌都市各站点降水量的年变化

2.3.2 降水日数和降水强度

2.3.2.1 降水日数

(1)空间分布

气象上将日降水量≥0.1 mm 称为有降水日。从气象站点上看,昌都市≥0.1 mm 年降水日数为 72.7～153.6 d,其中丁青在 150 d 以上,八宿少于 100 d,其余各地为 100～150 d(图 2.31)。

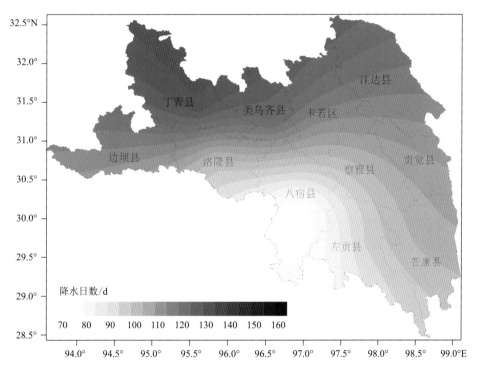

图 2.31 昌都市降水日数分布图

昌都市各地降水量≥5.0 mm 的年降水日数为 17.3～43.4 d,占总降水日数的 23%～28%。丁青、类乌齐在 40 d 以上,八宿少于 20 d,其余地区为 28.2～39.2 d。降水量≥10.0 mm 的年降水日数为 6.3～18.9 d,占总降水日数的 4%～16.9%。降水量≥25.0 mm 的年降水日数为 0.3～2.4 d,占总降水日数的 0.3%～2.5%;降水量≥50.0 mm 的年降水日数仅为 0～0.8 d,绝大部分站没有出现。这表明昌都市日降水量以小于 5.0 mm 为主。

(2)年际化

年内各月降水日数分布均呈单峰型(图 2.32),各地区最大值均出现在 7 月,以丁青最大,达 21.3 d。最小值均出现在 12 月份,八宿最小,仅 0.5 d。

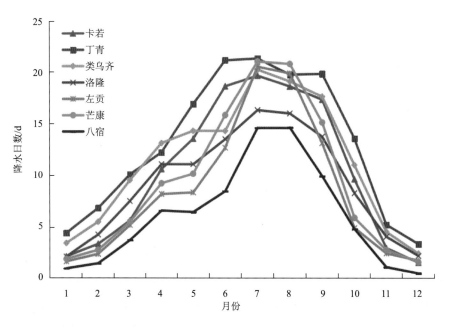

图 2.32 昌都市各站降水日数年变化

2.3.2.2 降水强度

降水强度一般用平均降水强度和最大降水强度(即一日最大降水量)来表示,平均降水强度由式(2.1)计算:

$$平均降水强度 = \frac{年降水量}{年降水量 \geqslant 0.1 \text{ mm 的日数}} \quad (2.1)$$

平均降水强度数值大,表示该地只要出现降水,便有比较大的降水;反之,则表示即使出现降水,降水量也不大。由图 2.33 可见,各地平均降水强度为 3.4～5.2 mm/d,芒康最大,为 5.2 mm/d;八宿最小,为 3.4 mm/d。年降水量最小为八宿,仅 82.5 mm,年降水量较大的丁青,平均降水强度并非最大。降水量与降水强度分布的不一致性,表明后者受局地地形的影响比前者要大。

昌都市各地日最大降水量为 39.2～55.5 mm,芒康最大,为 55.5 mm,出现在 2012 年 8 月 9 日;洛隆最小,仅为 39.2 mm,于 1997 年 9 月 3 日出现的,两者极差达 16.3 mm(表 2.14)。

表 2.14 昌都市各站降水强度、日最大降水量及出现时间

站点	平均降水强度/(mm/d)	日最大降水量/mm	日最大降水量出现时间
卡若	3.9	55.3	1971-07-29
丁青	4.2	46.6	1971-08-08
类乌齐	4.3	50.2	2006-06-28

续表

站点	平均降水强度/(mm/d)	日最大降水量/mm	日最大降水量出现时间
洛隆	3.8	39.2	1997-09-03
左贡	4.4	45.2	2004-07-02
芒康	5.2	55.5	2012-06-18
八宿	3.4	40.2	1997-08-09

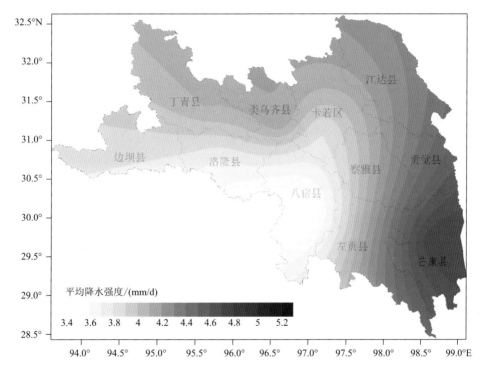

图 2.33 昌都市各地平均降水强度

2.3.2.3 最长连续降水时段、日数及降水量

连续降水是指连续每天出现≥0.1 mm 的降水现象。昌都市各地最长连续降水时段出现在降水最集中的雨季,持续时间为 11～39 d,时段总降水量为 22.8～284.7 mm(表 2.15)。最长连续降水持续时间最短、总水量最少均出现在八宿,持续时间最长,降水量最大出现在丁青,达到 284.7 mm(占年降水量的 44.2%)。昌都市最长连续降水时段,最早开始于 6 月中旬,最迟结束在 8 月下旬。

表 2.15 昌都市各地最长连续降水起止时间、日数及降水量

站点	起止时间	日数/d	降水量/mm
卡若	1998 年 6 月 16 日—7 月 6 日	21	163.8
丁青	1954 年 7 月 6 日—8 月 3 日	39	284.7

站点	起止时间	日数/d	降水量/mm
类乌齐	1998 年 7 月 21 日—8 月 15 日	26	231.7
洛隆	1999 年 8 月 15 日—8 月 31 日	17	74.8
左贡	1979 年 7 月 25 日—8 月 11 日	18	85.0
芒康	1993 年 7 月 25 日—8 月 21 日	27	189.7
八宿	2012 年 8 月 15 日—8 月 25 日	11	22.8

2.3.2.4 最长连续无降水时段、日数

连续无降水量是指连续<0.1 mm 的降水日,故最长连续无降水时段又称最长干旱时段。由表 2.16 分析,昌都市各地最长连续无降水时段出现在 10 月到初到 3 月的少雨时段,最长连无降水日数在 70 d 以上。最多的是八宿,达 164 d,出现在 2014 年 10 月 4 日至 2015 年 3 月 15 日;其次是左贡,为 100 d,出现在 2012 年 11 月 10 日至 2013 年 2 月 17 日;洛隆最少,为 76 d。

表 2.16 昌都市各地最长连续无降水起止时间及日数

站点	起止时间	日数/d
卡若	2007 年 10 月 23 日—2008 年 1 月 11 日	81
丁青	2005 年 11 月 19 日—2006 年 2 月 3 日	77
类乌齐	2007 年 10 月 24 日—2008 年 1 月 11 日	80
洛隆	2017 年 11 月 24 日—2018 年 2 月 7 日	76
左贡	2012 年 11 月 10 日—2013 年 2 月 17 日	100
芒康	1996 年 10 月 30 日—1997 年 1 月 20 日	83
八宿	2014 年 10 月 4 日—2015 年 3 月 15 日	164

2.3.3 降水变率

降水量年际变化大,对农业稳产、高产极为不利。雨量不稳定,不仅影响农作物的生长发育和农事活动,而且对保证农业生产的水利设施、水库的调节作用都会造成一定的困难。因此,评价一个地区降水条件的优劣,除了考察其多年平均状况外,还需分析降水的年际变化。

年际间降水量的变化可以用降水量相对变率(简称"降水变率")R_v 来表示,其公式为:

$$R_v = \frac{1}{N \cdot \overline{R}} \sum_{i=1}^{n} |R_i - \overline{R}| \cdot 100\% \tag{2.2}$$

式中,R_i 为降水量历年值,$\overline{R}_i$ 为多年平均降水量,N 为年数。

　　降水变率表示年际间降水变化的大小,从而表明降水量的稳定程度和可利用价值。降水变率小,表示年际变化小,降水量比较稳定;反之,降水变率大,旱涝发生的概率就大,对农牧业生产的影响也愈大。通常认为在作物生长季节,降水变率大于25%。就会发生不同程度的旱涝,对农作物生长有一定的影响;降水变率大于40%,就可能出现旱涝灾害,影响很大。

2.3.3.1　年降水变率

　　昌都市各地年降水变率为 10%～22%(图 2.34),总的分布特点是降水量愈大的地区,变率愈小;降水量愈小的地区,变率愈大。年降水变率最大的为八宿(22%)。

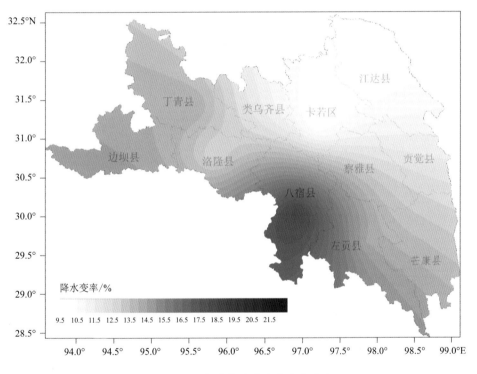

图 2.34　昌都市年降水变率空间分布

2.3.3.2　汛期降水变率

　　汛期降水变率与年降水变率的分布趋势基本一致。昌都市大部为 20%～33%;八宿降水变率最大,为 33%。

2.3.4　雨季开始期和结束期

2.3.4.1　雨季开始期指标

　　降水相对系数 C 的计算公式(周顺武 等,1999)为:

$$C_N = \frac{R(N)}{N} \Big/ \frac{R(N_年)}{N_年} \qquad (2.3)$$

式中,$R(N)$表示 N 时段的降水量,N 代表 5 d(候)、10 d(旬)或 15 d,$R(N_年)$表年平均年降水量,$N_年$表示一年的总天数。根据式(2.3),可分别计算 5 d、10 d、15 d 的降水相对系数 C_5、C_{10}、C_{15}。

雨季开始期的标准:一场中雨(日降水量≥5.0 mm)后,C_5、C_{10}、C_{15} 均≥1.5,则这个中雨日即为雨季开始期。

2.3.4.2　雨季开始期

昌都市雨季开始期自北向南开始,出现在 5 月中下旬。最早的是洛隆,出现在 5 月中旬;最晚是芒康,出现在 6 月上旬。

高原雨季开始期的空间分布受地形和山脉的影响非常明显。孟加拉湾的水汽沿着念青唐古拉山东段向北输送,使得那曲市中东部的雨季开始期比昌都市早,受横断山脉对南部水汽输送的阻断,横断山脉东侧的左贡和芒康雨季开始期比横断山脉西侧晚 10 d 以上。

2.3.4.3　雨季结束期

雨季结束期的标准:一年中最后一次雨季中断日为该年雨季结束日。雨季中断标准:雨季开始后,中雨后的第二天起,若 $C_{10}<1.0$ 这场中雨的第二天即为雨季中断日。

昌都市雨季结束期最早的是八宿,出现在 9 月下旬,其余地方在 10 月上旬相继结束。

2.3.5　降雪

2.3.5.1　降雪日数

昌都市降雪日数在 19.3～55.6 d(图 2.35)。八宿最少,为 19.3 d;丁青最多,为 55.6 d;其余地区为 26.8～48.9 d。

2.3.5.2　积雪日数

昌都市平均年积雪日数为 1.2～27.7 d(图 2.36),其空间分布图与降雪日数基本相同。其中八宿积雪日数最少,仅 1.2 d;丁青最多,为 27.7 d;其余地方为 7.1～22.8 d。

2.3.5.3　最大积雪深度

从最大积雪深度来看(表 2.17),1956 年 10 月 16 日丁青最大积雪深度达 32 cm,其次是芒康,最大积雪深度为 28 cm,出现时间是 2011 年 3 月 25 日。

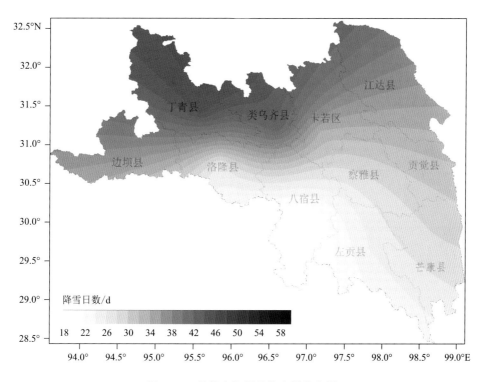

图 2.35　昌都市降雪日数空间分布图

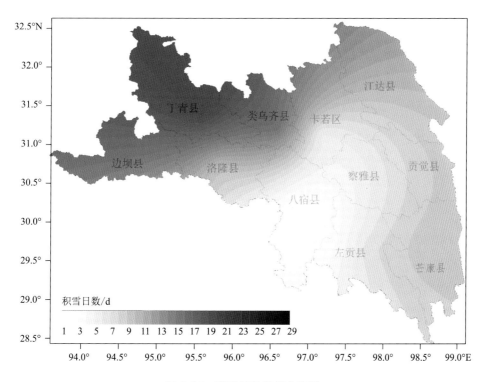

图 2.36　积雪日数空间分布图

表 2.17　昌都市各站最大积雪深度

站点	最大积雪深度/cm	出现日期
卡若	11	1981 年 12 月 12 日
丁青	32	1956 年 10 月 16 日
类乌齐	21	2009 年 11 月 18 日
洛隆	18	1981 年 12 月 12 日
左贡	17	1994 年 3 月 23 日
芒康	28	2011 年 3 月 25 日
八宿	20	2006 年 4 月 14 日

2.4　湿度与蒸发

2.4.1　水汽压

水汽压指空气中水汽作用在单位面积上的压力,单位为百帕(hPa)。它用于度量空气中水汽含量,水汽压值大时,表示空气中水汽含量多。其值和温度、水面曲率、水的相态、水内杂质以及电量有关。在一定温度下,水汽达到饱和时的气压,叫"饱和水汽压"。

2.4.1.1　水汽压的空间分布

昌都市年平均水汽压为 5.0～6.1 hPa,以丁青最低,江达最高。平均水汽压分布情况与年降水量极为相似,呈自东南向西北递减的规律(图 2.37)。江达在 6.0 hPa 以上,其他地区为 5.0～6.0 hPa。

2.4.1.2　水汽压的年变化

昌都市各站水汽压年变化呈单峰型,最大值出现在 7 月或 8 月,最小值出现在 1 月或 12 月。3 月开始,随着降水的增多,水汽压呈上升趋势;9 月份随着各地雨季的结束,水汽压也随降水量的减少而下降(图 2.38)。

2.4.2　相对湿度

相对湿度表征空气的干湿程度,即在某一温度下,实际水汽压与饱和水汽压之比,用百分数表示。

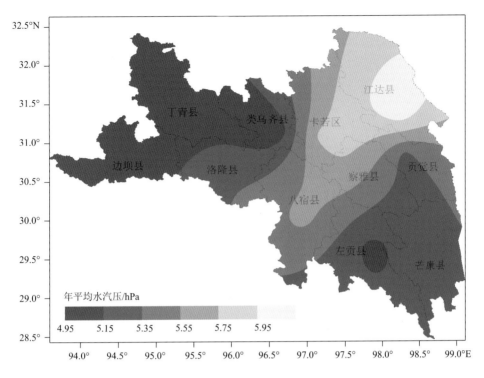

图 2.37 昌都市年平均水汽压的空间分布图

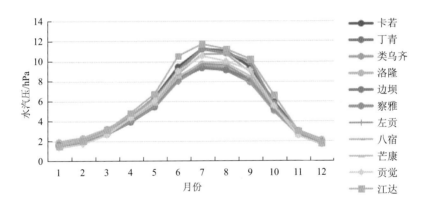

图 2.38 昌都市各代表站水汽压的年变化

2.4.2.1 相对湿度的空间分布

昌都市各地年平均相对湿度为 37.6%～58.9%，最小值出现在八宿，最大值出现在芒康，其地域分布与年降水量相似，即自东南向西北递减(图 2.39)。

丁青、类乌齐、芒康和江达平均相对湿度大于 55%；八宿和察雅平均相对湿度低于 40%；卡若、洛隆、左贡、边坝和贡觉等地平均相对湿度为 40%～55%(表 2.18)。

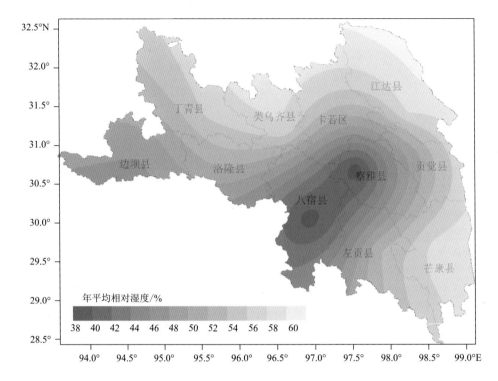

图 2.39　昌都市年平均相对湿度的空间分布图

表 2.18　昌都市各站平均相对湿度(单位:%)

站名	1月	2月	3月	4月	5月	6月	7月	8月	9月	10月	11月	12月	年
丁青	42.5	44.3	48.7	53.3	56.7	64.6	67.9	67.8	69.2	64.8	51.8	44.9	56.4
类乌齐	44.1	45.0	49.7	56.1	57.2	64.1	69.6	71.0	70.5	64.0	54.3	47.0	57.7
卡若	35.0	35.6	39.0	45.8	48.9	58.1	64.2	66.0	66.4	58.0	44.2	38.6	50.0
洛隆	42.4	43.2	47.3	52.5	52.4	57.5	60.9	62.3	61.5	57.0	48.5	43.8	52.4
八宿	27.0	11.8	32.7	40.6	39.0	42.7	51.7	54.2	49.9	41.2	31.7	29.0	37.6
左贡	43.3	42.4	44.9	49.6	51.0	56.0	67.0	69.4	66.8	56.8	49.1	46.7	53.6
芒康	45.4	47.1	51.5	56.6	56.8	63.9	73.0	74.2	73.2	63.9	53.8	47.5	58.9
江达	38.1	38.8	46.2	56.8	58.1	70.3	74.6	73.3	77.8	72.0	53.4	43.7	58.6
边坝	37.7	36.0	41.1	47.1	47.9	56.1	58.6	56.0	60.5	56.3	44.9	37.0	48.3
贡觉	30.4	33.5	40.2	52.6	53.6	61.8	69.1	66.8	70.1	59.1	41.7	33.8	51.1
察雅	23.6	24.4	29.9	38.0	38.4	43.8	53.8	52.9	56.4	44.5	32.6	26.8	38.8

2.4.2.2　相对湿度的年变化

昌都市平均相对湿度的年变化呈单峰型(图 2.40),最大值出现在 8 月或 9 月,最小值出现在 1 月或 12 月。月平均相对湿度的最小值出现在察雅,沿江一线大部地区的月平均相对湿度的平均值为 40%。

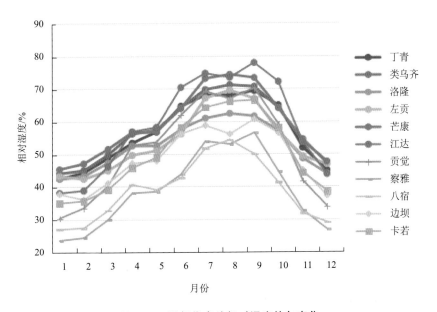

图 2.40　昌都代表站相对湿度的年变化

2.4.3　蒸发皿蒸发量

蒸发是水循环中重要组成部分,它和降水、径流一起决定着一个地区的水量平衡。蒸发量是自然水面由于某些气象因素的影响而消耗的水量。蒸发量的多少取决于蒸发面的性质和大小,取决于蒸发面上的空气温度、湿度、风、气压等因素,以及蒸发水体的温度和所含的杂质等。温度越高,湿度越小,风速越大,则蒸发量越大;反之,蒸发量小。

蒸发既是地表热量平衡的组成部分,又是水量平衡的组成部分,是水循环中最直接受土地利用和气候变化影响的要素;反过来,蒸发又可减小辐射向感热的转化,增加空气湿度,提高最低气温及降低最高气温,起到调节气候的作用。

蒸发皿蒸发量虽不能直接代表水面蒸发,但与水面蒸发之间存在很好的相关,是水文、气象台站常规观测项目之一。由于实际蒸发的测定非常困难,而蒸发皿观测资料累积序列长,可比性好,因此,长期以来一直是水资源评价、水文研究、水利工程设计和气候区划的重要参考指标。

2.4.3.1 蒸发量的空间分布

根据昌都市气象站点蒸发皿蒸发量观测资料分析,昌都市各地的年蒸发量为1089.6～1891.9 mm。最大年蒸发量出现在八宿,其主要原因是此地处在喜马拉雅山脉背风坡,空气的下沉运动致使温度相对较高,降水偏少,空气湿度小,河谷内多风,所以蒸发强烈。最小年蒸发量出现在类乌齐,为1089.6 mm(图2.41)。

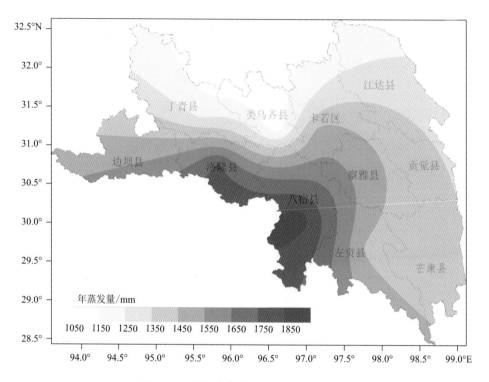

图 2.41 昌都市年蒸发量的空间分布图

冬季(1月)蒸发量为67.3～121.3 mm(图2.42),其中八宿的蒸发量最大,为121.3 mm;洛隆次之,为99.0 mm;类乌齐最少。洛隆、八宿蒸发量在90 mm以上;丁青、类乌齐、左贡等蒸发不足80.0 mm。

夏季(7月)蒸发量为98.0～167.5 mm(图2.43),呈自东南向西北递增的分布规律,以洛隆最大,类乌齐最小。除类乌齐外,其余各地蒸发量高于100 mm。

2.4.3.2 蒸发量的年变化

全年各月蒸发量具有明显的季节变化特点(图2.44)。昌都市各地蒸发量最大值出现在雨季开始前的4月,为134.9～256.3 mm;最大值出现在八宿,为256.3 mm。蒸发量最小值出现在12月,为62.1～107.9 mm,其中类乌齐最小,八宿最大。

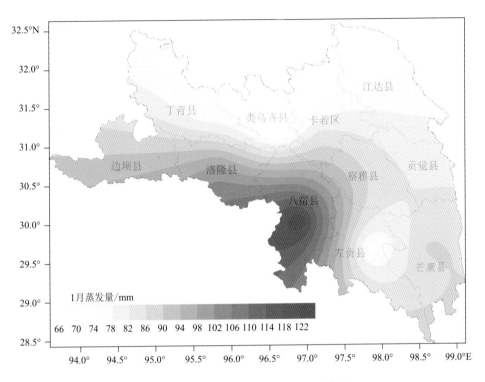

图 2.42 昌都市 1 月蒸发量的空间分布图

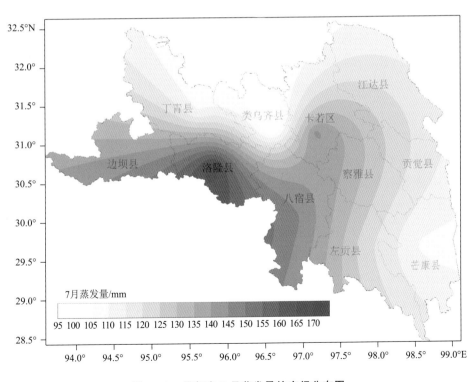

图 2.43 昌都市 7 月蒸发量的空间分布图

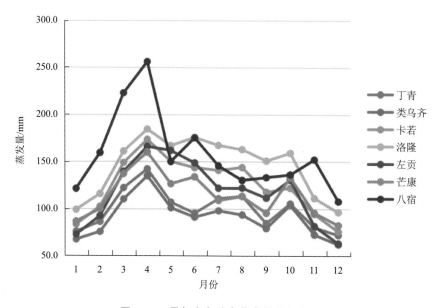

图 2.44　昌都市各站点蒸发量的年变化

2.4.4　水分盈亏和湿润度

2.4.4.1　水分盈亏

水分盈亏在不考虑人为控制因子影响(如灌溉、排水)和地表径流、地下渗漏等情况下,主要取决于降水量和蒸发量,它可表征某地水分收与支的相互关系,表征当地水分可能供给量与作物群体需求量的关系。水分盈亏量,由式(2.4)计算(欧阳海等,1990;程德瑜,1994):

$$V=R-B_0 \qquad (2.4)$$

式中,V 为水分盈亏量,R 为降水量,B_0 为最大可能蒸发量。当 $V>0$ 时,表示降水量大于蒸发量,水分盈余;当 $V<0$ 时,表示降水量小于蒸发量,水分亏缺;当 $V=0$ 时,表示水分收入和支出相当,达到平衡。

昌都市年水分盈亏量为 $-1643.2\sim-472.0$ mm,9 个地区水分均亏缺,自然降水都不能满足作物和牧草生长的需求,总的分布趋势是:①水分盈亏量自东向西负值越来越大,水分越来越亏缺;②以沿雅江一线为负的高值区由南向北呈递减趋势;③7 个县水分盈亏量在 -600 mm 以下,水分严重亏缺,自然降水不能满足作物、牧草的生长发育(图 2.45)。

2.4.4.2　湿润度

一个地区的降水量表示水分的收入,也是土壤水分的主要来源,蒸发量是土壤水分的主要支出项目,降水量与蒸发量之比称为湿润度(或湿润系数),它是表征当

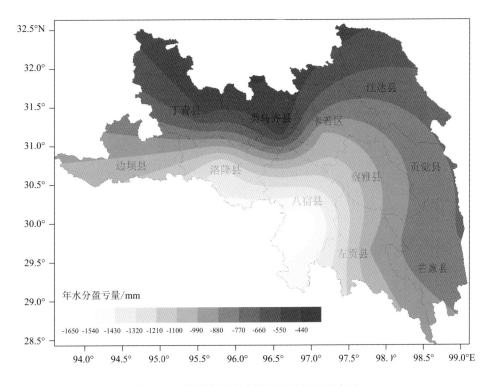

图 2.45 昌都市年水分盈亏量的空间分布图

地干、湿程度的指标。计算湿润度的方法很多,本书采用伊万洛夫经验公式计算(欧阳海 等,1990;程德瑜,1994):

$$K = \frac{R}{B_0} = \frac{R}{0.0018(T+25)^2(100-f)} \tag{2.5}$$

式中,K 为湿润度,R 为降水量(mm),B_0 为蒸发量(mm),T 为平均气温($^\circ\!C$),f 为相对湿度(%)。伊万洛夫湿润度的分级标准和对应的自然植被景观见表 2.19。

表 2.19 伊万洛夫湿润度的分级标准和对应的自然植被景观见表

分级	湿润	半湿润	半干旱	干旱	极干旱
K	>1.00	0.61~1.00	0.31~0.60	0.13~0.30	<0.13
植被带	森林	森林草原	草原	半荒漠	荒漠

根据昌都市年湿润度的空间分布可知(图 2.46),丁青、芒康属于半湿润地区;卡若、洛隆、左贡等属于半干旱地区;类乌齐、八宿属于干旱地区。

从各月湿润度变化来看(表 2.20),怒江河谷的八宿 1—3 月、10—12 月湿润度小于 0.13,属于极干旱期;丁青 1 月、12 月湿润度小于 0.13,属于极干旱期;昌都其他地区 1—2 月、11—12 月湿润度小于 0.13,属于极干旱期。7—8 月除类乌齐、八宿外,其他各地湿润度在 0.60 以上,属于半湿润、湿润期。

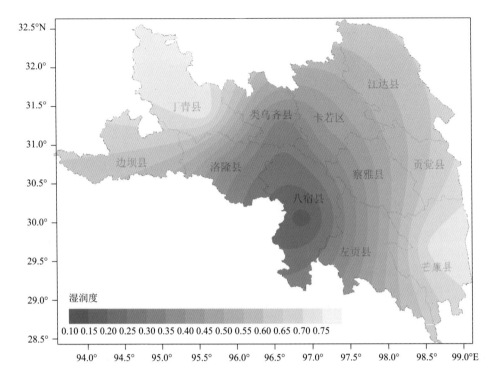

图 2.46 昌都市年湿润度的空间分布图

表 2.20 昌都市各站湿润度

站点	1月	2月	3月	4月	5月	6月	7月	8月	9月	10月	11月	12月	年
丁青	0.10	0.17	0.26	0.38	0.71	1.50	1.66	1.48	1.52	0.82	0.20	0.08	0.74
类乌齐	0.05	0.09	0.14	0.22	0.28	0.48	0.55	0.50	0.46	0.26	0.08	0.04	0.26
卡若	0.03	0.05	0.10	0.19	0.33	0.71	0.96	0.98	0.86	0.37	0.06	0.03	0.39
洛隆	0.05	0.11	0.21	0.35	0.42	0.58	0.69	0.70	0.68	0.44	0.10	0.04	0.36
左贡	0.02	0.04	0.13	0.22	0.28	0.52	1.53	1.42	0.84	0.20	0.08	0.03	0.44
芒康	0.03	0.07	0.19	0.34	0.39	1.01	2.49	2.34	1.54	0.30	0.09	0.04	0.73
八宿	0.01	0.02	0.06	0.15	0.12	0.14	0.34	0.36	0.22	0.10	0.02	0.02	0.13
贡觉	0.03	0.07	0.19	0.38	0.56	0.97	1.50	1.36	1.37	0.32	0.03	0.03	0.57
江达	0.00	0.01	0.10	0.28	0.34	0.69	0.97	0.86	0.78	0.54	0.02	0.02	0.39
察雅	0.01	0.04	0.07	0.35	0.47	0.71	0.96	0.76	0.84	0.33	0.06	0.04	0.39
边坝	0.03	0.04	0.15	0.25	0.42	0.80	0.68	0.59	0.82	0.53	0.13	0.07	0.38

2.5　气压与风

2.5.1　气压

2.5.1.1　平均气压的空间分布

昌都市年平均气压为 635.6～686.0 hPa,呈西北和东南低、中间高的分布规律(图 2.47)。其中察雅气压最高,为 686.0 hPa,中部的卡若、江达、八宿均高于680 hPa;西北部及东南部地区均低于 655 hPa。可见年平均气压随海拔高度增加而递减,平均升高 100 m,气压下降 8.5 hPa 左右。

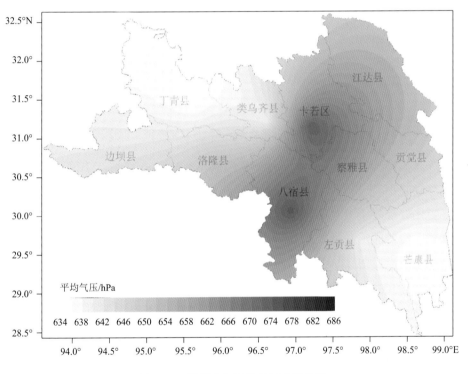

图 2.47　昌都市年平均气压空间分布

2.5.1.2　平均气压的时间变化

昌都市各地地面气压的年变化呈单峰型和双峰型(图 2.48),昌都市西北部和东南部呈单峰型,其余各地呈双峰型。其中八宿、察雅年内变化曲线呈明显的双峰型,次低点与次高点之间的气压差接近 1.0 hPa 或以上,其中八宿最大,为 1.2 hPa。这两种形式的气压年变化曲线,气压最低点几乎都在 2 月,只有江达、贡觉出现在 1

月;气压最高出现在 9—10 月,其中,芒康、江达、贡觉、边坝最高值出现在 9 月。

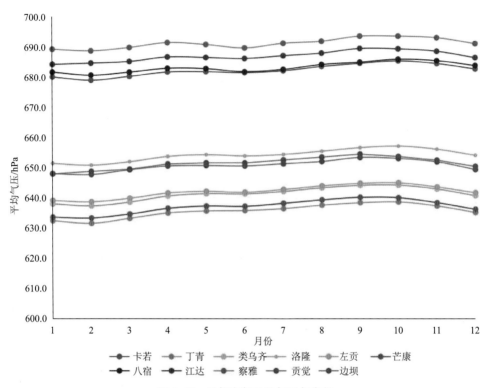

图 2.48　昌都市年平均气压年变化

　　众所周知,我国东部平原地区地面气压的年变化呈单峰型,1 月最高,7 月最低。而高空对流层中、上层的气压年变化与地面相反,1 月最低,7 月最高。西藏地面气压的年变化似乎处于上述两种气压年变化的过渡情况。而且,从西藏各地地面气压最高值出现的时间随高度的变化情况可以看出,随着测站高度的升高,地面气压的年变化逐渐与高空的气压变化趋于一致。高原上地面气压的最高点落后于高空,是由于高原上自春季开始地面加热作用强烈,抑制了地面气压的上升,使气压最高点不出现在盛夏而在其后,同时还在气压的上升过程中出现次低点。也由于这个原因,与同高度四周大气比,整个高原夏季应为热低压所控制(高由禧 等,1982)。

　　昌都市各地气压年较差为 4.9～7.1 hPa(表 2.21),昌都西北部和东南部等高海拔地区较大,在 6.0 hPa 以上;其中丁青最大为 7.1 hPa;察雅最小,为 4.9 hPa。气压高的地方,气压年较差小;气压低的地方,气压年较差大,这与我国华北平原不同(顾挺敏,1991)。就气压季节变化而言,昌都市各站地面平均气压秋季最大,春季最小。

表 2.21　昌都市各县区气象站点地面气压年较差(单位:hPa)

卡若	丁青	类乌齐	洛隆	左贡	芒康	八宿	江达	察雅	贡觉	边坝
6.5	7.1	6.9	6.3	6.3	6.9	5.3	5.3	4.9	6.6	5.7

2.5.2　平均风速

2.5.2.1　年平均风速的空间分布

从昌都市平均风速空间分布(图 2.49)来看,昌都市各地年平均风速为 1.2～2.7 m/s,昌都市大部地方年平均风速低于 2 m/s,洛隆、芒康、八宿、贡觉、边坝年平均风速大于 2 m/s。西藏年平均风速地区分布特征(杜军 等,2001)主要有以下几个方面:①河谷、盆地风速小,开阔地大;②在河谷地带,离河谷越近风越大;③海拔越高风越大。

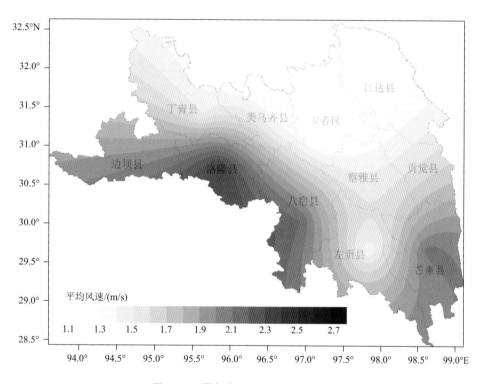

图 2.49　昌都市平均风速空间分布

2.5.2.2　季平均风速的空间分布

从季平均风速空间分布来看(图 2.50),春季平均风速为 1.4～3.1 m/s,昌都市东部和西北部各站平均风速小于 2 m/s,而洛隆、芒康、八宿、贡觉和边坝年平均风速大于 2 m/s,其中最大值出现在洛隆、贡觉,平均风速大于 3 m/s。

夏季平均风速为 1.4～2.8 m/s,其空间分布规律与春季相同,洛隆、芒康、八宿、贡觉和边坝年平均风速大于 2 m/s,其余小于 2 m/s。

秋季、冬季平均风速为 0.9～2.6 m/s,昌都市大部站点小于 2 m/s。

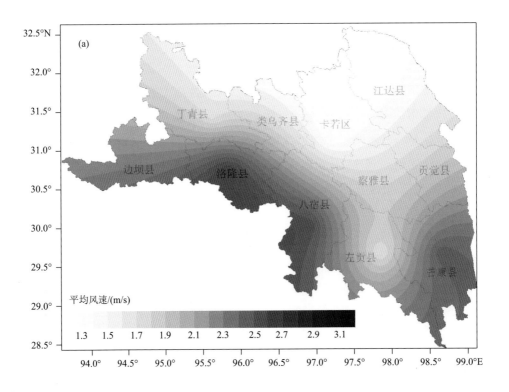

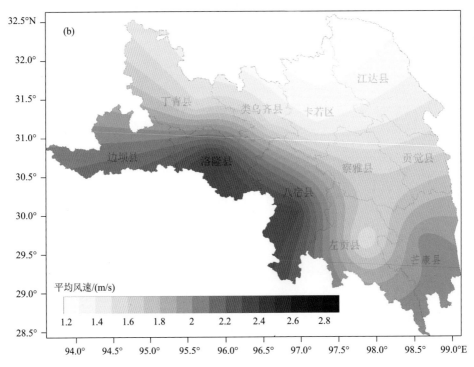

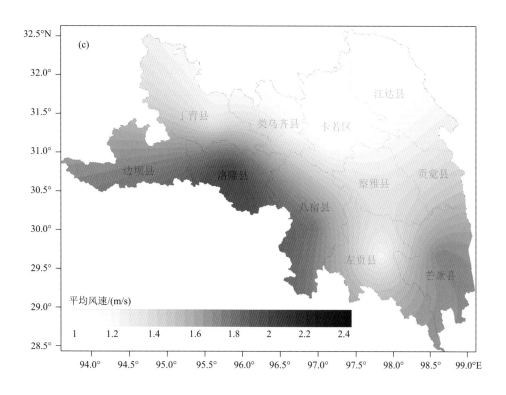

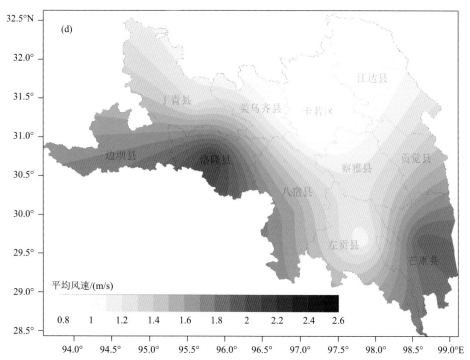

图 2.50　昌都市春(a)、夏(b)、秋(c)、冬(d)季平均风速空间分布

2.5.2.3 平均风速年变化

昌都市平均风速年变化呈单峰型和双峰型(图2.51)。昌都市大部地方平均风速呈单峰型,最大平均风速出现在3—5月,最小值出现在11—12月;而芒康和贡觉呈双峰型分布,芒康最高值出现在3月和10月,贡觉出现在5月和10月。

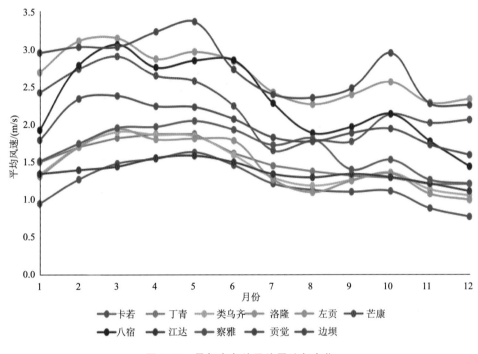

图2.51 昌都市各站平均风速年变化

2.5.3 极大风速和最大风速

2.5.3.1 极大风速的空间分布

昌都市年极大风速为21.5~30.8 m/s,其中最大值出现在卡若为30.8 m/s,最小值出现在类乌齐,为21.5 m/s,其余各地为20.0~30.0 m/s(图2.52)。

2.5.3.2 最大风速的空间分布

昌都市年最大风速为11.7~23.8 m/s,最大值出现在丁青,为23.8 m/s,低值区出现在江达、类乌齐一线,接近12 m/s;其余各地为14~20 m/s(图2.53)。

2.5.3.3 主导风向

西藏高原东部和南部山高谷深,沿雅江一线河流纵横,西北部地势高亢、湖泊众多、复杂的地形条件,使得各地年主导风向大相径庭,没有规律。卡若、丁青和八宿站为西风或偏西风,类乌齐为偏北风,洛隆、江达、贡觉为东南风,左贡、察雅、边坝为偏东风,芒康为偏南风(图 2.54)。虽然昌都各站主导风向各不相同,但如果配合气压场来分析,则盛行风向还是有一定规律。

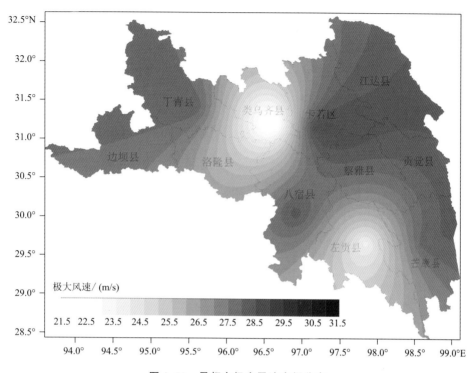

图 2.52　昌都市极大风速空间分布

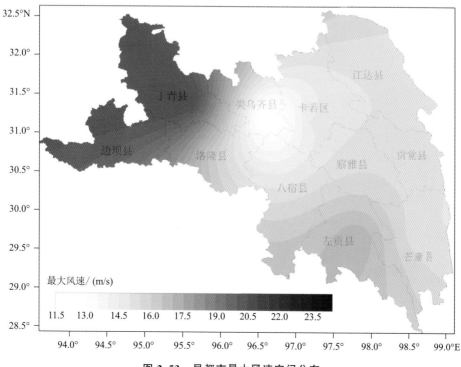

图 2.53　昌都市最大风速空间分布

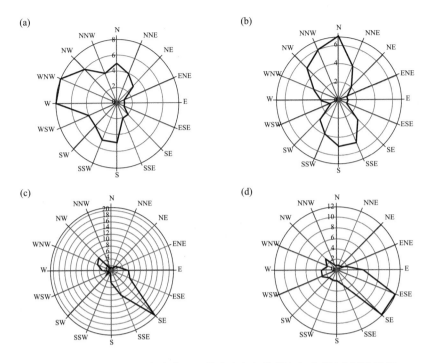

图 2.54　1980—2022 年卡若(a)、类乌齐(b)、洛隆(c)、左贡(d)风玫瑰图

昌都市各代表站年主导风向频率地域分布看(图 2.55),洛隆、芒康和八宿在 20%以上,其中芒康达 25%,其余各地小于 20%。

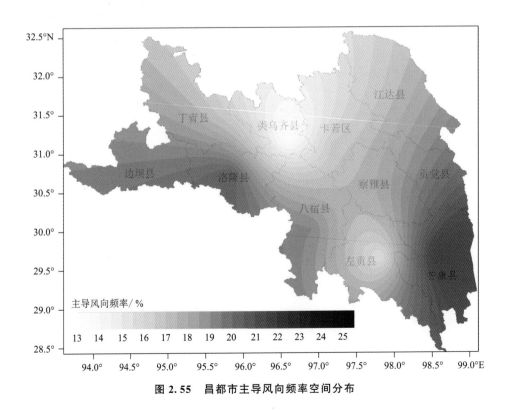

图 2.55　昌都市主导风向频率空间分布

昌都市年次多风向频率为 9～22%（图 2.56），洛隆、芒康在 20% 以上，江达低于 10%，其余各地为 10～20%。

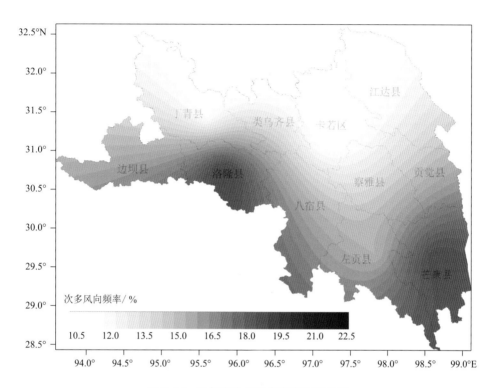

图 2.56　昌都市次多风向频率空间分布

2.6　地温与冻土

2.6.1　地表温度

地表温度是定量化研究地气相互作用过程的重要物理量。地表是地球和大气能量交换的界面，气温的变化将引起地表温度的变化。地表是一个敏感的气候指标，在土壤的所有物理、生物和微生物过程中扮演着重要的角色。

2.6.1.1　地表温度的空间分布

根据昌都市气象站观测的地表平均温度资料（1981—2022 年）分析，昌都各地地表年平均温度为 7.2～15.0 ℃（图 2.57），呈自东南向西北递减规律。其中卡若、察雅、八宿高于 11.0 ℃，其余各地为 7.2～10.2 ℃。

由表 2.22 可知，夏季地表温度最高。四季地表温度的空间分布与年的空间分

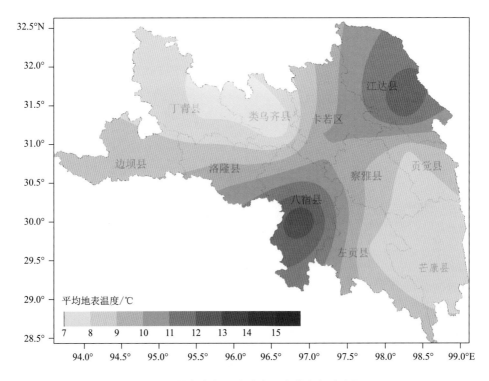

图 2.57　昌都市年平均地表温度的空间分布图

布大致相同。春季平均地表温度为 8.1~16.6 ℃,以类乌齐为最低、察雅最高。夏季平均地表温度为 16.7~25.1 ℃,其中八宿、察雅较高,在 24 ℃ 以上。暖中心位于察雅、八宿。芒康低于 17 ℃。秋季平均地表温度为 7.4~14.8 ℃,最高为八宿在 14 ℃ 以上,最低为类乌齐和丁青,均在 8 ℃ 以下。冬季平均地表温度为 -3.6~3.7 ℃,其中八宿、察雅在 0 ℃ 以上,其余各地低于 0 ℃,其中最低为类乌齐。

　　昌都市各地表极端最高温度一般出现在夏季,其中八宿、察雅在 29 ℃ 以上,出现在 2014 和 2018 年 6 月;其次为卡若,为 26.1 ℃,出现在 2021 年 8 月。年地表极端最低温度出现在冬季,其中类乌齐最低,出现在 1981 年 12 月,为 -11.6 ℃。

表 2.22　昌都市四季地表平均温度(单位:℃)

站名	春季	夏季	秋季	冬季
丁青	8.3	17.2	7.5	-2.4
类乌齐	8.1	16.9	7.4	-3.6
卡若	12.5	21.0	10.6	-0.2
洛隆	10.7	19.6	10.0	0.0
左贡	10.2	17.6	9.0	-1.9

续表

站名	春季	夏季	秋季	冬季
八宿	16.3	25.1	14.8	3.7
芒康	9.6	16.7	8.7	−1.1
江达	10.9	20.8	10.1	−1.6
贡觉	10.2	18.1	8.5	−1.9
边坝	11.9	20.7	9.9	−1.3
察雅	16.6	24.5	13.9	1.9

2.6.1.2　地表温度的年变化

昌都市各地逐月地表温度的变化曲线均为单峰型(图 2.58)。各地峰值出现在6—7 月,最低值一般出现在 12 月或 1 月。

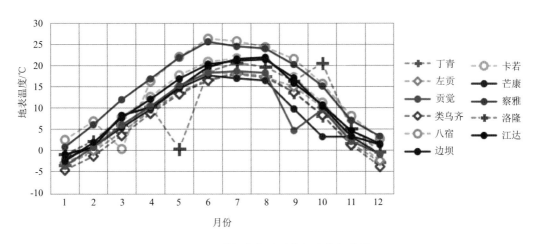

图 2.58　昌都市各站地表温度的年变化

2.6.2　土壤温度

2.6.2.1　浅层地温

浅层地温是 0～20 cm 的地温。浅层地温对种植的影响比地表温度更为直接。

昌都市各地年平均 5 cm 地温为 6.9～15.6 ℃(表 2.23),呈东南向西北递减的分布规律。与年平均地表温度相比,卡若、八宿、贡觉和类乌齐除外其余各地年平均5 cm 地温偏高 0.1～1.7 ℃,其中察雅偏高幅度最大。

表 2.23　昌都市各站 5 cm 地温(单位:℃)

站点	1月	2月	3月	4月	5月	6月	7月	8月	9月	10月	11月	12月	年
丁青	−2.3	−0.4	3.7	8.6	12.7	15.7	17.3	17.0	13.8	8.5	2.2	−1.6	7.9
类乌齐	−3.4	−1.6	2.4	7.3	11.5	14.7	16.2	15.9	12.9	8.0	1.5	−2.4	6.9
卡若	−1.4	2.3	7.7	12.4	16.9	19.7	20.5	20.2	16.9	11.3	4.3	−0.6	10.8
洛隆	−0.7	2.3	6.8	10.7	15.2	18.7	19.9	19.2	16.5	11.1	4.5	0.1	10.4
左贡	−2.5	0.4	6.1	10.6	15.0	18.2	17.5	17.0	15.2	10.7	3.5	−1.6	9.2
八宿	2.2	6.2	11.0	15.1	20.0	23.8	23.6	22.4	20.4	15.4	8.3	2.7	14.3
芒康	−1.7	0.7	5.1	8.8	12.9	16.0	15.7	15.3	13.3	9.3	3.5	−0.8	8.2
江达	−2.1	0.2	5.3	9.6	14.3	17.7	19.0	19.0	15.7	9.7	2.8	−1.5	9.1
贡觉	−2.6	−0.1	4.9	9.6	14.2	17.3	17.7	17.2	14.0	9.2	2.3	−1.5	8.5
边坝	−3.1	0.6	6.6	11.7	16.4	19.2	20.3	20.6	16.6	10.5	2.7	−2.1	10.0
察雅	1.6	7.5	13.5	18.1	22.7	26.5	24.8	24.7	21.1	16.5	8.5	1.5	15.6

昌都市各地年平均 20 cm 地温为 7.2~15.6 ℃(表 2.24),也呈东南向西北递减的分布规律。其中东南一带为 8.6~15.6 ℃,西北一带为 7.2~10.5 ℃。

表 2.24　昌都市各站 20 cm 地温(单位:℃)

站点	1月	2月	3月	4月	5月	6月	7月	8月	9月	10月	11月	12月	年
丁青	−1.3	−0.6	2.6	7.5	11.4	15.5	16.2	16.4	13.9	9.3	3.8	0.1	7.9
类乌齐	−2.3	−1.2	1.7	6.3	10.8	14.0	15.8	15.8	13.5	9.2	3.5	−0.3	7.2
卡若	−0.8	2.0	7.1	11.7	16.1	19.0	20.1	20.0	17.1	12.2	5.4	0.5	10.9
洛隆	0.2	2.5	6.4	10.2	14.3	17.7	19.1	18.8	16.7	12.0	6.0	1.7	10.5
左贡	−1.4	0.4	5.5	9.9	14.0	17.1	17.0	16.7	15.2	11.4	4.8	0.1	9.2
八宿	3.6	6.6	10.5	14.4	18.7	22.3	22.7	22.0	20.4	16.3	10.1	5.0	14.4
芒康	−0.4	1.1	5.0	8.6	12.4	15.4	15.5	15.3	13.8	10.4	5.0	1.0	8.6
江达	−1.3	0.0	4.4	9.2	13.8	17.2	18.7	18.8	15.9	10.4	3.8	−0.5	9.2
贡觉	−1.6	−0.3	4.1	9.1	13.5	16.7	17.5	17.6	14.6	10.0	3.5	−0.3	8.7
边坝	−2.3	0.0	5.6	11.0	15.7	18.6	20.0	20.3	16.8	11.2	4.0	−6.1	9.6
察雅	2.0	7.0	13.1	17.8	22.3	26.0	24.9	24.5	21.1	16.8	9.0	2.5	15.6

2.6.2.2　深层地温

由图 2.59 可知,昌都市各地年平均 40 cm 地温为 7.4~14.6 ℃,也呈东南向西

北递减的分布规律，西北地区洛隆、边坝略高。卡若、察雅、八宿和洛隆等地在
10.5 ℃以上。年平均 80 cm 地温为 7.7～14.6 ℃，与 40 cm 一样，也呈东南向西北
递减的分布规律。年平均 160 cm 地温为 8.0～14.6 ℃，西北地区明显高于 20～
40 cm 地温。年平均 320 cm 地温为 8.0～14.8 ℃，普遍高于 20～160 cm 地温。

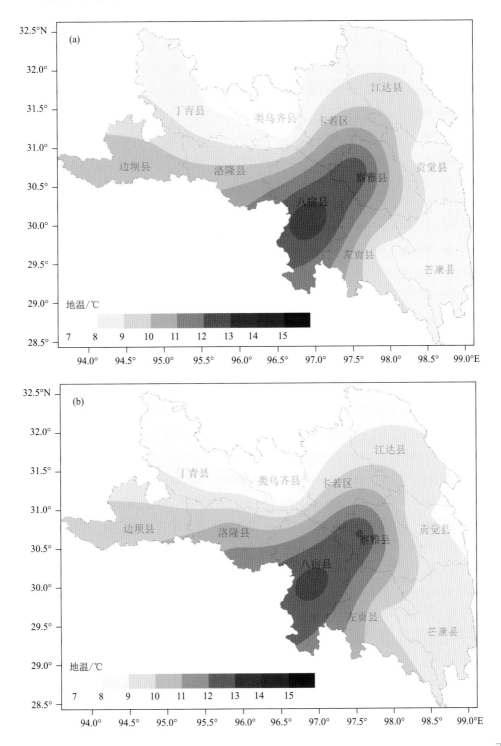

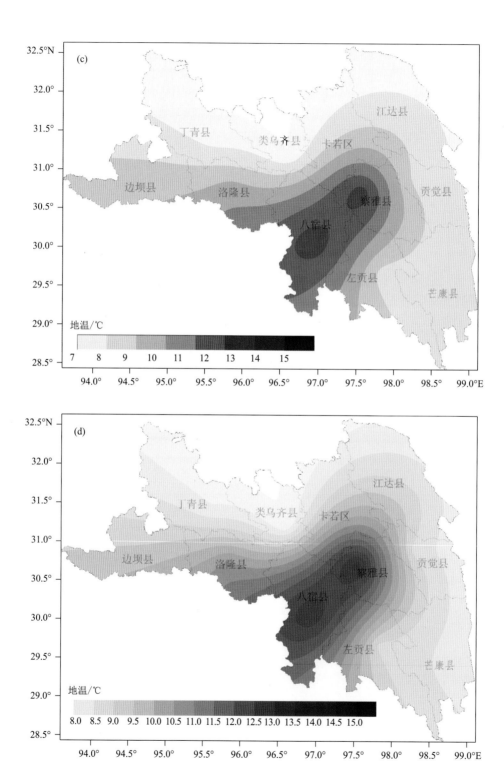

图 2.59　昌都市 40 cm(a)、80 cm(b)、160 cm(c)、320 cm(d)地温的年变化

2.6.2.3　土壤温度的垂直变化

太阳辐射和地面逆辐射直接而又强烈地影响地表温度,同时通过热导的形式间接的影响土壤深层温度。

在昌都市东、中、西各选一站(贡觉、察雅、边坝)分析平均地温随土壤深度的增加而变化的情况。由表 2.25 可知,随着土壤深度的增加,西部年平均地温逐渐缓慢下降,而中、东部是上升的。

各地夏、冬变化最大,除了春季外,西部的变化明显高于东部和中部,春、夏季平均地温随土壤深度增加而下降,秋、冬季随深度的增加而上升,这一规律各地相同。由此可见,春、夏季热量由地面向地下输送,秋、冬季热量由地下向地面输送。

表 2.25　昌都市各站土壤温度年、季垂直变化(单位:℃)

深度	东部(贡觉)					中部(察雅)					西部(边坝)				
	年	春	夏	秋	冬	年	春	夏	秋	冬	年	春	夏	秋	冬
0 cm	8.7	10.2	18.1	8.5	−1.6	14.3	16.6	24.5	13.9	1.9	10.3	11.9	20.7	9.9	1.9
5 cm	10.0	9.6	17.4	8.5	−1.2	15.6	18.1	25.3	15.3	3.5	8.5	11.5	20.0	15.8	−1.5
20 cm	8.7	8.9	17.3	9.4	−0.7	15.6	17.7	25.1	15.6	3.8	10.0	10.7	19.6	10.6	−2.8
40 cm	8.8	7.6	15.4	8.6	−1.1	13.9	14.8	22.1	14.8	4.4	10.3	9.3	18.7	11.5	0.1
80 cm	9.1	8.0	16.4	11.1	1.9	14.2	14.3	21.5	16.4	5.9	10.0	8.2	17.4	12.6	3.0
160 cm	9.5	7.1	14.5	12.5	4.7	14.6	13.1	19.8	17.7	9.2	10.3	7.3	14.5	13.5	7.1
320 cm	9.3	7.6	15.0	8.6	−1.1	14.8	12.9	17.3	18.3	13.4	10.0	7.1	10.8	12.7	6.6
垂直温差	−0.6	2.6	3.1	−0.1	−0.5	−0.5	3.7	7.2	−4.4	−11.5	0.3	4.8	9.9	−2.8	−4.7

2.6.3　地气温差

2.6.3.1　地气温差的空间分布

利用昌都市气象台站 1981—2022 年平均地气温差资料,计算得出,昌都市各地年平均地气温差为 2.9~4.9 ℃,温差较大的地方位于西南、东北、东南部,温差在4.0 ℃以上,其中边坝最高,温差达 4.9 ℃(图 2.60)

2.6.3.2　地气温差的年变化

由昌都市平均气温、0 cm 地温和地气温差的各占年平均变化曲线图可以看出(图 2.61)三条曲线的变化趋势基本上成单峰型。冬季(12 月)气温和 0 cm 地温非常接近,说明冬季地气温差最小。气温和 0 cm 地温的最低值分别出现在 1、12 月,气温和 0 cm 地温 7 月份全年最高。地气温差从 2 月开始逐渐增加,到 6 月份达到最大值 5.7 ℃,而后逐渐减小,至 12 月份达到最低值 1.1 ℃。

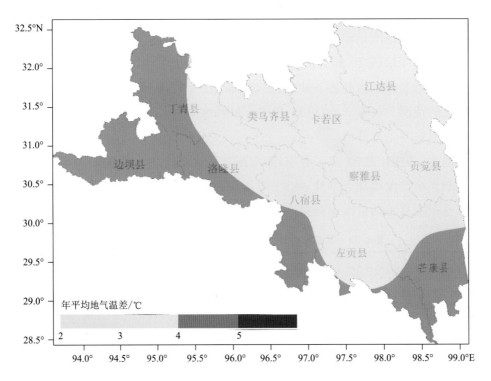

图 2.60 昌都市各地年平均地气温差的空间分布

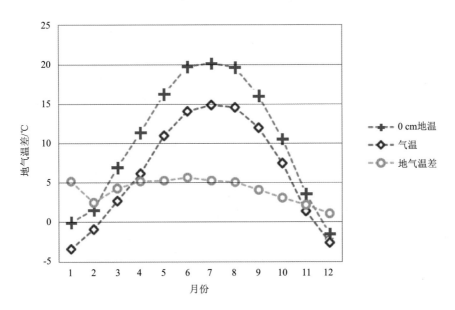

图 2.61 昌都市平均气温、0 cm 地温和地气温差年变化曲线

2.6.4 最大冻土深度

冻土是指含有水分的土壤因温度下降到 0 ℃或以下而呈冻结的状态。冬季冻结而夏季全部融化的冻土为季节性冻土,冻结持续多年而不融化的冻土叫多年冻土。冻土是地球系统五大圈层之一的冰冻圈的重要组成部分,它覆盖了全球陆地表面的很大面积。由于冻土分布广泛且具有独特的水热特性,因此,它成为地球陆地表面过程中一个非常重要的因子。青藏高原作为全球重要的冰冻圈区域,是中、低纬度地带多年冻土面积最广、厚度最大地地区。多年冻土面积约 150 万km^2。

2.6.4.1 最大冻土深度的空间分布

由图 2.62 可知,昌都市大部分冻土深度为 80~100 cm;类乌齐和芒康冻土深度在 130 cm 以上。

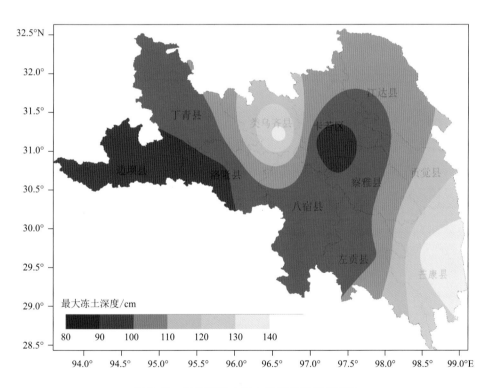

图 2.62 昌都市最大冻土深度的空间分布图

2.6.4.2 冻土深度的年变化

昌都市虽然纬度很低,但在终年积雪、海拔很高的山顶部也有多年冻土存在。昌都市最大冻土深度出现在 1 月和 3 月,除左贡、丁青外,其余大部分地方在 6—9 月无冻土(表 2.26)。

表 2.26　昌都各站月最大冻土深度(单位:cm)

站名	1月	2月	3月	4月	5月	6月	7月	8月	9月	10月	11月	12月
卡若	81	70	81	9	20	0	0	0	0	10	22	63
类乌齐	116	135	136	117	7	0	0	0	0	9	26	80
左贡	95	94	98	8	7	4	0	0	0	7	18	77
芒康	62	62	137	11	6	0	0	0	0	8	17	46
洛隆	87	68	20	10	0	0	0	0	0	10	18	58
丁青	96	88	81	70	12	0	0	0	3	12	38	69

2.6.4.3　土壤冻结解冻日期

昌都市各地冻土从4月份由西南自东北逐渐开始化冻,西南部的洛隆最早,其中左贡化冻最晚,为6月。

2.6.4.4　冻土深度随海拔和纬度的分析

随着海拔高度的增高,温度逐渐降低,当温度稳定降至0℃以下时,就形成了冻土。随着海拔的上升,冻土深度逐渐加深。卡若与芒康相比,最大冻土相差56 cm;而同纬度的左贡与芒康相比,海拔高度相差39 m,最大冻土深度相差39 cm。可见,纬度、海拔高度也是影响冻土深度的主要因素(表2.27)。

昌都市南、北部多年冻土主要分布在海拔4810 m以上,高海拔多年冻土分布也在一定的纬向和径向的变化规律。冻土分布下界值随纬度降低而升高。昌都市总体上也是随纬度的增加,最大冻土深度在加深。

表 2.27　最大冻土深度随海拔和纬度的分布

站名	卡若	类乌齐	左贡	芒康	洛隆	丁青
海拔高度/m	3304	3810	3803	3842	3611	3873
纬度	31°14′	31°21′	29°67′	29°64′	30°76′	31°41′
最大冻土深度/cm	81	136	98	137	87	96

第 3 章 气候变化

3.1 要素变化

3.1.1 气温

3.1.1.1 平均气温的趋势变化

(1)年平均气温

在全球变暖的背景下,昌都市各站建站(1954 年)至 2022 年的年平均气温表现为明显的升高趋势,升温率为 0.15～0.49 ℃/(10 a)(均通过 0.05 显著水平检验),以类乌齐升温率最大,其次是洛隆,为 0.44 ℃/(10 a),卡若站最小。特别是 1990 年以来,近 30 年[①],昌都 7 个国家基本气象站升温更强烈,升温率为 0.22～0.52 ℃/(10 a)(均通过 0.05 显著水平检验),其中洛隆升温最明显,达 0.52 ℃/(10 a),其次是类乌齐 0.51 ℃/(10 a),卡若站为 0.4 ℃/(10 a)(图 3.1)。

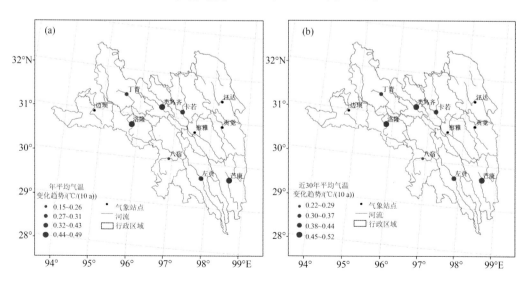

图 3.1 建站至 2022 年(a)、近 30 年(b)昌都市年平均气温变化趋势的空间分布

① 文中"近 30 年"为 1990—2022 年。

就昌都平均而言,近 40 年[①]年平均气温以 0.38 ℃/(10 a)的速度显著升高(图 3.2),昌都升温率高于青藏高原同期(0.34 ℃/(10 a)),与我国其他区域比较,昌都升温率明显高于我国平均水平(0.26 ℃/(10 a))。

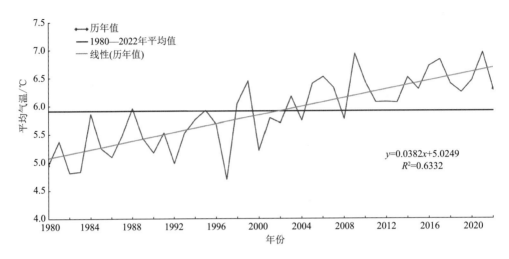

图 3.2 1980—2022 年昌都年平均气温的趋势变化

(2)季平均气温

根据昌都市 7 个国家基本气象站季平均气温变化趋势来看(图 3.3),秋、冬季节变暖趋势尤其突出,春季变化趋势较小。各气象站点建站至 2022 年,冬季升温幅度为 0.45 ℃/(10 a),秋季为 0.39 ℃/(10 a),夏季为 0.31 ℃/(10 a),春季为 0.23 ℃/(10 a)。特别是近 40 年冬季平均气温增暖更显著,达 0.48 ℃/(10 a)。

从季平均气温变化趋势的地域分布来看,春季各地的升温率在 0.06~0.36 ℃/(10 a)(均通过 0.05 显著性水平检验),其中类乌齐、芒康、洛隆在 0.30 ℃/(10 a),类乌齐最大,洛隆次之,为 0.32 ℃/(10 a),卡若站升温率最小。

夏季各地的升温率在 0.12~0.43 ℃/(10 a),以丁青站为最明显,类乌齐、洛隆次之,为 0.42 ℃/(10 a),八宿站最小,卡若站为 0.16 ℃/(10 a)。

秋季各地的升温率在 0.13~0.54 ℃/(10 a),以类乌齐站最突出,中南部的洛隆、左贡、芒康、八宿一带的在 0.44 ℃/(10 a)以上,卡若站最小。

冬季平均气温在昌都各地均表现为显著的升高趋势,为 0.25~0.69 ℃/(10 a),通过 0.05 以上的显著性水平检验,以类乌齐升温率最大,其次是中南部的洛隆、左贡、芒康,为 0.52 ℃/(10 a),北部在 0.3 ℃/(10 a)以上。

3.1.1.2 平均气温的年代际变化

对昌都市 7 个国家基本气象站年平均气温的年代际变化进行分析,在年代际尺度

---

① 文中"近 40 年"为 1980—2022 年。

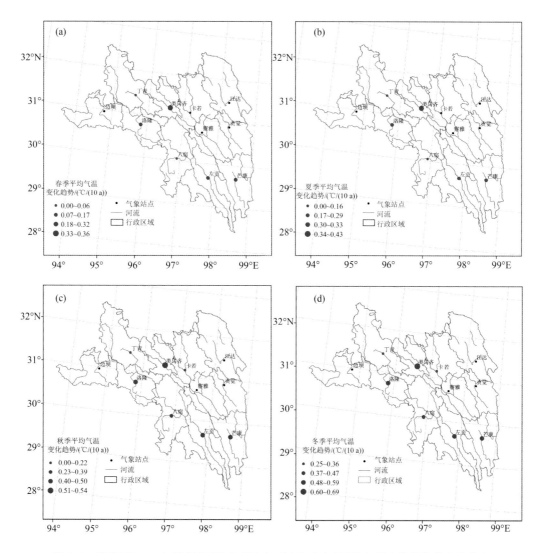

图 3.3 建站至 2022 年昌都市春(a)、夏(b)、秋(c)、冬(d)平均气温变化趋势的空间分布

上,20 世纪 60 和 70 年代丁青、卡若站均为负距平。80 年代各站均为负距平,其中类乌齐、洛隆、芒康偏低较为明显,偏低 0.5 ℃以上。20 世纪 90 年代,除丁青为正距平(偏高 0.2 ℃)外,其余各地均为偏低 0.2~0.4 ℃。进入 21 世纪以来,全市各地升温明显,21 世纪 00 年代全市各地较平均值偏高 0.2~0.8 ℃,其中丁青偏高 0.8 ℃;21 世纪10 年代全市各地较平均值偏高 0.3~0.9 ℃,其中除八宿偏高 0.3 ℃外,其余各地均偏高 0.6 ℃以上,尤其是丁青、类乌齐、洛隆偏高 0.8 ℃以上,以丁青偏高最突出。

就昌都平均而言,在年代际尺度上(图 3.4),1961—2022 年平均气温呈明显的逐年升高趋势,20 世纪的均为负距平,21 世纪的均为正距平,尤其是 21 世纪 10 年代升温强烈,较平均值偏高 0.7 ℃,为 1961—2022 年最高的 10 a。

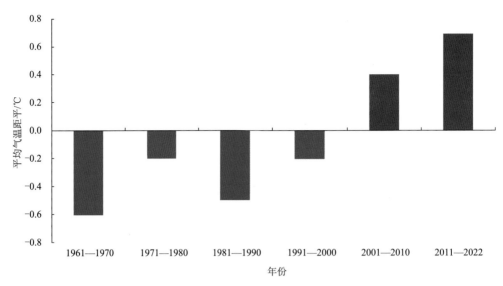

图 3.4 1961—2022 年昌都年平均气温的年代际变化

3.1.1.3 平均气温的气候突变与异常

(1)气候突变

采用 M-K 检验方法对昌都 7 个国家基本气象站年平均气温序列进行突变检验,以获得各站气候突变发生的事件。从表 3.1 中可知,卡若、类乌齐、洛隆、左贡年平均气温的突变主要发生在 21 世纪初;丁青、芒康、八宿年平均气温的突变主要发生在 20 世纪末至 21 世纪初,均通过 95% 置信度检验。就昌都平均而言,夏季、春季气温突变的事件最早,发生在 20 世纪 90 年代;秋季和冬季气温突变时间主要出现在 21 世纪初期。昌都年平均气温变暖的突变时间也出现在 20 世纪 90 年代末到 21 世纪初期(表 3.2、图 3.5)。

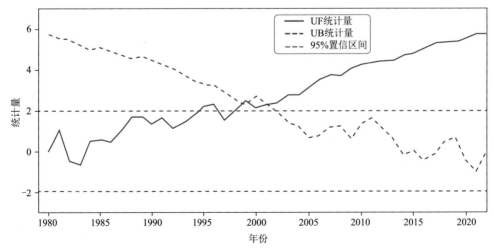

图 3.5 1980—2022 年昌都市平均气温的突变分析

表 3.1　昌都市各站年平均气温突变时间

站名	卡若	丁青	类乌齐	洛隆	左贡	芒康	八宿
年份	2004	1998 2001	2003	2004	2002	2001 1999	1997 1994

表 3.2　昌都市年、季平均气温突变时间

	春季	夏季	秋季	冬季	年
年份	1996	1995 2002	2006 2008	2006	2001

（2）气候异常

以距平大于标准差的 2 倍作为异常,对昌都市 7 个国家基本气象站点建站至 2022 年年平均气温的异常年份进行分析(表 3.3),结果表明:1980—2022 年以来洛隆和芒康未出现过年平均气温异常偏高年份,其他各站出现了 1～3 次(a),主要发生在 21 世纪,其中 2009 年、2021 年居多。而年平均气温异常偏低主要出现在 20 世纪 80—90 年代,其中 1997 年、1982 年、1983 年、1980 年居多。

表 3.3　建站至 2022 年昌都市各站点年平均气温的异常年份

站名	卡若	丁青	类乌齐	洛隆	左贡	芒康	八宿
异常偏低	1997 1968 1967 1978 1965 1969 1970	1969 1965 1957 1963	1982 1983 1980 1992 1981 1986	1997 1983 1982 1980 1986 1992 1981	1997 1992 1983 1982 1986 1980 2000	1997 1982 1992 1983 1980 1986	1997 1990 1980
异常偏高	2009	2021 2009 2016	2021		2021		2009

3.1.1.4　平均最高气温和最低气温的趋势变化

昌都市 7 个国家基本气象站建站至 2022 年的年平均最高气温呈较为明显的升高趋势(图 3.6),升温率为 0.15～0.49 ℃/(10 a),以洛隆最大、卡若最小。近 30 年这种升温趋势在增强,升温率达 0.35～0.57 ℃/(10 a),其中洛隆和芒康为为 0.57 ℃/(10 a)。最高气温的升温率主要表现在秋季,升温率为 0.09～0.59 ℃/(10 a),其次是冬季,升温率为,0.23～0.65 ℃/(10 a);春季升温率为最小,0.02～0.32 ℃/(10 a)(图 3.7)。

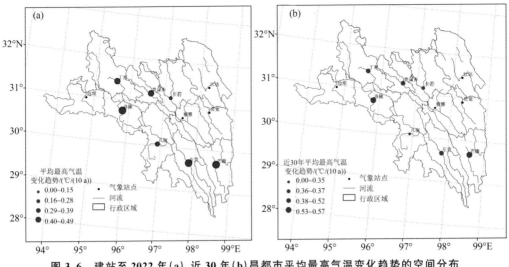

图3.6 建站至2022年(a)、近30年(b)昌都市平均最高气温变化趋势的空间分布

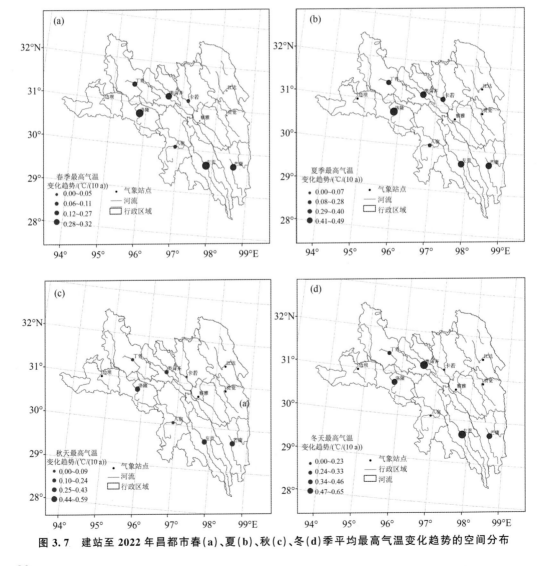

图3.7 建站至2022年昌都市春(a)、夏(b)、秋(c)、冬(d)季平均最高气温变化趋势的空间分布

年平均最低气温在昌都一致表现为升高趋势(图 3.8),升温率为 0.19～0.70 ℃/(10 a),以类乌齐升温最大,卡若最小。近 30 年最低气温升温更加明显,升温率达 0.33～0.67 ℃/(10 a),其中以类乌齐最大,丁青最小,各地都有明显的升高。

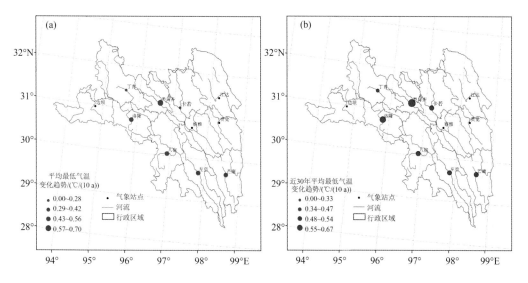

图 3.8 建站至 2022 年(a)、近 30 年(b)昌都市平均最低气温变化趋势的空间分布

就季节变化而言(图 3.9),四季平均最低气温均呈现升高趋势,以冬季升温最明显在 0.23～0.78 ℃/(10 a),其中类乌齐升温率最大,达 0.78 ℃/(10 a),其次是左贡,为 0.64 ℃/(10 a),各地春季、夏季升温率均在 0.16～0.62 ℃/(10 a),而秋季升温率相对较高为 0.2～0.74 ℃/(10 a),秋季最大升温率出现在类乌齐为 0.74 ℃/(10 a)。

建站至 2022 年,昌都市最低气温的升温率明显高于最高气温的升温率,高海拔地区升温率高于低海拔地区。

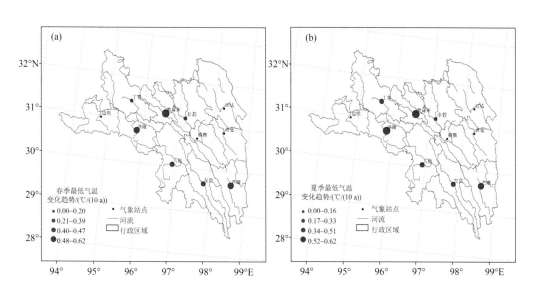

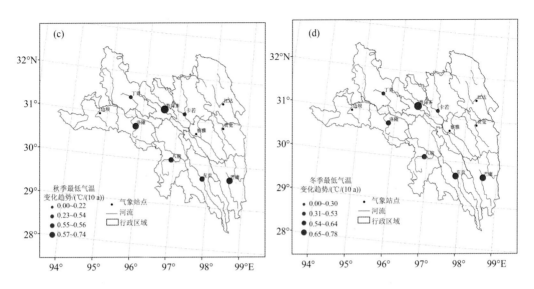

图 3.9　建站至 2022 年昌都市春(a)、夏(b)、秋(c)、冬(d)平均最低气温变化趋势的空间分布

3.1.1.5　平均最高、最低气温的年代际变化

(1)平均最高气温

从昌都市 7 个国家气象站的建站至 2022 年平均最高气温的年代际变化看,20 世纪 60 年代丁青、卡若均偏低 0.5～0.6 ℃;20 世纪 70—80 年代丁青正常,其余各地偏低 0.2～0.7 ℃,其中洛隆、左贡偏低 0.7 ℃;20 世纪 90 年代卡若、丁青正常,其余各地均偏低,0.2～0.4 ℃;21 世纪以来各地均偏高 0.3～0.9 ℃,其中 21 世纪 10 年代以来各地升温显著,丁青偏高最明显,00 年代和 10 年代分别偏高 0.8 ℃、0.9 ℃。

就昌都全市而言(图 3.10),年平均最高气温在年代际尺度上,20 世纪除 60—90 年代均为偏低,60 年代偏低最明显,偏低 0.5 ℃。21 世纪以来各地均为正距平,较平均值偏高 0.5～0.6 ℃。

(2)平均最低气温

分析昌都市 7 个国家基本气象站的年平均最低气温的年代际变化可见,20 世纪除 90 年代卡若为偏高外(正距平 0.2 ℃),其余均为负距平,各地偏低 0.2～0.9 ℃,其中芒康 80 年代偏低 0.9 ℃;21 世纪以来,全市最低气温的年代际变化均为正距平,尤其是 10 年代各地增温明显,较平均值偏高 0.6～1.0 ℃,其中类乌齐、洛隆、丁青偏高 0.8 ℃以上。

就昌都全市而言(图 3.10),年平均最低气温在年代际尺度上,20 世纪为负距平,较平均值偏低 0.2～0.7 ℃,其中 60 年代和 80 年代均偏低 0.7 ℃。21 世纪以来,平均最低气温较平均值偏高 0.4～0.8 ℃,尤其是 10 年代偏高 0.8 ℃。

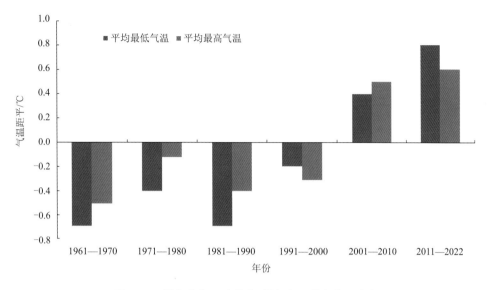

图 3.10　昌都市年平均最高、最低气温的年代际变化

3.1.1.6　平均最高、最低气温的气候异常

（1）平均最高气温

以距平大于标准差的 2 倍作为异常,对昌都市 7 个国家基本气象站建站至 2022 年年平均最高气温的异常年份进行了分析（表 3.4）,结果发现:昌都各站建站以来,出现了 1～8 次（a）年平均最高气温异常偏高,2009 年卡若、丁青、八宿平均最高气温异常偏高;1997 年、1982 年大部分地方平均最高气温异常偏低,其中类乌齐未出现过平均最高气温异常偏低年份。

类乌齐最高气温异常偏高时段主要出现在 20 世纪 80—90 年代,丁青最高气温异常偏高时段主要出现在 21 世纪。其余各地平均最高气温异常偏高主要发生在 21 世纪;其中类乌齐平均最高气温异常偏高频次最多,其次是丁青。

表 3.4　昌都市平均最高气温异常年份

站名	卡若	丁青	类乌齐	洛隆	左贡	芒康	八宿
异常偏低	1965	1969		1997	1997		
	1997	1957		1983	1992	1997	
	1978	1997		1982	1985	1992	2019
	1968	1965		1991	2000	2000	2020
	1970	1977		1989	1982	1982	2022
	1980	1956		1990	1983	1980	1997
	1990	1955		1992	1986	1989	1983
	1982	1978		1985	1989	1990	1990
	1957	1982		1986	1990		
		1962					

续表

站名	卡若	丁青	类乌齐	洛隆	左贡	芒康	八宿
		2021	1997				
		2007	1982				
		2016	1990				
异常偏高	2009	2009	1985		2021		2009
	2007	2010	1980		2022		
		1999	1989				
		2017	1983				
			1992				

（2）平均最低气温

以距平大于标准差的 2 倍作为异常，对昌都市 7 个国家基本气象站建站至 2022 年年平均最低气温的异常年份进行了分析（表 3.5），结果发现：昌都各站建站以来，出现了 6～10 次(a)年平均最低气温异常偏低，主要发生在 20 世纪 80—90 年代，其中 1992 年、1982 年、1983 年各站均出现了平均最低气温异常偏低情况。平均最低气温异常偏高年主要发生在 21 世纪。

表 3.5　昌都市平均最低气温异常年份

站名	卡若	丁青	类乌齐	洛隆	左贡	芒康	八宿
	1969		1983			1983	
	1968		1982	1983	1982	1982	
	1967	1969	1992	1982	1983	1986	1983
	1992	1967	1981	1992	1986	1992	1997
异常偏低	1971	1956	1986	1997	1980	1981	1980
	1980	1983	1980	1986	1979	1980	1986
	1983	1963	1984	1981	1992	1979	1992
	1976	1982	1979	1980	1981	1997	1990
	1982		1994	1979	1997	1984	1982
	1997		1985			1985	
异常偏高	2009	2021	2021			2017	2021
			2018				

3.1.1.7　气温年较差变化

（1）气温年较差变化趋势

建站至 2022 年昌都市 7 个国家基本气象站气温年较差多年平均值在 18.3～20.1 ℃，以芒康最小，类乌齐最大，其中洛隆、卡若、八宿、丁青、江达、类乌齐的气温年较差在 19 ℃以上。

从昌都市 7 个国家基本气象站气温年较差变化趋势分析来看(图 3.11a),除洛隆无明显变化外,其余各站均呈现为变小的趋势,为 -0.22 ~ -0.09 ℃/(10 a)(7 个站通过 0.05 显著性水平检验),其中左贡减温率最大,其次是类乌齐(-0.18 ℃/(10 a)),八宿最小。

近 30 年,昌都市 7 个国家基本气象站的气温年较差都呈现为变大趋势,为 0.02 ~ 0.44 ℃/(10 a),除左贡外,其他站点的年气温较差变大的趋势在加大,其中洛隆和丁青最为明显,升温率 >0.4 ℃/(10 a)(图 3.11b)。

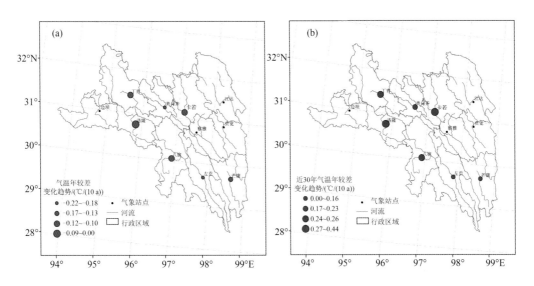

图 3.11 建站至 2022 年(a)、近 30 年(b)昌都市气温年较差变化趋势的空间分布

(2)气温年较差的年代际变化

分析昌都市 7 个国家基本气象站建站至 2022 年的气温年较差的年代际变化,在年代际尺度上,20 世纪 60—70 年代,卡若、丁青均偏大 0.2 ~ 1.0 ℃;20 世纪 80 年代除丁青偏小 0.2 ℃外,其余各站均偏大 0.1 ~ 0.8 ℃;20 世纪 90 年代左贡、芒康偏大 0.1 ~ 0.2 ℃,八宿无变化,其余各站偏小 0.2 ~ 0.7 ℃;21 世纪 00 年代,全市均为偏小,0.6 ~ 0.8 ℃;21 世纪 10 年代,卡若、丁青、类乌齐无变化,左贡偏小 0.1 ℃,芒康、八宿偏多 0.2 ℃。

就昌都市平均而言(图 3.12),气温年较差在年代际变化尺度上,20 世纪 90 年代至 21 世纪 00 年代为负距平,尤其是 21 世纪 00 年代偏小 0.7 ℃;其余年份均为正距平,尤其是 20 世纪 60 年代卡若、丁青偏大 0.7 ℃。

3.1.1.8 气温日较差变化

(1)气温日较差变化趋势

从昌都各站气温日较差的变化趋势分析来看(图 3.13a),年平均情况下,除丁青

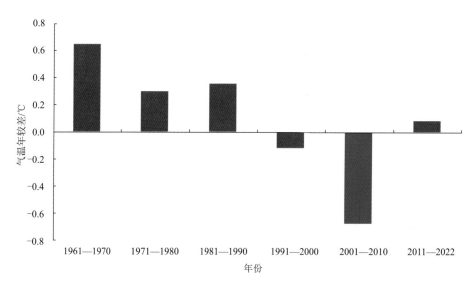

图 3.12　建站至 2022 年昌都市气温年较差的年际变化

无变化外其余各站呈一致的减小趋势,为 −0.01～−0.29 ℃/(10 a)(通过 0.05 显著性水平检验),类乌齐偏小最明显,其次是八宿,为 −0.28 ℃/(10 a);近 30 年(图3.13b),丁青、芒康、洛隆、类乌齐、八宿的年较差趋于变大,为 −0.1～0.14 ℃/(10 a),左贡、卡若趋于变小。

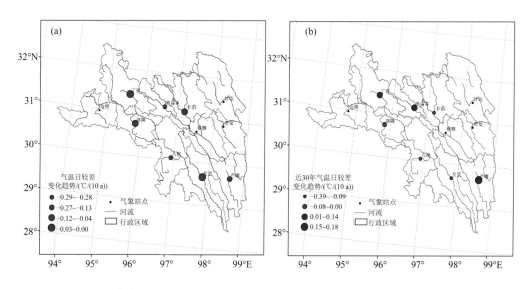

图 3.13　建站至 2022 年(a)、近 30 年(b)昌都市气温日较差变化趋势的空间分布

(2)气温日较差年代际变化

分析昌都市 7 个国家基本气象站建站至 2022 年的气温日较差的年代际变化,在年代际尺度上,20 世纪 60—80 年代全市气温日较差偏大或无变化(80 年代卡若

和左贡为无变化),90 年代卡若无变化,八宿偏大 0.2 ℃,其余各站均为偏小 0.1～0.3 ℃。21 世纪 00 年代,芒康、类乌齐、左贡偏小 0.1～0.3 ℃,卡若、丁青无变化,其余各站偏大 0.1 ℃;10 年代卡若、八宿、类乌齐、洛隆偏小 0.2～0.5 ℃,芒康无变化,左贡、丁青偏大 0.1 ℃。

就昌都平均而言(图 3.14),气温日较差在年代际尺度上,20 世纪 60—80 年代为正距平,21 世纪 00 年代无变化,20 世纪 90 年代和 21 世纪 10 年代为负距平。近 30 年表现为年代际变小趋势。

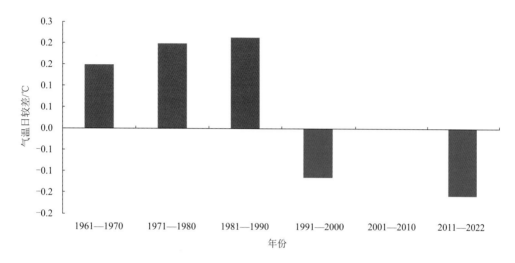

图 3.14 建站至 2022 年昌都市气温日较差的年际变化

3.1.2 降水量

3.1.2.1 降水量的趋势变化

(1)年降水量

分析建站至 2022 年昌都市 7 个国家基本气象站降水量的变化趋势表明(图 3.15a),八宿呈减少趋势,为-4.8 mm/(10 a),其他各站均表现为不同程度的增加趋势,平均每 10 a 增加 1.1～12.2 mm,芒康增加最明显(通过 0.05 显著性水平检验),其次是类乌齐,为 9.2 mm/(10 a),丁青增加最小;洛隆、左贡增速在 4.0～4.5 mm/(10 a),卡若为 2.6 mm/(10 a)。

从昌都 7 个国家基本气象站近 30 年年降水量的变化趋势来看((图 3.15b),各站均呈减少趋势,减速为 8.5～24.2 mm/(10 a),以八宿最大,类乌齐最小;丁青、洛隆减速为 11.1 mm/(10 a),卡若、左贡、芒康的减速在 16.5～18.0 mm/(10 a)。

就昌都市平均而言,近 40 年呈增加趋势(图 3.16),平均每 10 a 增加 2.8 mm,近 30 年呈减少趋势,平均每 10 a 减少 14.4 mm。

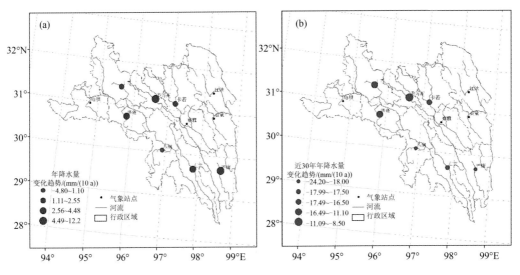

图 3.15　建站至 2022 年(a)、近 30 年(b)昌都市年降水量变化趋势的空间分布

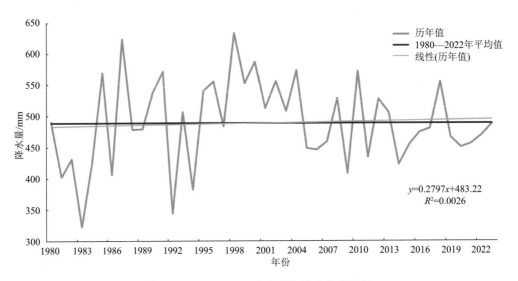

图 3.16　1980—2022 年昌都年降水量的变化

（2）季降水量

根据昌都市 7 个国家基本气象站四季降水量的变化趋势分析来看(图 3.17)，春季各站降水量变化表现为一致的增加趋势，增速为 2.8～12.0 mm/(10 a)(通过 0.05 显著性水平检验)，以芒康增速最大，为 10.4 mm/(10 a)，八宿最小；其余各站增速在 3.5～9.7 mm/(10 a)。

夏季卡若、丁青、洛隆降水量呈减少趋势，减速为 2.7～5.4 mm/(10 a)，其中卡若减速最明显，洛隆减速最小，丁青减速为 3.8 mm/(10 a)；其他各站呈增加趋势，增速为 0.6～5.0 mm/(10 a)，芒康增速最明显，类乌齐增速最小，八宿和左贡增速分别为 1.7 mm/(10 a)和 2.1 mm/(10 a)。

秋季八宿、洛隆、左贡降水量呈现减少趋势,减速为 4.7~9.8 mm/(10 a),以八宿减速最大,左贡减速最小,洛隆减速为 6.5 mm/(10 a);其余各站呈增加趋势,增速在 4.0~6.4 mm/(10 a),以丁青增速最大,其次是类乌齐,为 4.5 mm/(10 a),卡若、芒康为最小。

冬季八宿、类乌齐的降水量呈减少趋势,减速分别为 1.2 mm/(10 a)、0.8 mm/(10 a);卡若、左贡无明显变化趋势,其余各站均表现为小幅增加趋势,增速为 0.1~0.9 mm/(10 a),其中洛隆增速最大,芒康最小,丁青次小,为 0.2 mm/(10 a)。

就昌都平均季降水量而言,春季降水量呈现增加趋势,增速为 7.2 mm/(10 a),其他三季表现为减少趋势,夏季减速最大,为 0.4 mm/(10 a),冬季减速最小,为 0.1 mm/(10 a),秋季为次之,为 0.3 mm/(10 a)。

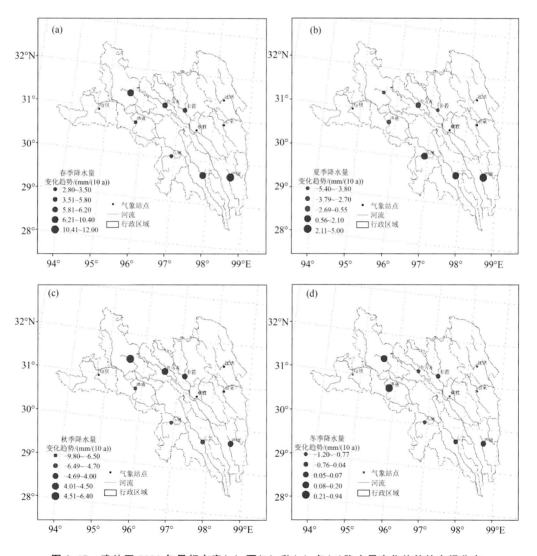

图 3.17　建站至 2022 年昌都市春(a)、夏(b)、秋(c)、冬(d)降水量变化趋势的空间分布

3.1.2.2 降水量的年代际变化

分析昌都市 7 个国家基本气象站年降水量的年代际变化表明,20 世纪 60 年代卡若、丁青均偏多 3.5%,70 年代卡若、丁青偏少 6.2%~7.7%;80 年代 7 个国家基本气象站均偏少 1.2%~7.3%;20 世纪 90 年代至 21 世纪 00 年代期间,全市大部表现为偏多(类乌齐在 00 年代偏少 0.9%、丁青在 00 年代为正常),为 0.5%~10.4%。21 世纪 10 年代后,北部的卡若、丁青、类乌齐偏多 0.1%~1.2%,其余各站偏少2.5%~10.6%,其中八宿偏少最明显。

就昌都全市而言(图 3.18),年降水量在年代际尺度上,60 年代偏多 3.5%,70—80 年代偏少,逐年代际减速在减小,20 世纪 90 年代—21 世纪 00 年代期间偏多,其中 90 年代偏多 6.1%,21 世纪 10 年代以来偏少 2.8%。

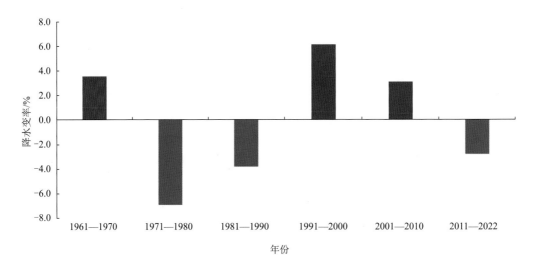

图 3.18 1961—2022 年昌都年降水量的年代际变化

3.1.2.3 降水量的气候突变与异常

(1)气候突变

采用 M-K 检验方法对昌都市 7 个国家基本气象站年平均降水量序列进行突变检验,以获得各站气候突变发生的事件。从表 3.6 中可知,八宿的年降水量突变主要发生在 20 世纪 90 年代末;其余站点的突变主要发生在 21 世纪初,均通过 95%置信度检验。昌都年降水量的突变时间也出现在 20 世纪 90 年代末到 21 世纪初期(表 3.7)。夏季、秋季和冬季降水量突变主要发生在 20 世纪 80 年代,春季降水量主要在 21 世纪初发生了增多的突变。年降水量存在两个突变点(图 3.19),其中 20 世纪 80 年代发生了增多的突变,降水由相对偏少期跃到相对偏多期。

图 3.19　1980—2022 年昌都市年降水量的突变分析

表 3.6　昌都市各站年降水量突变时间

站名	卡若	丁青	类乌齐	洛隆	左贡	芒康	八宿
年份	2004	2001	2003	2004	2002	2001	1997

表 3.7　昌都市年、季降水量的突变时间

年、季	春季	夏季	秋季	冬季	年
年份	2001	1980	1980		1980
	2002	1982	1982	1983 1988	1984
	2003	2022	2022		2022

（2）气候异常

采用距平大于标准差的 2 倍作为异常,对昌都市 7 个国家基本气象站建站至 2022 年年降水量的异常年份进行了分析（表 3.8）,结果表明:八宿未出现过年降水量异常偏多年份,其余各站主要发生在 20 世纪 80—90 年代,洛隆、左贡站出现了 2 次(a),其中卡若、类乌齐、芒康主要发生在 1998 年。而年降水量异常偏少年份主要发生在 20 世纪 80—90 年代,其中主要出现在 1983 年、2009 年、1992 年。

此外,采用距平大于标准差的 2 倍作为异常,分析昌都各站建站至 2022 年年、季降水量的异常年份（表 3.9）。春季降水异常偏多和异常偏少均出现 3 次,异常偏多主要出现在 1988 年、2000 年、2015 年;异常偏少主要出现在 20 世纪 80 年代至 21 世纪初期间。夏季异常偏多主要出现在 20 世纪 80—90 年代,其中 1998 年偏多最明显;异常偏少主要出现在 21 世纪,2006 年偏少最明显。秋季异常偏多主要出现在 20 世纪 80 年代末至 90 年代初;异常偏少主要出现在 20 世纪 80 年代初。冬季异常偏少主要出现在 20 世纪 80 年代。

就昌都平均而言,昌都年降水量异常偏多发生在 20 世纪 90 年代,主要出现在 1991 年和 1998 年,主要是由夏季降水异常偏多造成的;而异常偏少年份主要发生在 20 世纪 80—90 年代,主要出现在 1983 年、1992 年,主要是因为秋季降水异常偏少造成的。

表 3.8 建站至 2022 年昌都市各站年降水量的异常年份

站名	卡若	丁青	类乌齐	洛隆	左贡	芒康	八宿
异常偏多	1998	1985	1998	1985 1991	1987 2000	1998	
异常偏少	1983 1992 1994	1973 2016	1983 1992	1992 2009	1983 2015	1981 1983	1983 2009

表 3.9 昌都市年、季降水量的异常年份

站名	春季	夏季	秋季	冬季	年
异常偏多	1988 2000 2015	1987 1991 1998	1987 1990		1991 1998
异常偏少	1980 1998 2003	2006 2022	1981 1983 1992	1984	1983 1992

3.1.2.4 降水日数变化

(1)趋势变化

根据昌都市 7 个国家基本气象站建站至 2022 年的 ≥0.1 mm 年降水日数分析得出(图 3.20),丁青、类乌齐、芒康、八宿等表现为减少趋势,减速在 0.29~3.08 d/(10 a),卡若、洛隆、左贡呈增加趋势,增速在 0.42~0.75 d/(10 a)。

不同等级降水日数的变化趋势的空间分布来看(图 3.20),丁青、类乌齐、芒康、八宿年小雨日数呈明显减少趋势,减速为 0.10~2.96 d/(10 a),其中八宿减速最大,丁青减速最小;其余各站年小雨日数呈增加趋势,增速为 0.25~1.06 d/(10 a),其中左贡增速最大,洛隆增速最小。洛隆、八宿的中雨日数呈明显的减少趋势,减速分别为 0.41 d/(10 a)、1.06 d/(10 a),其余各站的中雨日数呈增加趋势,增速在 0.02~0.78 d/(10 a),其中芒康增速最大,左贡次之,为 0.4 d/(10 a),卡若增速最小。洛隆、左贡的大雨日数呈减少趋势,减速分别为 0.14 d/(10 a)、0.25 d/(10 a),其余各站大雨日数呈增加趋势,增速为 0.01~0.54 d/(10 a),其中芒康的增速最显著,类乌齐

次之,为 0.19 d/(10 a),丁青增速最小。

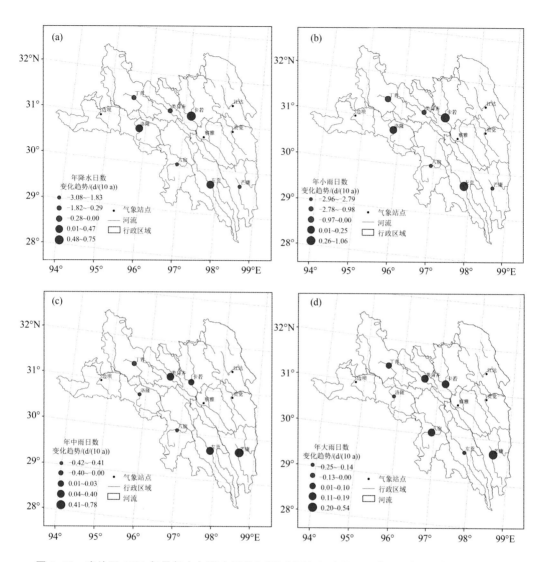

图 3.20　建站至 2022 年昌都市年降水日数(a)及小雨(b)、中雨(c)、大雨日数(d)变化趋势分布

(2)年代际变化

分析建站至 2022 年昌都市 7 个国家基本气象站≥0.1 mm 年降水日数的年代际变化可知,20 世纪 60—70 年代期间,卡若、丁青的年降水日数呈偏少趋势,尤其是丁青在 60 年代偏少 8.9 d;80 年代芒康、八宿偏多,其余各站均偏少,为 1.5~5.3 d;20 世纪 90 年代至 21 世纪 00 年代期间,除了左贡偏少 0.2 d 外(90 年代),其余各站均偏多,丁青偏多最明显,为 10.8 d;21 世纪 10 年代,各站均表现偏少,为 0.3~10.5 d,其中八宿最明显。

就昌都全市而言(图 3.21),20 世纪 60—80 年代降水量偏少,其中是 60 年代偏

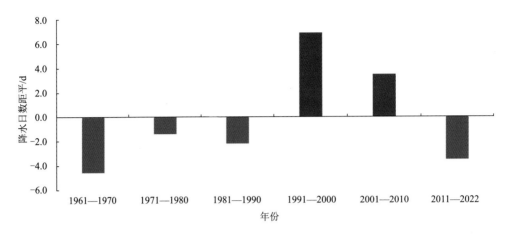

图 3.21 1961—2022 年昌都降水日数的年代际变化

少最明显,为 4.5 d;20 世纪 90 年代至 21 世纪 00 年代期间偏多 3.6~7.0 d,尤其是
90 年代偏多 7.0 d,21 世纪 10 年代以来降水日数呈偏少,为 3.5 d。

3.1.3 蒸发量与相对湿度

3.1.3.1 蒸发量变化

(1)趋势变化

统计分析各站年蒸发量数据发现,昌都市蒸发量平均每 10 a 减少 2.5 mm。
从季节来看,春、夏呈减少趋势,减速分别为 1.4 mm/(10 a)、16.7 mm/(10 a);
秋、冬季呈增多趋势,其中冬季增速最明显,为 19.2 mm/(10 a),秋季增速为
6.4 mm/(10 a)。

按照变化趋势的空间分布而言(图 3.22),年蒸发量在类乌齐、芒康、八宿呈现
出增多趋势,增速为 50.3~121.3 mm/(10 a),以八宿最大,类乌齐、芒康最小;其
余各站表现为减少趋势,减速为 29.6~75.9 mm/(10 a),以洛隆减速最大,卡若
减速最小。

按照季节变化趋势的空间分布而言(图 3.23),春季类乌齐、芒康、八宿呈现增
加趋势,增速为 1.9~8.6 mm/(10 a),以芒康增速最小,八宿增速最大,类乌齐增
速为 5.6 mm/(10 a);其余各站表现为减少趋势,减速为 4.4~9.1 mm/(10 a),以
卡若减速最小,左贡减速最大,丁青、洛隆减速分别为 5.7 mm/(10 a)、6.7 mm/
(10 a)。夏季芒康、八宿、类乌齐呈增多趋势,增速为 6.1~32.6 mm/(10 a),其中
类乌齐增速最大,八宿次之,为 31.3 mm/(10 a);其余各站均呈现较明显的减少
趋势,减速为 28.5~63.4 mm/(10 a),左贡减速最大,卡若最小。秋季八宿、类乌
齐、芒康呈增加趋势,增速为 15.2~33 mm/(10 a),八宿增速最大,芒康最小;其

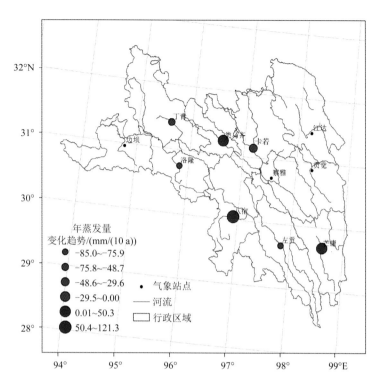

图 3.22　建站至 2022 年昌都市蒸发皿蒸发量变化趋势分布

余各站呈减少趋势,减速为 1.9～15.1 mm/(10 a),洛隆减速最大,丁青次之,为 8 mm/(10 a),卡若最小。冬季全市均呈增加趋势,增速为 9.1～33.4 mm/(10 a),八宿增速最大,左贡最小。

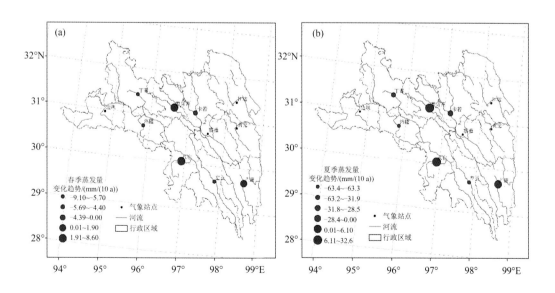

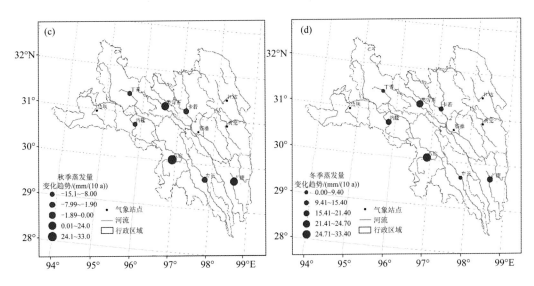

图 3.23　建站至 2022 年昌都市春(a)、夏(b)、秋(c)、冬(d)蒸发皿蒸发量变化趋势分布

(2)年代际变化

年蒸发量在 20 世纪 70 年代,卡若、丁青偏多,分别为 172.8 mm、110.2 mm;80—90 年代,卡若、丁青、洛隆、左贡偏多,为 24.7～137.6 mm,类乌齐、芒康、八宿偏少,为 -92.5～-13.2 mm。21 世纪 00 年代,卡若、丁青、洛隆、左贡偏少,为 -114.2～-38.3 mm,其中洛隆偏少明显;类乌齐、芒康、八宿偏多,以八宿偏多最明显,芒康偏多最少。21 世纪 10 年代,卡若偏多,为 36.6 mm;其余站偏少,为 -91.2～-77.0 mm,其中洛隆偏少最明显。

就昌都全市而言(图 3.24),年蒸发量在 20 世纪以偏多为主,且 70—90 年代偏多幅度呈减少趋势;21 世纪以来整体呈偏少,其中 10 年代以来偏少最明显,为 -53.6 mm。

3.1.3.2　相对湿度变化

(1)趋势变化

根据昌都市 7 个国家基本气象站建站至 2022 年年平均相对湿度的变化趋势看出(图 3.25),全市除丁青正常外,其余各站均呈不同程度的减少趋势,减速为 0.3%～1.9%/(10 a)。其中洛隆减速最大,类乌齐次之,为 -1.4%,卡若减速最小。

从近 30 年平均相对湿度的变化趋势看,全市均呈减少趋势,减速为 2%～3.7%,其中洛隆减速最大,八宿次之,为 2.9%,丁青减速最小。

从季平均相对湿度年际变化趋势来看(图 3.26),春季卡若、丁青呈增加趋势,增速分别为 0.3% 和 0.6%,其余各站均表现减少趋势,其中洛隆减速最大为 1.5%;夏季全市均呈减少趋势,减速为 0.6～1.6%,其中洛隆减速最大,类乌齐次之,卡若减

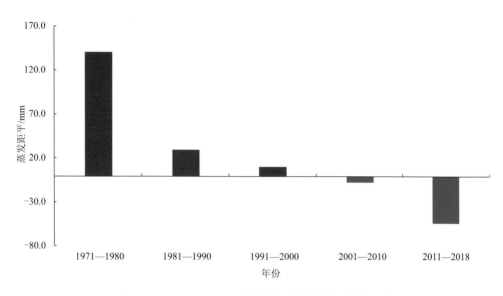

图 3.24　1971—2018 年昌都市年蒸发量的年代际变化

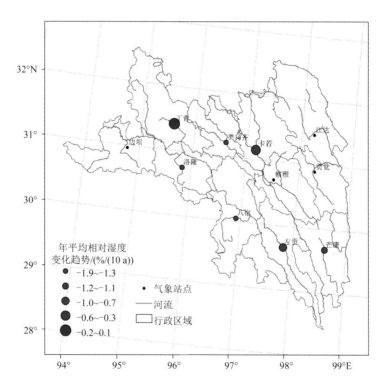

图 3.25　建站至 2022 年昌都市年平均相对湿度的变化趋势分布

速最小;秋季丁青呈增加趋势,增速为 0.3%,其余各站均呈减少趋势,减速为 0.1%
~2.1%,其中八宿减速最大,洛隆次之,卡若减速最小。冬季除丁青呈增加趋势
(0.1%)外,其余各站均呈减少趋势,减速为 0.6%~2.4%,其中洛隆减速最大,类乌

齐次之,左贡减速最小。

就昌都平均而言,年平均相对湿度以−0.9%的速度呈减少趋势,且四季均呈减少趋势,春季减速为0.4%,冬、夏、秋季的减速均为1.1%。

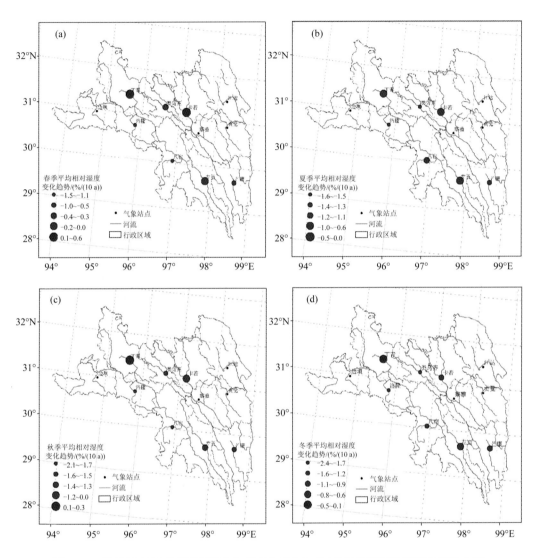

图 3.26　建站至 2022 年昌都市春(a)、夏(b)、秋(c)、冬(d)平均相对湿度变化趋势分布

(2)年代际变化

年平均相对湿度在年代际尺度上,20 世纪 60 年代,丁青偏低 1.1%,卡若偏多 0.3%;70 年代卡若、丁青偏低,分别为−0.1%、−0.6%。80 年代,丁青、左贡偏低,分别为−0.3%、−1.3%,其余各站呈偏多,为 0.4%~1.3%,其中洛隆增多最多,卡若次之,为 1%。90 年代,昌都全市均呈偏多,为 1.9%~4.3%,其中洛隆增多最明显,左贡次之,芒康增多最小。21 世纪 00 年代,卡若、类乌齐、洛隆呈偏低,为

$-1.0\%\sim-0.6\%$，其余各站呈偏多，为 $0.4\%\sim1.4\%$，其中左贡增多最明显，芒康、八宿均为 0.4%。21 世纪 10 年代以来，全市均呈偏低，为 $-3.5\%\sim-1.2\%$，其中八宿减少最多，左贡次之，为 -3.3%，丁青减少最小。

就昌都平均而言（图 3.27），20 世纪 60—70 年代，卡若、丁青的平均表现为偏低，为 -0.4%；20 世纪 80 年代至 21 世纪 00 年代表现为偏多，其中 90 年代增多最大，为 3.2%；21 世纪 10 年代以来，呈偏低，为 -2.9%。

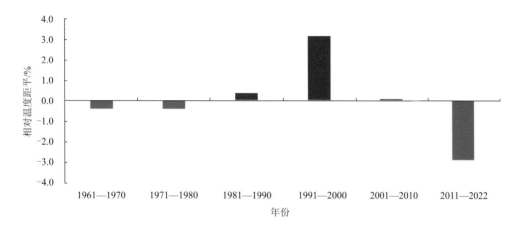

图 3.27　建站至 2022 年昌都市年平均相对湿度的年代际变化

3.1.4　风速

3.1.4.1　平均风速的趋势变化

（1）年平均风速

通过对昌都市 7 个国家基本气象站建站至 2022 年的年平均风速的变化趋势分析看出（图 3.28a），卡若、左贡没有明显变化，丁青、类乌齐、洛隆呈减少趋势，减速在 $0.05\sim0.34$ m/(s·10 a)，洛隆减速最大，丁青减速最小，类乌齐减速为 0.06 m/(s·10 a)；芒康、八宿分别以 0.5 m/(s·10 a)、0.2 m/(s·10 a) 的速度呈增加趋势。

1990 年以来（图 3.28b），类乌齐、洛隆分别以 0.04 m/(s·10 a)、0.2 m/(s·10 a) 的速度呈减少趋势，其余各站均呈增加趋势，增速在 $0.01\sim0.31$ m/(s·10 a)，其中卡若增速最大，左贡最小。

（2）季平均风速

从季平均风速的变化趋势来看（图 3.29），春季芒康、八宿分别以 0.62 m/(s·10 a)、0.17 m/(s·10 a) 的速度呈增加趋势，其余各站均表现减少，减速为 $0.01\sim0.39$ m/(s·10 a)，其中洛隆减速最大，卡若减速最小。夏季卡若无变化，芒康、八宿

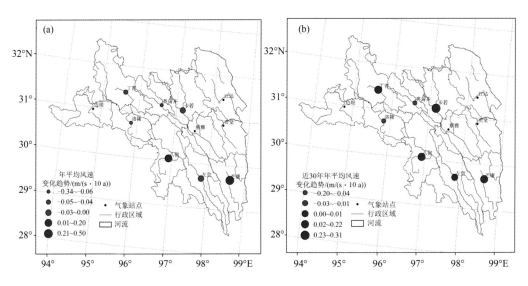

图3.28 建站至2022年(a)、近30年(b)昌都市平均风速变化趋势分布

分别以0.47 m/(s·10 a)、0.17 m/(s·10 a)的速度呈增加趋势,其余各站均表现减少,减速为0.05~0.28 m/(s·10 a),其中洛隆减速最大,左贡减速最小。秋、冬季左贡、芒康、八宿呈增加趋势,增速在0.02~0.55 m/(s·10 a),其中芒康在秋、冬季节增速均最大,左贡在秋、冬季节增速均最小。

就昌都平均而言,一年四季的平均风速均呈增加趋势,增速在0.02~0.08 m/(s·10 a),其中冬季增速最大,春季最小,夏季为0.03 m/(s·10 a),秋季为0.05 m/(s·10 a)。

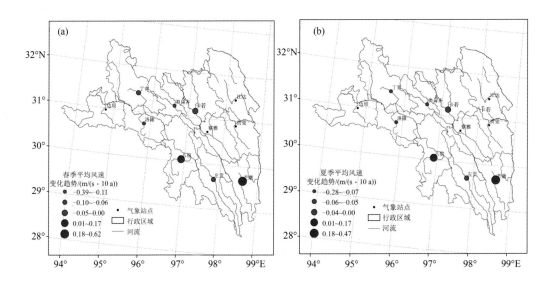

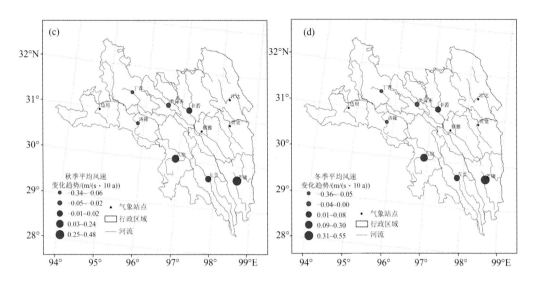

图 3.29 建站至 2022 年昌都市春(a)、夏(b)、秋(c)、冬(d)平均风速变化趋势分布

3.1.4.2 平均风速的年代际变化

年平均风速在年代际尺度上,20 世纪 60 年代卡若、丁青均偏小,分别偏小 0.1 m/s、0.03 m/s;70 年代卡若、丁青均偏大,分别偏大 0.21 m/s、0.08 m/s。80 年代芒康、八宿偏小,分别偏小 0.92 m/s、0.03 m/s,其余各站均偏大 0.02～0.84 m/s,其中洛隆偏大最多,类乌齐次之,偏大 0.27 m/s。90 年代卡若、丁青、八宿偏小 0.02～0.36 m/s,其中丁青偏小最多;其余各站偏大 0.01～0.27 m/s,其中芒康偏大最多,类乌齐最少。21 世纪 00 年代全市除芒康偏大 0.09 m/s 外,其余各站均偏小 0.10～0.41 m/s,其中洛隆偏小最多,丁青次之,偏小 0.36 m/s。21 世纪 10 年代以来,类乌齐、洛隆偏小,分别偏小 0.08 m/s、0.36 m/s,其余各站均偏大 0.06～0.67 m/s,其中芒康偏大最多,卡若次之,偏大 0.33 m/s。

就昌都平均而言(图 3.30),20 世纪 60 年代偏小,70—80 年代偏大,90 年代至 21 世纪 00 年代偏小,并且 00 年代是建站以来偏小最明显,偏小 0.19 m/s,10 年代偏大,为 0.12 m/s。

3.1.5 云量

3.1.5.1 总云量和低云量的趋势变化

(1)总云量

根据分析昌都市 7 个国家基本气象站建站至 2022 年年平均总云量的变化趋势看出(图 3.31),全市除左贡表现为增加趋势,为 0.02 成/(10 a),其余各站均表现为减少趋势,减速为 0.01～0.24 成/(10 a),其中八宿减少的最为明显,其次是类乌齐,平均每 10 a 减少 0.22 成,洛隆减少幅度最小。

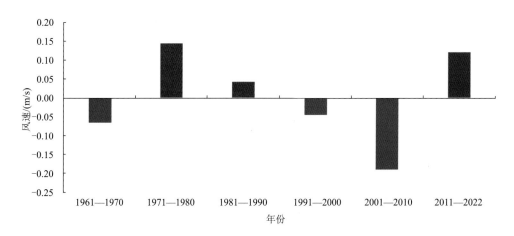

图 3.30 建站至 2022 年昌都年平均风速的年代际变化

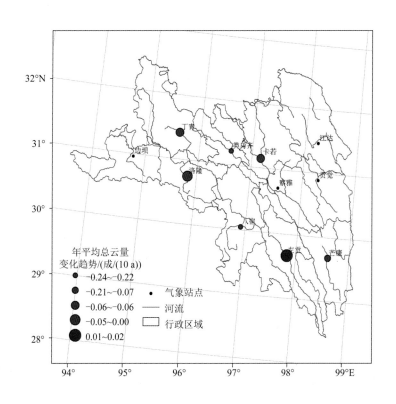

图 3.31 建站至 2022 年昌都市年平均总云量的变化趋势分布

从季平均总云量变化趋势的地域分布来看(图 3.32),冬季昌都各站表现为不同程度的减少趋势,减速为 0.05～0.38 成/(10 a),其中类乌齐减速最大,左贡最小。春、夏、秋 3 个季节洛隆、左贡表现为增多趋势,为增速 0.03～0.11 成/(10 a),丁青在秋季表现为正常外,其余各站表现为减少趋势,并且春、夏、秋 3 个季节均以八宿减速最大,分别为 0.31 成/(10 a)、0.24 成/(10 a)、0.15 成/(10 a)。就昌都平均而言,一年四季平均总云量均趋于减少趋势,减速为 0.03~0.21 成/(10 a),其中冬季减速最大,夏季次之,为 0.1 成/(10 a);秋季减速最小,春季减速为 0.08 成/(10 a)。

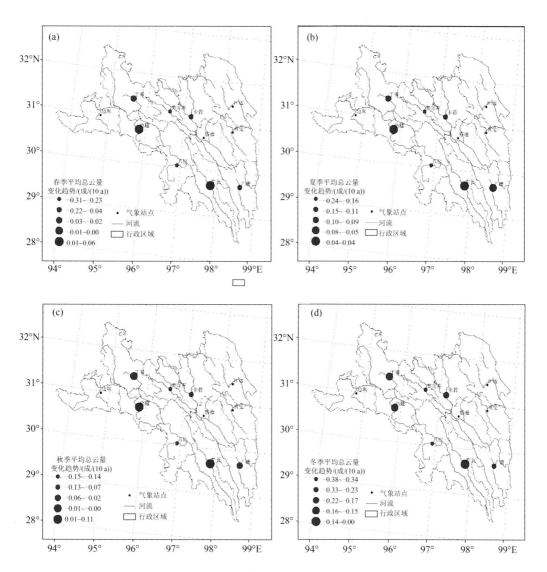

图 3.32　建站至 2022 年昌都市春(a)、夏(b)、秋(c)、冬(d)平均总云量变化趋势分布

（2）低云量

根据分析昌都市 7 个国家基本气象站建站至 2022 年年平均低云量的变化趋势看出(图 3.33),全市呈增多趋势,增速为 0.01~0.68 成/(10 a),以洛隆增速最大,左贡、芒康为次最大,为 0.21 成/(10 a),卡若最小。

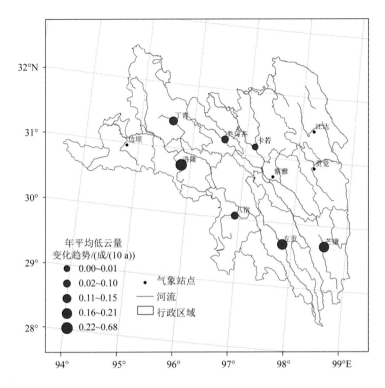

图 3.33　建站至 2022 年昌都市年平均低云量的变化趋势分布

从季平均低云量变化趋势的地域分布来看(图 3.34),冬季类乌齐、卡若、左贡表现为减少趋势,减速为 0.02~0.13 成/(10 a),其中类乌齐减速最大,左贡减速最小;其余各站表现为增加趋势,增速为 0.08~0.46 成/(10 a),其中洛隆增速最明显,丁青增速最小,芒康、八宿为次最大,增速为 0.37 成/(10 a)。春季卡若、八宿为减少趋势,减速分别为 0.08 成/(10 a)、0.02 成/(10 a);其余各站表现为增加趋势,增速为 0.04~0.85 成/(10 a),其中以洛隆增速最大,左贡次之,增速为 0.22 成/(10 a),芒康最小。夏季卡若、芒康、八宿表现为减少趋势,减速在 0.07~0.34 成/(10 a),其中芒康减速最大,卡若减速最小;其余各站表现为增加趋势,增速在 0.12~0.88 成/(10 a),其中洛隆增速最大,左贡次之,为 0.29 成/(10 a),丁青增速最小。秋季全市只有卡若呈减少趋势,减速为 0.05 成/(10 a),其余各站均表现为增加趋势,增速在 0.06~0.57 成/(10 a),其中洛隆增速最大,丁青最小。

就昌都平均而言,一年四季平均低云量趋于增加趋势,增速在 0.1~0.19 成/(10 a),其中春季增速最大,夏季最小;冬季以 0.14 成/(10 a)、秋季以 0.15 成/(10 a)的速度呈现增加趋势。

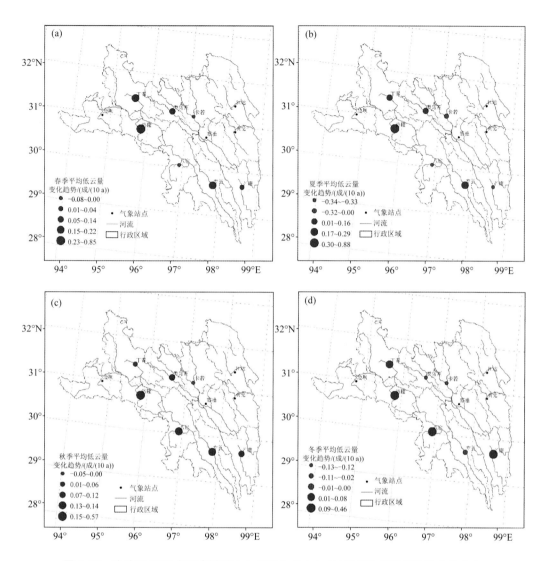

图 3.34　建站至 2022 年昌都市春 (a)、夏 (b)、秋 (c)、冬 (d) 平均低云量变化趋势分布

3.1.5.2　总云量和低云量的年代际变化

(1) 总云量

年平均总云量在年代际尺度上，20 世纪 60—70 年代卡若、丁青增加 0.10～0.33 成/(10 a)；80 年代芒康没有变化，丁青减少 0.03 成/(10 a)，其余各站均表现增加 0.03～0.24 成/(10 a)，其中八宿增加最多，卡若最小；90 年代类乌齐、左贡、芒康减少 0.06～0.16 成/(10 a)，其中左贡减少最多，类乌齐最少；21 世纪 00 年代全市各站均表现为减少 0.05～0.18 成/(10 a)，其中八宿减少最多，卡若、洛隆次多，丁青最少。

昌都总云量平均而言 (1981—2010 年)(图 3.35)，20 世纪 80 年代表现为增加

0.06 成/(10 a);20 世纪 90 年代至 21 世纪 00 年代期间总云量呈逐年递减的变化特征,其中 00 年代减少 0.13 成/(10 a)。

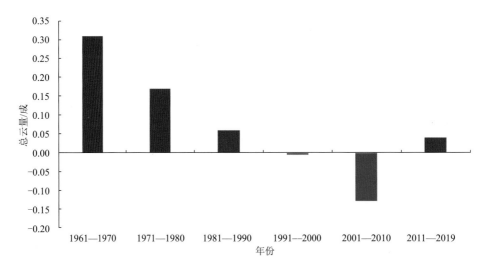

图 3.35　建站至 2022 年昌都市平均总云量的年代际变化

(2)低云量

在年代际变化尺度上,年平均低云量 20 世纪 60 年代卡若增加 0.08 成/(10 a),丁青减少 0.48 成/(10 a);20 世纪 70 年代卡若、丁青分别减少 0.16 成/(10 a)、0.01 成/(10 a);80 年代全市各站均减少 0.07～1.80 成/(10 a),其中八宿减少最多,丁青减少最少;90 年代,全市除丁青增加 0.16 成/(10 a)外,其余各站均减少 0.09～0.53 成/(10 a),其中洛隆减少最多,类乌齐最少;21 世纪 00 年代类乌齐、洛隆、八宿增加 0.15～0.6 成/(10 a),其余各站减少 0.07～0.19 成/(10 a)(图 3.36)。

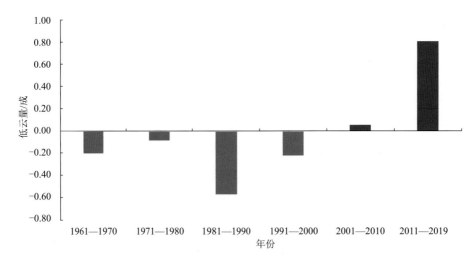

图 3.36　建站至 2022 年昌都市年平均低云量的年代际变化

3.1.6 地温与冻土

3.1.6.1 浅层地温变化

按照《地面气象观测规范》规定,下垫面温度和不同深度的土壤温度统称地温,浅层地温包括离地面 5 cm、10 cm、15 cm 和 20 cm 深度的地中温度。昌都浅层地温观测层次不齐、年限短,为了较全面地分析昌都浅层地温的变化特征,本书选取 1982—2022 年 0 cm、10 cm 和 20 cm 逐月地温观测资料,以分析昌都年、季平均地温的年代际变化等气候特征。

(1)趋势变化

根据昌都近 40 年 0～20 cm 平均浅层地温的年际变化趋势分析,地表 0 cm 年平均地温八宿以 0.02 ℃/(10 a)的速度呈下降趋势,其他各站呈现显著的升高趋势,升温率为 0.43～0.7 ℃/(10 a),其中洛隆升温率最大,其次是丁青,为 0.64 ℃/(10 a),卡若最小。

年平均 10 cm 地温全市均呈现显著的升高趋势,升温率为 0.27～0.83 ℃/(10 a),其中类乌齐升温率最大,其次是芒康,为 0.73 ℃/(10 a),八宿最小。

年平均 20 cm 地温全市均呈现显著的升高趋势,升温率为 0.1～0.74 ℃/(10 a),其中类乌齐升温率最大,其次是芒康,为 0.61 ℃/(10 a),八宿最小。

昌都市年平均浅层地温以 0.50℃/(10 a)的速率升高(图 3.37)。由图 3.38 可知,近 40 年四季平均浅层地温(0～20 cm)均呈现为升高趋势,升温率为 0.47～0.58 ℃/(10 a),以秋季升温率最小,春季升温率最大,夏季为 0.5 ℃/(10 a),冬季为 0.48 ℃/(10 a)。近 40 年昌都年平均浅层地温以 0.5 ℃/(10 a)的速率显著增高,尤其是近 30 年年平均浅层地温升高0.6 ℃/(10 a)。

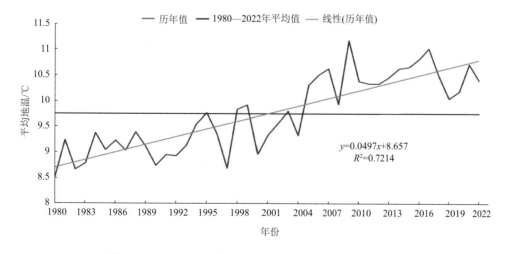

图 3.37　1980—2022 年昌都市年平均浅层地温的变化趋势

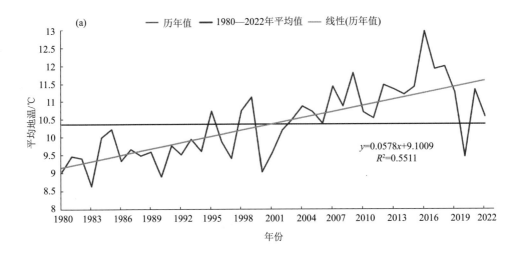

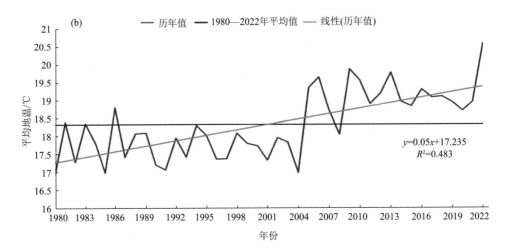

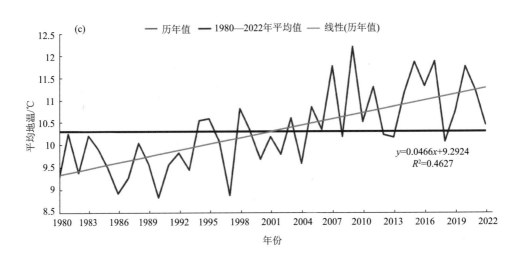

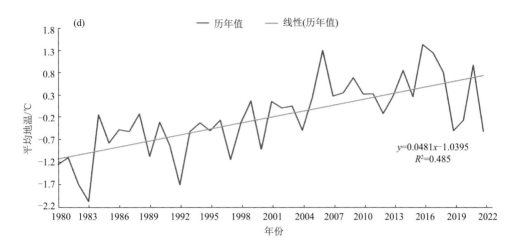

图 3.38　1980—2022 年昌都市春(a)、夏(b)、秋(c)、冬(d)平均浅层地温的变化趋势

(2)年代际变化

从年平均浅层(0～20 cm)地温的年代际变化分析来看(图 3.39),在年代际尺度上,20 世纪 80 年代全市偏低 0.2～1.5 ℃/(10 a),其中洛隆偏低最明显,类乌齐次之,偏低 0.8 ℃/(10 a);90 年代除了八宿偏高 0.23 ℃/(10 a)以外,其余各站均偏低 0.1～0.6 ℃/(10 a),其中左贡、芒康偏低最明显;21 世纪 00—10 年代期间,全市除了八宿外,其余各站呈逐年代偏高趋势,其中丁青在 10 年代偏高最显著,为 1.4 ℃/(10 a)。

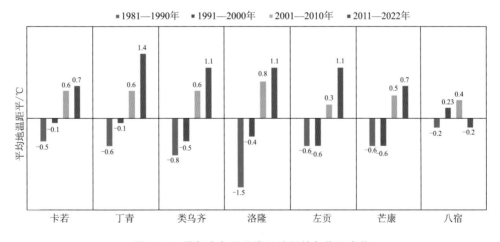

图 3.39　昌都市年平均浅层地温的年代际变化

从夏季和冬季平均地温的年代际变化来看,夏季(图 3.40)20 世纪 80—90 年代期间全市均偏低 0.04～0.88 ℃/(10 a),其中 90 年代类乌齐偏低最显著;21 世纪 00—10 年代,全市除了八宿外,其余各站均呈逐年代升高趋势,尤其是在 10 年代偏高最明显,其中类乌齐偏高最多,为 1.45 ℃/(10 a)。冬季(图 3.41)全市除了八宿外,均呈逐年增加趋势。20 世纪 80—90 年代全市均偏低 0.12~0.92 ℃/(10 a),其中卡若、类乌齐、洛隆、左贡、芒康偏低 0.6 ℃以上,21 世纪 00—10 年代期间,全市均呈增加趋势,其中卡若、类乌齐、左贡偏高 0.7 ℃以上。

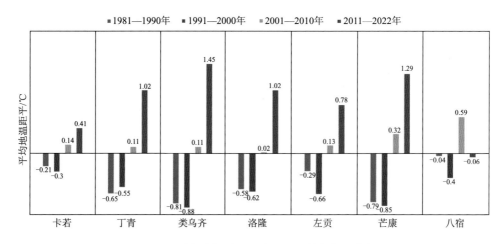

图 3.40 昌都市夏季平均浅层地温的年代际变化

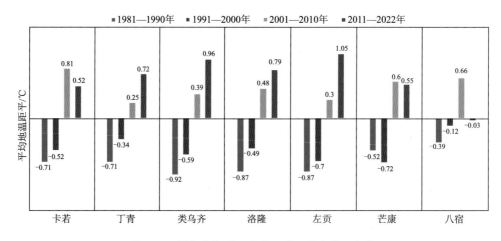

图 3.41 昌都市冬季平均浅层地温的年代际变化

3.1.6.2 深层地温变化

昌都市有 7 个国家基本气象站的深层地温(0.8 m、1.6 m 和 3.2 m)观测资料,但观测层次不齐全,除了卡若站外,其余站点观测年限较短。为了能较全面地分析昌都深层地温的变化特征,本书选取昌都 1980—2022 年(0.8 m、1.6 m 和 3.2 m)逐月地温观测资料,其余 6 个国家基本气象站 2007—2022 年(0.8 m、1.6 m 和 3.2 m)逐月地温观测资料。

（1）变化趋势

通过分析卡若站 1980—2022 年（0.8 m、1.6 m 和 3.2 m）地温观测资料发现，年平均 0.8 m、1.6 m 和 3.2 m 地温的分别以 0.45 ℃/（10 a）、0.53 ℃/（10 a）和 0.56 ℃/（10 a）的不同程度表现为上升趋势（图 3.42、图 3.43、图 3.44）。

分析其余各站 2007—2022 年以来的 0.8 m、1.6 m 和 3.2 m 地温观测资料发现，八宿站 0.8 m、1.6 m 和 3.2 m 地温分别以 2.0 ℃/（10 a）的速度呈减少趋势，洛隆站 0.8 m 的地温以 0.23 ℃/（10 a）的速度呈减少趋势，1.6 m 和 3.2 m 地温分别以 0.13 ℃/（10 a）、0.45 ℃/（10 a）的速度呈增加趋势。其余各站 0.8 m、1.6 m 和 3.2 m 地温均表现为增加趋势。

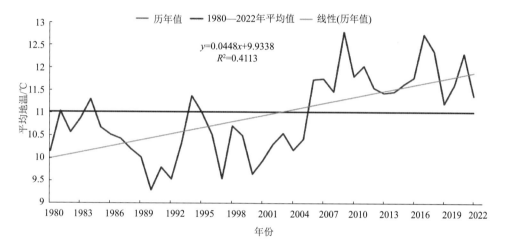

图 3.42　1980—2022 年昌都市年平均 0.8 m 地温的变化

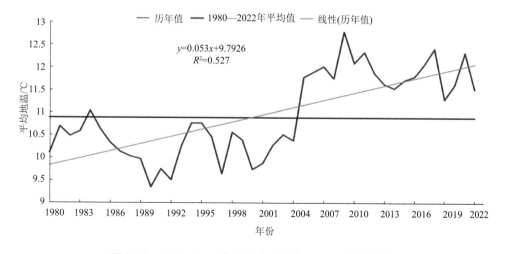

图 3.43　1980—2022 年昌都市年平均 1.6 m 地温的变化

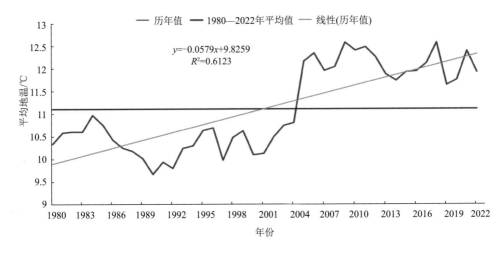

图 3.44 1980—2022 年昌都市年平均 3.2 m 地温的变化

就各季节平均 0.8 m 地温变化趋势而言（表 3.10），卡若站在 1980—2022 年四季呈明显的增加趋势，其中冬季和秋季的增温幅度最大，升温度均为 0.56 ℃/(10 a)，夏季次之为 0.37 ℃/(10 a)，春季为 0.31 ℃/(10 a)。

就各季节平均 1.6 m 地温变化趋势而言（表 3.10），卡若站在 1980—2022 年四季呈明显的增加趋势，以夏季升温率最大，为 0.74 ℃/(10 a)；秋季次之，为 0.58 ℃/(10 a)；冬季最小，为 0.29 ℃/(10 a)，春季为 0.53 ℃/(10 a)。

就各季节平均 3.2 m 地温变化趋势而言（表 3.10），卡若站在 1980—2022 年四季呈明显的增加趋势，以夏季升温率最大，为 0.69 ℃/(10 a)；秋季次之，为 0.67 ℃/(10 a)；冬季最小，为 0.44 ℃/(10 a)，春季为 0.51 ℃/(10 a)。

表 3.10 昌都市年平均深层地温的变化趋势（单位：℃/(10 a)）

深度	时间	卡若	丁青	类乌齐	洛隆	左贡	芒康	八宿
0.8 m	春季	0.31	0.12	0.81	−0.38	0.32	0.28	−0.25
	夏季	0.37	0.08	0.47	−1.00	0.09	0.41	−2.17
	秋季	0.56	0.47	0.33	−0.02	0.39	0.48	−1.46
	冬季	0.56	0.39	−0.19	0.49	0.70	−0.05	−1.93
1.6 m	春季	0.53	0.01	0.56	0.08	0.44	−0.03	−2.19
	夏季	0.74	−0.10	0.08	−0.41	0.08	−0.01	−1.65
	秋季	0.58	0.40	0.46	0.24	0.46	0.50	−1.14
	冬季	0.29	0.37	0.29	0.51	0.77	−0.03	−2.19
3.2 m	春季	0.51	0.09	0.48	0.4	0.34	0.42	−1.97
	夏季	0.69	−0.16	−0.05	0.13	−0.14	0.29	−1.59
	秋季	0.67	0.08	0.28	0.46	0.21	0.91	−0.85
	冬季	0.44	0.24	0.43	0.63	0.56	0.87	−1.69

（2）年代际变化

由于大部分站点的观测年限较短，重点分析卡若站地温的年代际变化。就平均地温而言（图 3.45），卡若站的 0.8 m、1.6 m、3.2 m 地温均呈逐年代升高趋势，其中 20 世纪 80—90 年代 0.8 m、1.6 m、3.2 m 地温均偏低，尤其是 3.2 m 地温偏低最明显，80、90 年代分别偏低 0.71 ℃、0.84 ℃；21 世纪以来，0.8 m、1.6 m、3.2 m 地温均偏高，尤其是 10 年代偏高最明显。

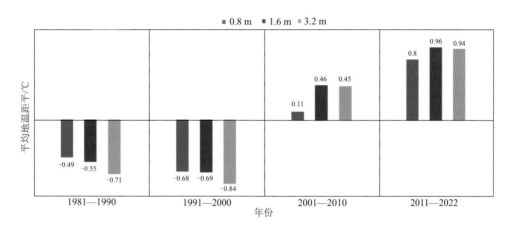

图 3.45　昌都市卡若站深层地温的年际变化

3.1.6.3　最大冻土深度变化

（1）变化趋势

利用昌都 6 个观测冻土站点的观测数据分析，自冻土观测开始以来[①]，全市最大冻土深度呈一致的减小趋势（表 3.11）。其中 1961 年以来卡若、丁青最大冻土深度分别以 4.8 cm/(10 a)、4.4 cm/(10 a) 的速度呈减小趋势；其余各站自 1979 年以来以 3.5～16.6 cm/(10 a) 的速度呈减小趋势，其中类乌齐减速最大，其次是左贡为 -10.3 cm/(10 a)，洛隆最小。其中高海拔地区的减速较明显，冻土退化的更明显（图 3.46）。

表 3.11　昌都市各站最大冻土深度的气候倾向率（单位：cm/(10 a)）

卡若	丁青	类乌齐	洛隆	左贡	芒康
-4.8**	-4.4**	-16.6**	-3.5**	-10.3**	-4.8**

注：** 表示通过 0.01 显著性水平检验。

从 1991—2020 年昌都最大冻土深度的气候倾向率来看，全市除丁青呈 3.3 cm/(10 a) 的增加趋势外，其余各站均以 0.4～9.9 cm/(10 a) 的速度呈减少趋势，其中卡若减少最大，左贡次之，洛隆最小。

---

① 昌都、丁青站 1961 年开始冻土观测，其余各站 1980 年开始。

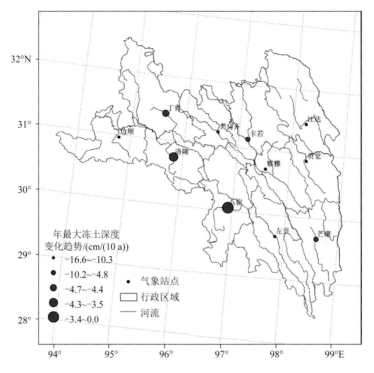

图 3.46　自观测以来昌都最大冻土深度变化趋势的空间分布

(2)年代际变化

从昌都 6 个站点最大冻土深度的年代际变化来看(表 3.12),在年代际尺度上,卡若 20 世纪 60 年代减小了 12 cm,丁青增加了 2.9 cm;70 年代卡若、丁青分别增加16.9 cm、12.7 cm;80 年代全市除丁青减小 0.3 cm 外其余各站均增加 4.0～32.5 cm,其中类乌齐增加最多,芒康最少;90 年代卡若、左贡、芒康增加 4～5 cm,其余各站减小1.9～8.8 cm;21 世纪以来全市呈减小趋势,减小 1.6～22.7 cm,其中类乌齐在 10 年代减小最多,丁青 00 年代减小最少。就全市而言,年最大冻土深度呈先增后减的趋势,其中 20 世纪 70 年代增加最多,为 14.8 cm,21 世纪 10 年代减少最多,为 10.1 cm。

以上分析表明,21 世纪 00 年代以来,昌都大部分站冻土深度减小幅度明显,变浅的年代际变化特征再次佐证了昌都冻土有着明显的退化趋势。

表 3.12　昌都市各站年最大冻土深度的年际变化(单位:cm)

时间	卡若	丁青	类乌齐	洛隆	左贡	芒康	全市
1961—1970	−12.0	2.9					−4.6
1971—1980	16.9	12.7					14.8
1981—1990	18.2	−0.3	32.5	7.3	11.3	4.0	12.2
1991—2000	4.0	−8.8	−6.6	−1.9	5.0	4.5	−0.6
2001—2010	−12.6	−1.6	−16.7	−4.9	−12.4	−4.2	−8.7
2011—2020	−14.8	−4.8	−22.7	−2.3	−13.1	−2.9	−10.1

3.1.7 日照时数

3.1.7.1 日照时数的变化趋势

（1）年日照时数

通过对昌都各站点年日照时数的变化趋势进行分析（图3.47a），1961年以来，卡若、丁青年日照时数表现为增加趋势，分别增加10 h/(10 a)、14.5 h/(10 a)；1979年以来除芒康年日照时数表现为35.4 h/(10 a)的增加趋势外，类乌齐、洛隆、左贡、八宿均表现为减少趋势，减速为6.2～92.2 h/(10 a)，以洛隆减速最大，八宿次之，减速为46.8 h/(10 a)，类乌齐减速最小。

近30年，昌都各气象站点年日照时数的变化趋势进行分析（图3.47b），发现全市均表现为减少趋势，减速为1.5～152.3 h/(10 a)，其中洛隆减速最大，左贡次之，减速为99.0 h/(10 a)；卡若减速最小，芒康次之，减速为6.6 h/(10 a)。

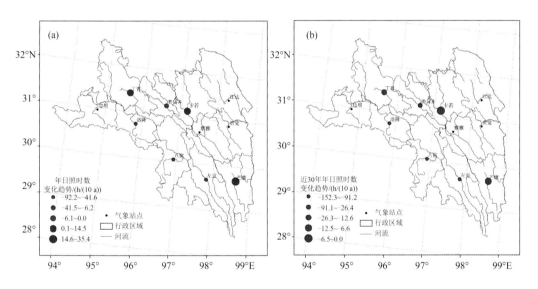

图3.47　建站至2022年(a)、近30年(b)昌都市年日照时数的变化趋势分布

就昌都市平均而言，年日照时数呈先增后减的年际变化（图3.48），20世纪60年代到90年代初呈显著增加趋势，20世纪90年代到21世纪10年代呈明显减少趋势。

（2）季日照时数

从季日照时数的变化趋势来看（图3.49），春、夏、冬3个季节全市日照时数均呈增加趋势，春季各地增速在6.0～38.5 h/(10 a)，其中芒康增速最大，八宿次之，为27.6 h/(10 a)，丁青最小；夏季各地增速在0.8～27.9 h/(10 a)，其中八宿最大，芒康

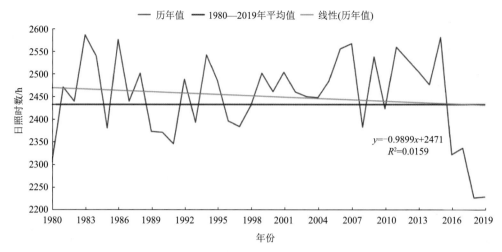

图 3.48　昌都市年日照时数的变化

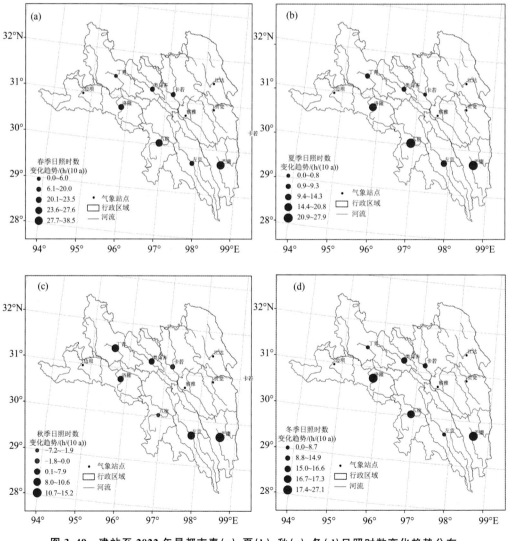

图 3.49　建站至 2022 年昌都市春(a)、夏(b)、秋(c)、冬(d)日照时数变化趋势分布

次之,为 24.4 h/(10 a),卡若最小;冬季增速在 6.1～27.1 h/(10 a),其中芒康增速最大,洛隆次之,为 23.6 h/(10 a),丁青最小。秋季卡若、八宿呈减少趋势,减速分别为 1.8 h/(10 a)、7.2 h/(10 a),其余各站呈增加趋势,增速在 6.0～15.2 h/(10 a),其中芒康增速最大,左贡次之,为 10.6 h/(10 a),类乌齐最小。

3.1.7.2　日照时数年际变化

从昌都市年日照时数在年代际尺度上,20 世纪 60 年代卡若、丁青为负距平,分别为 −128.1 h、−153.2 h;70 年代卡若、丁青为正距平,分别为 0.3 h、153.2 h;80 年代类乌齐、芒康为负距平,分别为 −13 h、−42.4 h,其余各站为正距平,为 8.3～155.4 h,其中卡若偏多最明显,洛隆次之,为 121.3 h,八宿偏多最少;90 年代全市除卡若偏少 41.4 h 外,其余各站均为正距平,为 11.1～63.4 h,其中洛隆偏多最明显,左贡次之,为 47.4 h,类乌齐偏多最少。21 世纪 00 年代全市均为正距平,为 10.5～132.3 h,其中丁青偏多最明显,八宿次之,为 97.4 h,卡若偏多最少。21 世纪 10 年代卡若、丁青、左贡、八宿为负距平,为 −1.9～−215.9 h,其中洛隆偏少最明显,八宿次之,为 −126.1 h,类乌齐偏少最小;其余各站为正距平,为 3.7～145.7 h,其中丁青偏多最明显,卡若偏多最小。

昌都年日照时数就全市而言(图 3.50),20 世纪 60 年代、21 世纪 10 年代为负距平;20 世纪 70 年代至 21 世纪 00 年代期间,为正距平,全市日照时数偏多。

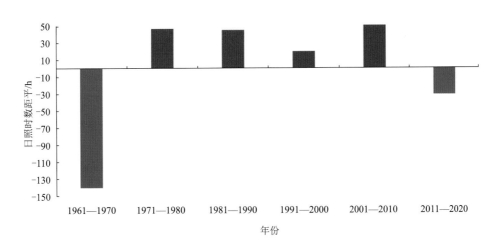

图 3.50　建站至 2020 年昌都年日照时数的年代际变化

3.2 极端气候事件变化

3.2.1 极端气温事件

3.2.1.1 极端气温事件指数

为了研究昌都极端气温事件,定义如下极端气温事件指数(表3.13)。

表 3.13 极端气温事件指数定义

指数	定义
极端高温事件阈值/℃	日最高气温的第95个百分位
极端最高气温/℃	通过百分位排序得到的最大值
极端高温事件频数/d	日最高气温超过极端高温事件阈值的日数
日最高气温≥25℃频数/d	历年逐日最高气温≥25℃出现次数
极端低温事件阈值/℃	日最低气温的第5个百分位
极端最低气温/℃	通过百分位排序得到的最小值
极端低温事件频数/d	日最低气温超过极端低温事件阈值的日数
日最低气温≤-20℃频数/d	历年逐日最低气温≤-20℃出现天数

3.2.1.2 极端高温事件指数的变化

(1)极端最高气温

从昌都市7个国家基本气象站建站至2022年极端最高气温的变化趋势来看(图3.51),全市均呈现一致的升高趋势,其中卡若、丁青(1954—2022年)增速分别为0.23℃/(10 a)、0.40℃/(10 a);其余5个站点(1979—2022年)的增速在0.30～0.63℃/(10 a),其中洛隆最大(0.63℃/(10 a)),其次是左贡(0.55℃/(10 a)),芒康最小(0.30℃/(10 a))。

1990—2022年全市仍呈增加趋势,平均每10 a增加0.24～0.78℃,以左贡增速最明显,洛隆次之,增速为0.72℃/(10 a),八宿最小。

根据分析全市7个国家基本气象站极端最高气温的年代际变化发现,全市极端最高气温呈现出逐年代升高趋势,洛隆、八宿极端最高气温最大值出现在21世纪00年代,其余各站极端最高气温最大值均出现在21世纪10年代。

全市平均而言(图3.52),20世纪为负距平,21世纪为正距平,极端最高气温的

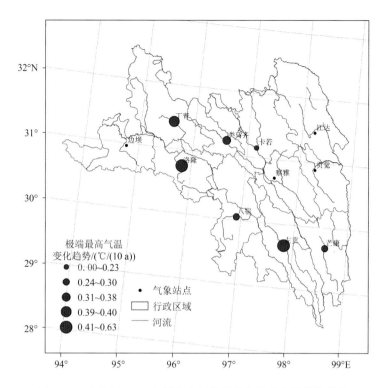

图 3.51 建站至 2022 年昌都市极端最高气温变化趋势的分布

年代际变化呈逐年代升高,其中 21 世纪偏高最明显,为 0.7 ℃。

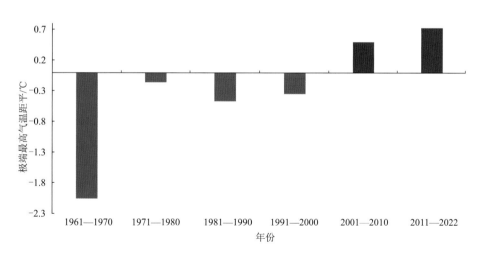

图 3.52 建站至 2022 年极端最高气温年代际变化

(2)极端最高气温事件频数

从昌都市 7 个国家基本气象站建站至 2022 年的极端最高气温事件频数来看 (图 3.53),全市极端最高气温均呈明显的增加趋势,每 10 a 最少增加 1 次,其中卡若、丁青 1954—2022 年分别以 1.82 次/(10 a)、3.20 次/(10 a) 的趋势增加。其余站点在 1979—2022 年极端高温事件频数以 2.79~6.25 次/(10 a) 的幅度呈增加趋势,其中洛隆最大(6.25 次/(10 a)),其次是芒康(5.20 次/(10 a)),八宿最小(2.79 次/(10 a))。

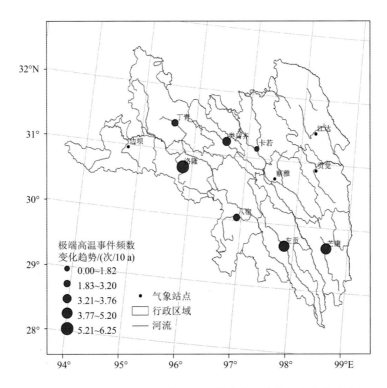

图 3.53 建站至 2022 年昌都市极端最高气温事件频数变化分布

(3)日最高气温≥25 ℃频数

从昌都市 7 个国家基本气象站建站至 2022 年的日最高气温≥25 ℃频数变化趋势来看(表 3.14),全市所有站点日最高气温≥25 ℃频数均趋于增多,其中卡若、丁青(1954—2022 年)日最高气温≥25 ℃频数趋于增加,增速分别为 2.28 ℃/(10 a)、0.59 ℃/(10 a)。其余 5 个站点(1979—2022 年)日最高气温≥25 ℃频数也表现为不同程度的增加趋势,增速为 0.30~0.63 ℃/(10 a),其中洛隆最大(4.54 ℃/(10 a)),其次是八宿(1.86 ℃/(10 a)),芒康最小(0.25 ℃/(10 a))。这再次佐证了昌都升温明显。

根据昌都日最高气温≥25 ℃频数年代际变化分析来看(表 3.15),在年代际尺度上,20 世纪 60—70 年卡若、丁青日最高气温≥25 ℃频数偏少 0.5~4.3 d;20 世纪 80 年代日最高气温≥25 ℃频数芒康无变化,其余各站均偏少 0.9~5.3 d,其中洛隆偏少最多,八宿次之,为 4.3 d,丁青最少;20 世纪 90 年代除丁青日最高气温≥25 ℃的频数偏多 0.3 d 外,其余各站日最高气温≥25 ℃频数均偏少 0.5~4.2 d,其中洛隆偏少最多,卡若次之,为 2.7 d,芒康偏少最少;21 世纪 00—10 年代日最高气温

≥25 ℃频数均偏多,偏多 0.2~9.1 d。

表 3.14 昌都市各站日最高气温≥25 ℃频数的变化趋势(单位:d/(10 a))

时段	卡若	丁青	类乌齐	洛隆	左贡	芒康	八宿
建站至 2022 年	2.28***	0.59***	1.81***	4.54***	1.86***	1.30***	0.25***
1990—2022 年	7.89***	1.24***	2.86***	6.35***	2.08***	0.56***	2.08***

注:*** 表示通过 0.05 显著性水平检验。

表 3.15 昌都市各站日最高气温≥25 ℃频数的年代际距平(单位:d)

年代际	卡若	丁青	类乌齐	洛隆	左贡	芒康	八宿
1961—1970	−4.3	−1.3					
1971—1980	−0.7	−0.5					
1981—1990	−2.5	−0.9	−1.6	−5.3	−1.5	0	−4.3
1991—2000	−2.7	0.3	−2.3	−4.2	−1.7	−0.5	−2.3
2001—2010	4.0	0.6	0.6	2.3	0.2	0	4.1
2011—2022	9.1	2.2	3.1	7.3	2.6	0.4	3.1

3.2.1.3 极端低温事件指数的变化

(1)极端最低气温

从昌都市 7 个国家基本气象站极端最低气温的变化趋势来看(图 3.54),建站至 2022 年各各站均呈一致的升高趋势,增速为 0.35~0.99 ℃/(10 a),以类乌齐增速最大,左贡次之,增速为 0.55 ℃/(10 a),八宿最小。

近 30 年昌都北部各站极端最低气温仍趋于升高趋势,增速为 0.03~0.84 ℃/(10 a),以类乌齐增速最大,卡若次之,增速为 0.15 ℃/(10 a),洛隆最小;南部的左贡、芒康、八宿为呈减少趋势,减速分别为 0.22 ℃/(10 a)、0.26 ℃/(10 a)、0.2 ℃/(10 a)。

(2)极端低温事件频数

从昌都极端低温事件频数的变化趋势来看(图 3.55),建站至 2022 年各站呈一致的减少趋势,减速为 2.14~6.87 ℃/(10 a),类乌齐站极端低温事件减少最为明显,芒康次之,减速为 6.48 ℃/(10 a),卡若站减速最小。

(3)日最低气温≤−20.0 ℃频数

由于八宿海拔 3260 m,且地处干热河谷一带,日最低气温未出现≤−20 ℃情况。从昌都市其余 6 个站点日最低气温≤−20.0 ℃频数的变化趋势来看(表 3.16),建站以来除卡若无变化外,其余各站均呈减少趋势,减速为 0.19~3.38 ℃/(10 a),以类乌齐减速最大,其次是芒康,减速为 0.26 ℃/(10 a),洛隆减速最小。这也说明昌都大部分站点≤－20 ℃的低温日数越来越少。

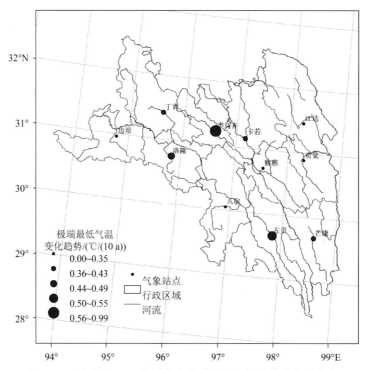

图 3.54　建站至 2022 年昌都市极端最低气温变化趋势的分布

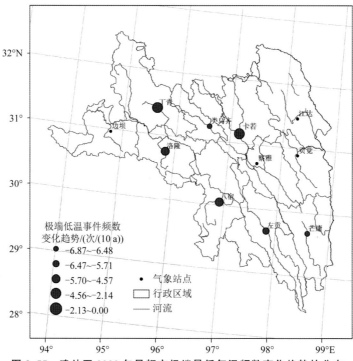

图 3.55　建站至 2022 年昌都市极端最低气温频数变化趋势的分布

表 3.16　昌都各站日最低气温≤−20 ℃频数的变化趋势(单位:℃/(10 a))

时段	卡若	丁青	类乌齐	洛隆	左贡	芒康	八宿
建站至 2022 年	0	−0.23	−3.38	−0.19	−0.20	−0.26	

根据昌都日最低气温≤−20 ℃频数年代际变化分析来看(表 3.17),在年代际变化上,20 世纪 60—70 年代最低气温≤−20 ℃频数无变化,丁青最低气温≤−20 ℃频数偏多 0.3～1.0 d;20 世纪 80 年代全市最低气温≤−20 ℃频数均偏多 0.1～6.5 d,其中类乌齐偏多最多,芒康次之,为 0.8 d,丁青最少;20 世纪 90 年代卡若无变化、类乌齐最低气温≤−20 ℃频数偏多 0.3 d,其余各站偏少 0.1～0.6 d;21 世纪 00—10 年代卡若最低气温≤−20 ℃频数无变化,其余各站最低气温≤−20 ℃频数偏少 0.1～4.2 d,其中丁青偏少最多,类乌齐次之,为 2.8 d,洛隆最少。

表 3.17　昌都各站日最低气温≤−20 ℃频数的年代际距平(单位:d)

时段	卡若	丁青	类乌齐	洛隆	左贡	芒康	八宿
建站至 2022 年	0.39	0.43	0.99	0.49	0.55	0.39	0.35
1990—2022 年	0.15	0.14	0.84	0.03	−0.22	−0.26	−0.20

3.2.2　极端降水事件

3.2.2.1　极端降水事件阈值和指数的确定

确定极端降水事件的阈值主要采用基于百分位的相对指数法,即将昌都市 7 个气象观测站建站至 2022 年的逐年降水日(日降水量≥0.1 mm)降水量作为一个序列,对该序列进行升序,计算出各站历年降水的第 99 个百分位值的 30 a 平均值,将该值定义为极端降水事件的阈值,当某站某日降水量超过这一阈值时就称之为极端降水事件,并统计为一次极端降水事件。

为了研究昌都极端降水事件,本书根据 WMO 气候委员会推荐的一套极端气候事件指数,确定了极端降水事件阈值、极端降水事件频数、日最大降水量等极端降水事件指数(表 3.18)。

表 3.18　极端降水事件指数定义

指数	定义
极端降水事件阈值/mm	日降水量的第 99 个百分位值
极端降水事件频数/d	日降水量超过极端降水阈值的日数

续表

指数	定义
日最大降水量/mm	年最大 1 日降水量
降水强度/(mm/d)	日降水量≥0.1 mm 的总降水量与降水日数的比值
中雨日数/d	日降水量≥10 mm 的日数
大雨日数/d	日降水量≥25 mm 的日数
连续干旱日数/d	日降水量<0.1 mm 的最大连续日数

3.2.2.2 极端降水事件指数的变化

(1)极端降水事件频数

根据分析昌都市 7 个国家基本气象站建站至 2022 年极端降水事件频数变化趋势来看(图 3.56),卡若、丁青、左贡为减少趋势,减速为 0.03~0.24 次/(10 a),其中洛隆减速最大,卡若减速最小;其余各站呈增加趋势,增速在 0.04~0.79 次/(10 a),其中芒康增速最大,类乌齐次之,增速为 0.22 次/(10 a),八宿增速最小。

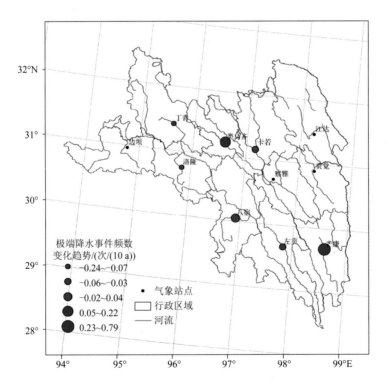

图 3.56　建站至 2022 年昌都市极端降水事件频数变化趋势的分布

(2)日最大降水量

根据分析昌都市 7 个国家基本气象站建站至 2022 年日最大降水量的变化趋势

来看(图 3.57),全市除了左贡日最大降水量以 0.38 mm/(10 a)的变化趋势减少外,其余各站均以 0.05~1.71 mm/(10 a)呈增加趋势,其中芒康增速最大,八宿次之,增速为 1.11 mm/(10 a),丁青最小,卡若增速为 0.72 mm/(10 a)。

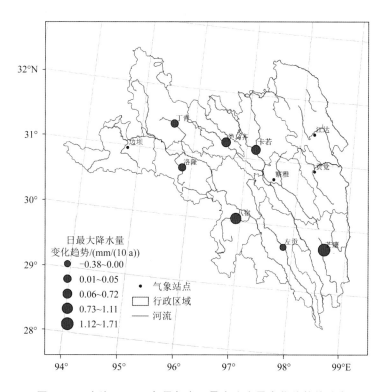

图 3.57　建站至 2022 年昌都市日最大降水量变化趋势的分布

(3)降水强度

根据分析昌都市 7 个国家基本气象站建站至 2022 年降水强度的变化趋势(图 3.58),卡若、丁青、左贡的降水强度趋于减小,减速为 0.02~0.03 mm/d·(10 a)$^{-1}$,洛隆无变化,其余各站降水强度表现为增加趋势,增速为 0.02~0.19 mm/d·(10 a)$^{-1}$,以八宿增速最大,类乌齐最小。

(4)中雨日数

根据分析昌都市 7 个国家基本气象站建站至 2022 年中雨日数变化趋势的地域分布来看(图 3.59),丁青、洛隆、八宿表现为减少趋势,减速为 0.18~0.42 d/(10 a),其中八宿减速最大,洛隆次之,丁青最小;其余各站中雨日数表现为增加趋势,减速为 0.02~0.78 d/(10 a),其中芒康增速最大,左贡次之,增速为 0.41 d/(10 a),卡若增速最小。

(5)大雨日数

根据分析昌都市 7 个国家基本气象站建站至 2022 年大雨日数变化趋势的地域

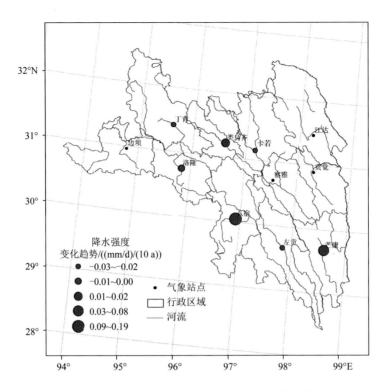

图 3.58　建站至 2022 年昌都市降水强度变化趋势的分布

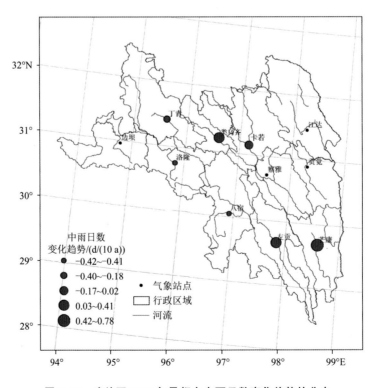

图 3.59　建站至 2022 年昌都市中雨日数变化趋势的分布

分布来看(图 3.60),洛隆、左贡的大雨日数趋于减少,减速分别为 0.18 d/(10 a)、0.20 d/(10 a);其余各站的大雨日数趋于增加,增速为 0.01~0.54 d/(10 a),其中芒康的增速最大,类乌齐次之,丁青增速最小。

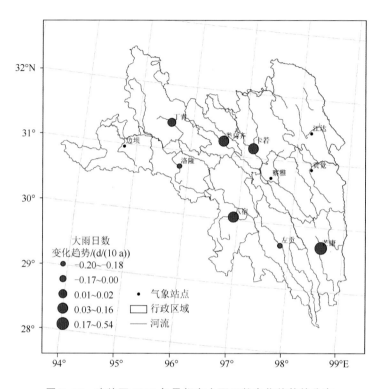

图 3.60　建站至 2022 年昌都市大雨日数变化趋势的分布

(6)连续干旱日数

分析昌都市 7 个国家基本气象站建站至 2022 年连续干旱日数的变化趋势可知(图 3.61),丁青、洛隆的连续干旱日数有增加趋势,增速分别为 0.71 d/(10 a)、0.57 d/(10 a),其余各站连续干旱日数呈一致的减少趋势,平均每 10 a 减少 0.93~4.25 d,其中左贡减速最大,芒康次之,为 3.98 d/(10 a),类乌齐减速最小。

近 30 年以来,卡若、类乌齐的连续干旱日数趋于增加,增速分别为 0.42 d/(10 a)、0.67 d/(10 a),其余各站均呈现明显的减少趋势,平均每 10 a 减少 1.37~12.7 d,其中八宿减速最大,左贡次之,为 4.54 d/(10 a),丁青减速最小。

从年代际变化来看(表 3.19),在年代际尺度上,20 世纪 60—70 年代卡若连续干旱日数偏多,丁青连续干旱日数偏少;20 世纪 80 年代洛隆、八宿连续干旱日数偏少,其余各站均偏多 1.3~4.1 d,其中左贡偏多最多,卡若次之,为 2.7 d,类乌齐最少;20 世纪 90 年代卡若、丁青、类乌齐连续干旱日数偏少 0.3~7.7 d,其余各站偏多 1~18.3 d,其中八宿偏多最多,左贡次之,为 4 d,洛隆偏多最少;21 世

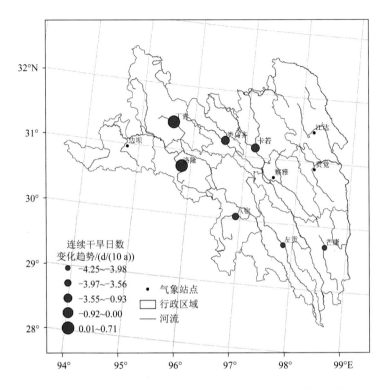

图 3.61 建站至 2022 年昌都市连续干旱日数变化趋势的分布

纪 00 年代丁青、类乌齐、洛隆连续干旱日数偏多 4.2～6.4 d,其余站偏少 2.2～
7.6 d,其中八宿偏少最多,卡若次之,为 3.6 d,芒康最少;21 世纪 10 年代全市
连续干旱日数均偏少 0.7～6.5 d,以卡若偏少最多,八宿次之,为 5.8 d,洛隆偏
少最少。

表 3.19 昌都市各站连续干旱日数的年代际距平(单位:d)

年代际	卡若	丁青	类乌齐	洛隆	左贡	芒康	八宿
1961—1970	2.1	−0.4					
1971—1980	11.4	−1.9					
1981—1990	2.7	2.5	1.3	−3.8	4.1	2.5	−3.2
1991—2000	−7.7	−0.3	−4.3	1.0	4.0	3.1	18.3
2001—2010	−3.6	6.4	4.5	4.2	−3.3	−2.2	−7.6
2011—2022	−6.5	−2.0	−3.0	−0.7	−5.8	−5.0	−5.8

3.3　未来气候变化预估

作为地球第三极,青藏高原拥有中低纬度最广阔的冰川、积雪和冻土,是亚洲重要大江大河的发源地,对亚洲的水资源和生态安全有重大影响。近年来因青藏高原快速变暖,已造成高原地表植被变化、冰川退缩和冻土退化,这些下垫面的改变会引起高原及其周边地区气候场分布的调整,导致极端降水事件和降水不稳定性增加,由此引发相关的灾害以及区域水资源和河流径流季节性的变化。在全球持续变暖背景下,青藏高原作为第三极,其独特的冰冻圈地貌对全球变暖极其敏感,近 40 年以来青藏高原以 0.34 ℃/(10 a)的速率升温,昌都年平均气温以 0.38 ℃/(10 a)的速度显著升高,大于青藏高原同期升温率,与我国其他区域比较,昌都升温率明显大于我国平均水平(0.26 ℃/(10 a))。

以全球变暖为主要特征的全球气候变化已经对脆弱的生态系统和社会系统造成了严重影响,并受到国际社会的普遍关注。目前已观测到的许多生态系统的异常变化,都被认为与气候变暖有关,全球气候变化问题已经超出一般环境或气候领域,而是涉及到能源、经济和政治等方面。因此,预估未来气候变化,探讨未来气候变化对生态系统和人类社会造成的影响,已成为各国科学家、公众和决策者共同关心的问题,国内学者针对中国气候变化的未来预估做了一些研究,也有学者在分析极端气候事件趋势。

3.3.1　未来降水预估

青藏高原是海-陆-气相互作用的敏感区域,其降水对当地乃至亚洲水循环起着重要作用,但目前对该区域在 21 世纪的降水时空演变规律仍认识不足。陈荣等(2023)基于 CMIP6 的 25 个气候模式的模拟数据,通过比较历史时期(1961—2014年)模式模拟值和观测值,评估了各模式对青藏高原历史时期降水变化的模拟能力。发现多模式集合平均模拟效果优于多数单模式,进而选取多模式集合平均对未来四种情景(SSP1-2.6、SSP2-4.5、SSP3-7.0 和 SSP5-8.5)下青藏高原的降水变化特征进行分析,发现 CMIP6 模式模拟的青藏高原年降水量在 1961—2099 年呈增大趋势,未来(2015—2099 年)降水变化趋势在空间上呈现西北向东南递增的分布格局,且排放情景越高,增加越显著。在 SSP1-2.6 和 SSP2-4.5 情景下,青藏高原东部的昌都至川西高原、青藏高原南部的喜马拉雅山东段和念青唐古拉山东段处于降水增加趋势高值区,而低值区分布在柴达木盆地和高原中西部地区。在 SSP3-7.0 和

SSP5-8.5 情景下,降水变化趋势高值区延伸到整个青藏高原的南部地区,低值区仅在帕米尔高原和柴达木盆地西北部有分布。在不同情景下,未来高原等降水量线空间规律基本一致,在高原东部呈现东南向西北递减,西部呈西南向东北递减特征,昌都呈自北向南降水递增分布特征;同时干湿变化呈现干旱区面积减小,湿润区面积增大,且排放情景越高,湿润区面积越大。

为了探究全球气候模式对青藏高原降水的模拟能力以及探究在新模式、新情景下未来降水可能变化,李博渊等(2024)使用耦合模式比较计划第 6 阶段(CMIP6)最新的 31 个气候模式逐月降水资料,以及国家气候中心所提供的 CN05.1 降水观测数据集,评估 CMIP6 模式对青藏高原降水的模拟能力,并择优选择模式在不同共享社会经济路径情景下(Shared Socioeconomic Pathway,SSP)进行高原未来降水预估,发现 1995—2014 年青藏高原观测降水分布模态特征为自东南向西北递减,呈现阶梯带状分布,念青唐古拉山以南低海拔地区以及横断山脉昌都至川西高原附近为最高值中心,并且降水集中在夏季。

虽然 CMIP6 模式普遍高估了青藏高原的降水,但相对 CMIP5 模式具有一定的提升,陈荣等(2023)在评估基础上,综合优选出模拟最佳的 4 个模式,即 EC-Earth3-Veg-LR,MPI-ESM1-2-LR,ECEarth3-Veg,MRI-ESM2-0,对未来不同情景下青藏高原降水进行预估。近期(2021—2040 年)高原降水增幅在各情景下难发现较大差别,但中期(2041—2060 年)和末期(2081—2100 年)有明显增长,说明碳排放强度对近期影响较小而对长期影响大;未来降水增幅主要发生在念青唐古拉山以南地区,尤其是低海拔地区,昌都南部降水增幅大于北部,对于近期昌都降水增幅较小或趋于减少趋势,中期和末期降水总体是增加趋势;

从季节性来看,未来昌都降水增幅主要发生在春季,夏季和秋季,冬季降水虽然增加,但相较于其他季节最少。其中在末期夏季增幅最大,春季次之,然后是秋季,最后是冬季。因此,应对未来昌都夏季和春季的降水增加引起重视,做好防护措施,防范可能造成的洪涝灾害。

3.3.2　未来气温预估

政府间气候变化专门委员会(IPCC)第六次评估报告(AR6)显示,全球地表平均温度自 1850—1900 年以来已上升约 1 ℃。在多种温室气体排放情景下,全球平均温度会升高 1.2~1.9 ℃,未来 20 a 将达到或超 1.5 ℃。如今地球上大部分地区已经在遭受高温极端天气(包括热浪)的影响,当全球升温 2 ℃时,极端高温将更频繁地达到农业生产和人体健康的临界耐受阈值。亚洲地区观测到的平均温度的升高已超出自然变率的范畴,极端暖事件增加、极端冷事件减少,季节性积雪的持续时间、冰川物质和多年冻土的范围将进一步减少(IPCC,2021)。此报告表明了未来全球变暖带来的气候变化在所有地区都将加剧。中国近年来气温不断上升,在区域和季节上有着明显的差异,其中中国北方与冬季增温更为明显。中国区域整体暖昼、暖夜呈增长趋势,冷昼、冷夜呈减少趋势,其中黄河流域、东北北部及周边地区暖昼增加显著,东南沿海地区极端高温事件发生频率减少,西北地区增加,除西南地区部分站点外,中国大部分地区极端低温事件发生频率在减少。

在全球变暖背景下,青藏高原的气候变化越来越受到人们的重视,研究表明,青藏高原现在正处于加速升温阶段,且高原边缘地区气候变暖要明显高于高原腹地。同时,由于青藏高原生态环境脆弱,极端气候事件的发生常会给青藏高原带来很大的影响,因此有许多学者利用气象观测站资料对青藏高原的极端气温事件进行了分析,发现近些年高原上大部分地区极端高温事件多发,而极端低温事件发生频率减少(吴国雄 等,2013),霜冻日数、冰冻日数呈减少趋势,极端最高气温与极端最低气温呈增加趋势(杜军 等,2013)。青藏高原上昼夜升温和冷暖升温还具有不对称性特点(周玉科 等,2017b),最低气温升高幅度显著大于最高气温与平均气温,也侧面体现了青藏高原气候变暖的一致性。由于青藏高原尤其在中西部地区条件苛刻,观测站点偏少,观测数据匮乏,许多研究者通过模式模拟以求得高原上较全面的极端气温指数的多年变化情况以及预估今后的发生趋势。Lu et al.(2019)利用区域气候模式 RegCM4 预测未来青藏高原将是中国气温升高最显著的区域,极端暖事件增加,极端冷事件减少。陈虹举等(2021)和陈说等(2021)评估了 CMIP5 多个模式对青藏高原极端气温指数的模拟能力,李红梅等(2015)则利用了 CMIP5 多模式集合结果分析在不同全球升温阈值下极端气温指数的变化情况,结果表明,全球温升 1.5 ℃、2 ℃、3 ℃时,青藏高原上的极端指数趋势幅度大于整个中国,青藏高原上的冷指数减少,暖指数增多。周天军等(2020)的结果则表明,排放情景对近期(2020—2039 年)气候变化预估影响小,末期(2080—2099 年)在 RCP4.5 和 RCP8.5 两种情景下极端气温均显著增加。各种模式模拟的结果也都表明,青藏高原未来属于气候变暖的重点区域。

3.3.2.1　地表气温

陈维等利用国际耦合模式比较计划第六阶段(CMIP6)模拟试验数据,评估了 45 个全球气候模式对 1985—2014 年青藏高原地表气温和降水的模拟能力,表明 CMIP6 模式能合理地模拟地表气温的空间分布,但大部分模式对年和季节平均地表气温的模拟值偏低,年均偏冷 2.1 ℃,冷偏差在冬季和春季相对更大。基于模拟性能较好的模式,相比于 1995—2014 年,在共享社会经济路径(SSPs)中等偏低情景

SSP2-4.5 下,青藏高原年均地表气温在 21 世纪 90 年代上升 2.5 ℃,2015—2100 年的线性趋势平均为 0.28 ℃/(10 a),其中昌都秋季和冬季增幅更大,且高海拔区增暖幅度高于低海拔区。相较 SSP2-4.5 情景,SSP5-8.5 情景下青藏高原地表气温增幅更大,21 世纪 90 年代年均地表气温升高 5.1 ℃,在 2015—2100 年的线性趋势平均为 0.64 ℃/(10 a)。整体上,模式对地表气温预估结果的不确定性均随时间增大。

3.3.2.2 极端气温指数预估

李宛鸿等(2023)利用 28 个 CMIP6 全球气候模式与 CN05.1 格点化观测数据对青藏高原 1986—2014 年日最高气温最高值(TXx)、日最低气温最低值(TNn)、霜冻日数(FD)、冰冻日数(ID)、暖昼指数(TX90p)、冷夜指数(TN10p)这 6 个极端气温指数的模拟效果进行了评估,并对青藏高原相关极端气温指数的未来变化特征进行了分析,发现 28 个 CMIP6 全球气候模式对青藏高原极端气温指数有一定模拟能力,其中对 TXx、TNn、FD、ID 模拟效果较好,多模式集合平均结果相比单个气候模式模拟结果更稳定,也能有较好的模拟效果。28 个模式的集合平均能够较好地模拟出极端气温指数在青藏高原的时间、空间分布特征。CMIP6 模式预估整个青藏高原上 TXx、TNn、TX90p 未来相对于 1995—2014 年都呈上升趋势,FD、ID、TN10p 则呈减少趋势。在 2040 年之前,7 种不同辐射强迫情景下昌都地区的 TXx 增加较一致,上升 1.18 ℃左右;到 21 世纪中期(2041—2060 年),除低辐射强迫情景(SSP1-1.9、SSP1-2.6)外,其余情景下的昌都 TXx 平均增量均超过了 2 ℃。21 世纪末期(2061—2100 年)时,SSP5-8.5 情景下 TXx 平均增量达到了 5.64 ℃,不确定性范围为 4.39～6.35 ℃,其次分别是 SSP3-7.0 情景下的 4.49 ℃ 与 SSP4-6.0 情景下3.77 ℃,低辐射强迫情景下(SSP1-1.9 与 SSP1-2.6)的 TXx 平均增量依然均未超过 2 ℃,分别为 1.52 ℃ 、1.88 ℃。中国 2020 年提出力争在 2030 年前实现碳达峰,2060 年前实现碳中和,即 21 世纪中期之前实现碳中和,以确保达到 2015 年《巴黎协定》中提出的使全球平均气温升高幅度在 2 ℃ 以内的目标,根据结果来看,SSP1-2.6 情景下,青藏高原地区 2030 年前 TXx 平均增温 1.12 ℃,2060 年之前平均增温 1.72 ℃。

极端低温 TNn 在高原南部增温明显,且极端低温比极端高温增温更明显。未来 3 个时期(2021—2040 年、2041—2060 年、2061—2100 年)内青藏高原的 TNn 增幅呈北低南高的分布特征,昌都处于增幅较大值区。近期(2021—2040 年)昌都的 TNn 增量一般在 0～1 ℃,芒康的南部边缘在 1 ℃ 以上。21 世纪中期(2041—2060年),昌都地区的 TNn 增量在 2.5 ℃ 以上,其中高辐射强迫情景下(SSP4-6.0、SSP5-8.5)的高原大部地区 TNn 增量均在 2.5 ℃ 以上,高原南部边缘最高在 3 ℃ 以上。

21 世纪末期时(2061—2100 年),SSP1-1.9 情景下昌都地区的 TNn 增幅相比之前减小,增量多在 0.5～1 ℃。

ID、FD 在高原东南部减少明显。近期(2021—2040 年),SSP1-1.9 与 SSP4-6.0 情景下高原西部减少日数偏多,SSP2-4.5、SSP3-7.0、SSP5-8.5 情景下高原东南部减少日数偏多,昌都大部分地区 ID 减少日数在 10～15 d。21 世纪中期(2041—2060 年),各情景下 ID 减少幅度差异增大,除低辐射强迫情景(SSP1-1.9、SSP1-2.6)之外,其余情景下的昌都地区 ID 减少 25 d 以上,SSP5-8.5 情景下昌都地区 ID 减少了 30 d 以上。21 世纪末期(2061—2100 年),SSP1-1.9 情景下高原东南部以外地区 ID 减少日数基本在 15 d 以内,昌都地区 ID 在 15 d 以上,SSP3-7.0 情景下高原大部分地区减少 50 d 以上,昌都地区减少 60～70 d,SSP5-8.5 情景下高原大部分地区减少 60 d 以上,昌都地区最大减少 80 d 以上。

FD 在高原东南部减少明显。近期(2021—2040 年)高原东部地区 FD 减少较明显,昌都地区 FD 约减少 15～20 d。21 世纪中期((2041—2060 年)),SSP1-2.6 情景下昌都地区减少不超过 20 d,SSP5-8.5 情景下高原大部 FD 减少明显,除西部外大部分地区减少 25 d 以上。21 世纪末期(2061—2100 年),各情景下高原的 FD 分布差异更加明显,SSP1-1.9 情景下高原 FD 减少日数相比中期偏少,SSP1-2.6 情景下 FD 减少日数相比中期略微偏多,高辐射强迫情景下(SSP3-7.0、SSP5-8.5)高原东部 FD 减少日数超过 50 d,SSP5-8.5 情景下减少最多,超过了 65 d。

与极端高温相关的 TX90p 在高原西南部增加明显,与极端低温相关的 TN10p 在高原东南部减少明显。近期大部分辐射强迫情景下的高原西南部 TX90p 增长 10%～15%,东北部增长 5%～10%,其中 SSP5-8.5 情景下昌都大部分地区增长都在 10% 以上。21 世纪中期时,SSP5-8.5 情景下青藏高原南部部分地区 TX90p 增长已经达到了 30% 以上,昌都地区 TX90p 增长在 25% 以上。21 世纪末期,高辐射强迫情景下(SSP3-7.0、SSP5-8.5)TX90p 增长迅速,SSP3-7.0 情景下高原南部由中期的 20% 以上迅速增长到 50% 以上,SSP5-8.5 情景下高原南部更增长到 60% 以上。

青藏高原上 TN10p 减小幅度从东南部向西北部逐渐递减。近期 SSP4-3.4 情景下高原东南部 TN10p 减小幅度较大,超过 3.5%,SSP3-7.0 情景下高原西北部变化幅度较小,最小在 0.5% 以内。21 世纪中期,SSP4-3.4、SSP4-6.0、SSP5-8.5 情景下高原东南部减小幅度最大超过 5%。21 世纪末期,低辐射强迫情景下(SSP1-1.9、SSP1-2.6)高原西北部 TN10p 保持减小幅度不超过 3%,高辐射强迫情景下(SSP3-7.0、SSP5-8.5)高原东南部以及 SSP4-6.0 情景下高原东南部分地区 TN10p 减小幅度超过 6%。

TXx、TNn、FD、ID、TX90p、TN10p 这 6 个极端气温指数是根据 CMIP6 全球气候模式模拟的结果来分析青藏高原未来极端气温指数的变化趋势,许多研究也指出,CMIP6 模式模拟出的青藏高原气温相比观测值偏低,计算出的极端气温指数有不同偏差,在准确性上有一定欠缺,并且由于高原地区地形复杂,模式的模拟结果存在的不确定性也较大,因此只是作为大致的趋势分析参考。

第 4 章 气象灾害及风险区划

4.1 极端事件与气象灾害

气象灾害是一种常见的自然灾害,而自然灾害的本质就是自然界部分物质的自然运动对人类社会造成损伤。昌都市主要有干旱、洪涝、大风、冰雹、雪灾、霜冻、雷电等气象灾害(表 4.1)。夏旱发生频率为 12.5%,平均约 8 a 一遇;夏涝频率为 20.8%,平均约 5 a 一遇。轻霜(日最低气温≤0 ℃的霜冻)的平均初日为 10 月 12 日,平均终日为 5 月 2 日,最晚可推迟至 5 月 17 日,平均霜冻期为 165 d。重霜(日最低气温≤−2.0 ℃的霜冻)的平均初日为 10 月 21 日,平均终日为 4 月 19 日,最晚为 5 月 5 日,平均霜冻期为 139 d。平均年冰雹日数为 10 d,最多年为 14 d(1966 年和 1967 年)。冰雹主要出现在 5—9 月,占年冰雹日数的 80.0%。昌都市属于多雷暴区,平均年雷暴日数为 51.3 d,最多可达 68 d(1967 年),最少为 37 d(2008 年),主要集中在 5—9 月(占年雷暴日数的 89.9%)。

表 4.1 昌都市历年气象灾害分布

地区	气象灾害
北部	干旱、雪灾、洪涝、霜冻、冰雹
东北	干旱、雪灾、洪涝、霜冻、冰雹
西北	雪灾、洪涝、霜冻、冰雹
中部	干旱、雪灾、洪涝、霜冻、冰雹
西南	干旱、雪灾、霜冻、冰雹、雷电、大风
南部	干旱、雪灾、霜冻、冰雹

近 30 年来,昌都市主要气象灾害为洪涝、干旱、雪灾,依次占全市气象灾害的 40%、30%、10%(图 4.1)。

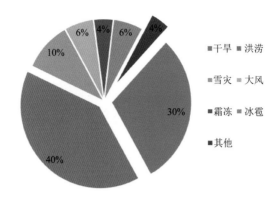

图 4.1 昌都市历年气象灾害比例

4.1.1 大风

4.1.1.1 大风指标

大风是气象灾害中比较激烈且较为频发的一种,通常是指瞬间风速≥17 m/s 的风。大风对农业生产造成直接和间接危害,直接危害主要是指造成土壤风蚀沙化,对作物的机体造成损伤以及产生生理危害,同时也影响农事活动和破坏农业生产措施;间接危害是指风传播病虫害和扩散传染物。

除了对农牧业造成的影响外,大风还对房屋建筑物、电力通讯设施、户外作业人员安全等造成严重危险。另外,大风常卷起沙尘,造成空气严重污染,导致空气质量下降,给人民生活健康带来严重危害。冬、春季节大风伴随着暴雪,所形成的暴风雪天气对高海拔路段造成低能见度的情况,严重影响驾驶员视线,极易引发交通事故。

4.1.1.2 年大风日数的空间分布

昌都市年大风日数各地为 4.1(卡若)～59.4(贡觉)d,大风天气分布情况复杂,大致可认为东西部多,中部少,全市平均为 18.0 d;贡觉大风日数最多为 59.4 d,其次为昌都西部的丁青、八宿、洛隆、边坝四县,年大风日数在 19 d 以上;而中东部及南部的察雅、江达、芒康、左贡、卡若、类乌齐 6 县,年大风日数在 10 d 以上(图 4.2)。

昌都市冬、春季节出现大风较多,大风日数主要集中在 12 月至次年 5 月,尤其是 1—3 月最多,到了 7—9 月大风日数明显减少,只占全年的 8%。昌都大风具有明显的日变化特征,一天中大风主要出现在 13—22 时,占总时间的 85%以上。昌都主要有两条大风带,分别为丁青—洛隆—八宿一线、东南部的贡觉南部至芒康一线,大风日数在 20～60 d。而江达—察雅、南部的左贡一带大风日数较少,为 10～20 d。近 30 年来月极大风速出现在贡觉,为 33.2 m/s。

4.1.1.3 大风日数的季节变化

春季是昌都市一年四季中大风日数最多的季节,各地大风日数为 2.4～29.7 d,

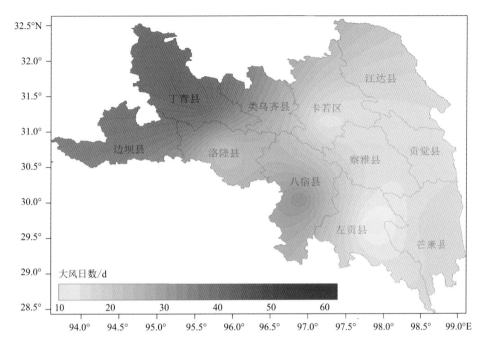

图 4.2　昌都市年大风日数空间分布

大风分布呈自西北向东南递减的趋势,占全年大风日数的 45%。其中贡觉最多,为 29.7 d;丁青、洛隆、八宿次之,大风日数也在 10 d 以上,其余地区大风日数均在 10 d 以下,类乌齐、左贡大风最少,仅为 2.4 d。

昌都市夏季各地大风日数在 0.2~11.2 d,同样表现为自西北向东南递减的趋势,占全年大风日数的 16%,最多出现在丁青,为 11.2 d,其次为贡觉、八宿、边坝,大风日数均在 3 d 以上。其余地区大风日数均在 3 d 以下,类乌齐、卡若、左贡、芒康、察雅的大风日数不足 1 d。

昌都市秋季各地大风日数在 0.1~9.1 d,为全年中大风日数出现最少的季节,占全年大风日数的 14%,最多出现在贡觉,为 9.8 d,其次为丁青、八宿、边坝,大风日数在 4 d 以上。其余地区大风日数均在 3 d 以下,类乌齐、卡若、左贡、芒康、察雅的大风日数不足 1 d。

昌都市冬季各地大风日数在 0.8~17.1 d,为全年中大风出现次多的季节,占全年大风日数的 25%,最多出现在贡觉,为 17.1 d,其次为洛隆、八宿、丁青、芒康、江达、边坝,大风日数在 3 d 以上。其余地区大风日数均在 3 d 以下,卡若、左贡的大风日数不足 1 d。

4.1.1.4　大风日数的年变化

昌都市大风主要集中在 1—6 月,占全年大风日数的 73%,尤其是以 2—5 月最为集中,占全年大风日数的 56%,其中又以 4 月最多,占全年大风的 17%。7 月以后大风日数显著减少,8 月大风最少,仅占全年的 3%(图 4.3)。

昌都市大风日数的年变化特征基本分为两种类型。第一种类型在昌都市最为常见,其特征表现为主要峰值出现在 3—4 月份,5 月之后开始大风日数显著减少,6—12 月份间大风日数一直保持在较少的程度。洛隆、八宿以及 5 个大风日数较少地区的年变化特征基本属于此一类。

第二种类型有两个峰值,其特征表现为大风日数在 4—6 月存在一个峰值,6 月以后大风日数减少,8 月达到最低点,9 月大风日数突然增多,形成第二个峰值,但其强度及周期均弱于第一个峰值。

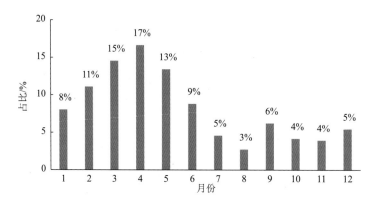

图 4.3　昌都市各月大风日数百分率

4.1.2　干旱

4.1.2.1　干旱指标

气象干旱指降水量持续偏少,蒸发量和降水量收支失衡,可能导致作物生长缺水,乃至不能满足人类生活和经济发展对水资源需求的气候现象。气象干旱一般需要一个积累的过程。降水有年际间的不均匀性,季节间的差异性和季内降水分布的波动性,所以容易产生气象干旱。以季节性划分春旱、夏旱、秋冬旱。其影响和危害性以夏旱为大,春旱次之,秋冬旱相对为小,这和农业需求低有关。

昌都市气象干旱的特点是出现频率高,活动季节长,成灾范围广,并具地域多发区和高频多发季。

本书使用国家标准《气象干旱等级》(GB/T 20481—2006)降水量距平百分率气象干旱等级来划分不同干旱程度等级(表 4.2),某时段降水量距平百分率(P_a)计算如下:

$$P_a = \frac{P - \overline{P}}{\overline{P}} \times 100\% \qquad (4.1)$$

式中,P 为某时段降水量,$\overline{P}$ 为计算时段同期气候平均降水量。

表 4.2 降水量距平百分率气象干旱等级划分

等级	类型	季尺度 P_a/%
1	轻旱	$-50 < P_a \leqslant -25$
2	中旱	$-70 < P_a \leqslant -50$
3	重旱	$P_a \leqslant -70$

4.1.2.2 干旱气候特征

(1)初夏干旱发生频率及其分布规律

初夏干旱八宿、左贡发生频率达 30%,平均 2～3 a 一遇;洛隆、芒康为 20%～27%,平均 4～5 a 一遇;昌都市卡若、丁青、类乌齐为 10%～17%,平均 6～10 a 一遇(表 4.3)。

表 4.3 昌都市各县(区)初夏干旱发生频率(%)

站名	八宿	左贡	洛隆	芒康	丁青	类乌齐	卡若
频率	30	30	20	27	17	17	13

(2)盛夏干旱发生频率及其分布规律

盛夏干旱在昌都市八宿、洛隆、丁青、类乌齐、卡若的发生频率在 20% 以上,平均 2～5 a 一遇,其他各地频率为 10%～17%,平均 6～10 a 一遇(表 4.4)。

表 4.4 昌都市各县(区)盛夏干旱发生频率(%)

站名	八宿	左贡	洛隆	芒康	丁青	类乌齐	卡若
频率	30	13	20	10	23	20	27

(3)汛期干旱发生频率及其分布规律

近 30 年来昌都市发生干旱频率最高的地区是西南的八宿,其次是卡若区以及边坝—丁青一带,而洛隆—类乌齐一带以及东南部地区发生干旱的频率是最低的(图 4.4)。

4.1.3 洪涝

4.1.3.1 洪涝指标

洪涝灾害是指某一时间内降雨量达到某一限值时而引起山洪暴发,江河水位上涨,淹没或冲毁作物、道路、房屋等的一种气象灾害。昌都市年暴雨量呈北多南少分布,高值中心位于北部丁青站,低值中心位于南部八宿站,年平均暴雨日数在 0.7～2.6 d,昌都市的年平均降水量、暴雨量、暴雨日数空间分布基本一致,总体呈北多南少

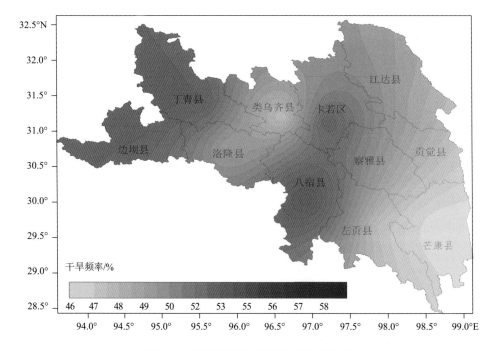

图 4.4　昌都市年度干旱频率的空间分布

分布,两极分化明显;年平均暴雨强度空间分布呈西北弱东南强分布。暴雨开始于 5
月结束于 10 月,西北部出现时间早,结束时间晚,东南部出现时间晚,结束时间早。

　　昌都市总的降水量偏少且集中在夏季,这就较容易在局部引发洪涝灾害。本节
使用降水量距平百分率(P_a)来划分洪涝等级,P_a 的计算同上。在半干旱和干旱区
降水少,降水变率大,故洪涝等级仅反映当地降水偏少偏多的概率(表 4.5)。

表 4.5　降水量距平百分率洪涝等级划分表

等级	类型	季尺度 P_a/%
1	轻涝	$25 \leqslant P_a < 50$
2	中涝	$50 \leqslant P_a < 70$
3	重涝	$70 \leqslant P_a$

4.1.3.2　洪涝气候特征

　　昌都洪涝的基本特征表现为自西北向东南呈阶梯性递减趋势,这一分布规律与
昌都市年降水量的空间分布极为相似。地处西北部的丁青、类乌齐、边坝、洛隆县,
由于受西南季风影响明显,加之高原本身的热力抬升作用,致使这一带低涡、切变活
动频繁,成为境内降水量最多、连阴雨天气亦最多的地区。

4.1.3.3　洪涝时空分布

　　近 30 年来,昌都市没有出现大范围性重涝灾害,少数年份个别站出现了重涝灾

害。其中 1998 年芒康、卡若区、类乌齐出现重涝,2014 年左贡、八宿、洛隆出现了重涝,2000 年丁青、左贡出现了重涝。

昌都市东北部地区年度或季节性洪涝出现频率较低。发生洪涝频率最高的地区在西北部的洛隆、东南部的芒康,而类乌齐、八宿一带发生洪涝的频率是最低的(图 4.5)。

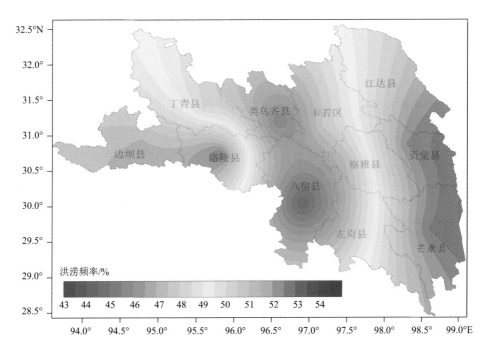

图 4.5 昌都市年度洪涝频率的空间分布

4.1.4 冰雹

4.1.4.1 冰雹指标

冰雹是从对流云中降落的一种固态降水物,由透明和不透明冰层相间组成圆球形或圆锥形的冰块,直径一般为 5～50 mm,大的有时可达 10 cm 以上。

冰雹发生在春季和夏秋之交,对农业作物生长危害很大,尤其是青稞特别怕冰雹。冰雹严重时还会损坏瓦房、树木,砸伤行人和牲畜。

4.1.4.2 冰雹日数时空分布

昌都市各县(区)出现冰雹的机会不同(图 4.6),多雹区位于西北部及东南部,年平均冰雹日数在 8.8～10.5 d,其中类乌齐为全地区最多;次多雹区位于卡若、左贡一带,冰雹日数在 5.0～5.2 d;少雹区位于洛隆、八宿一带,冰雹日数在 0.5～1.1 d,而八宿地处唐古拉山和伯舒拉岭背风坡雨影区,气候干燥,少雨,年平均雹日数为

0.5 d,为全地区最少。昌都市降雹的日变化较明显,夜间和早晨很少下冰雹,主要是发生在 12—20 时。冰雹季节 5—10 月,又主要集中在 6—9 月份。

昌都市冰雹出现的范围小、时间也比较短促,多发生在农作物的抽穗和黄熟阶段,因而对农作物危害极大。昌都的冰雹具有降雹季节性强、冰雹日高度集中等特点,昌都大部的冰雹出现 5—10 月,一般占全年的 70%～80%,甚至可达 100%,基本属于典型的夏季冰雹型。

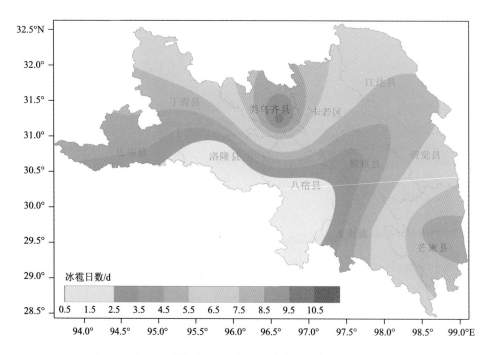

图 4.6　昌都市近 30 年年平均冰雹日数分布图

4.1.5　雪灾

4.1.5.1　雪灾指标

雪灾是指冬、春季因降雪量大、气温低造成积雪持续不融化,致使家畜采食困难或不能采食而发生不同程度的牲畜伤亡事件,并可能伴有牧民冻伤、交通阻塞、电力和通信线路中断等的灾害。雪灾亦称白灾,是因长时间大量降雪造成大范围积雪成灾的自然现象。它是中国牧区常发生的一种畜牧气象灾害,主要是指依靠天然草场放牧的畜牧业地区,由于冬半年降雪量过多和积雪过厚,雪层维持时间长,影响畜牧正常放牧活动的一种灾害。

4.1.5.2　雪灾时空分布

一是昌都市北部丁青县、江达、类乌齐,年降雪量在 50 mm 或以上,最大积雪深度为 30 cm 或以上，主要集中在 11 月至次年 4 月；二是昌都西部边坝、洛隆县、八宿然乌湖，尤其在三色湖祥格拉冰川，最大积雪深度可达 30～50 cm，邦达草原偶有暴雪天气，雪深达 20 cm。春季雪崩在八宿、边坝等地常有发生。

昌都市雪灾风险整体较高，其中丁青大部、八宿南部、类乌齐北部是雪灾风险最高的区域，卡若区北部、边坝、洛隆是次高区域，其余区域雪灾风险相对较低（图 4.7）。

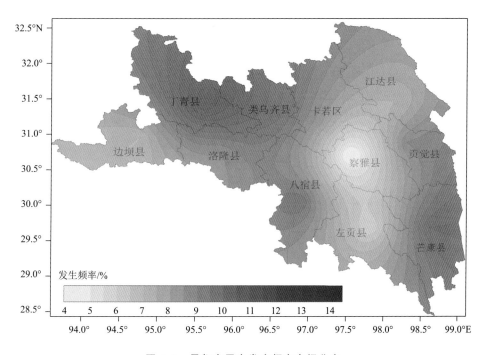

图 4.7　昌都市雪灾发生频率空间分布

4.1.6　雷暴

雷暴（雷电）是来自积雨云中的放电现象，是一部分带电荷的云层与另一部分带异种电荷的云层或带电的云层对大地之间的迅猛放电，景象是电闪雷鸣，是一种强烈对流性天气，常伴有大风、强降水、冰雹等天气现象，是一种破坏性严重的灾害。昌都市地处横断山脉和三江流域，地势高、气压低，气候干燥，夏季对流旺盛，平均年雷暴日数明显高于同纬度其他地区，属雷暴多发地。

雷暴成灾的形式是通过放电与电击，可造成人身伤亡、建筑物损坏，电力输送与通讯线路最怕雷击，交通安全特别是航空以及航天发射更关心雷暴的活动。除此以外，雷暴还是森林火灾的导因之一。重要工程设施与建筑设计，总把雷暴作为重要参数之一。

4.1.6.1 雷暴的类型

热力雷暴,属气团内部热力发展导致强烈对流而形成的雷暴,以夏季最为多见;锋面雷暴,它是冷暖空气相互作用的结果,发生于锋面附近,以春季的频率为高。

就雷暴系统而言,暖性高压控制下,有时也会出现雷暴,称高压雷暴;西南低涡的东南侧,也常有雷暴出现,这两类都有气团内部雷暴的性质。

4.1.6.2 雷暴的空间分布

昌都市年平均雷暴日数为 35.6 d,雷暴日数最多年为 1984 年(46.3 d),最少年为 2011 年(23.9 d)。丁青雷暴日数最多,年平均为 54.4 d,雷暴日数最多年为 1984 年(77 d),最少年为 2008 年(35 d);八宿雷暴日数最少,年平均为 12.1 d,最少年为 2011 年,全年无雷暴出现;类乌齐、昌都、芒康年平均雷暴日数在 44.4~48.6 d,洛隆、左贡为 19.2~24.8 d。昌都雷暴日数表现为逐年减少的趋势(图 4.8)。

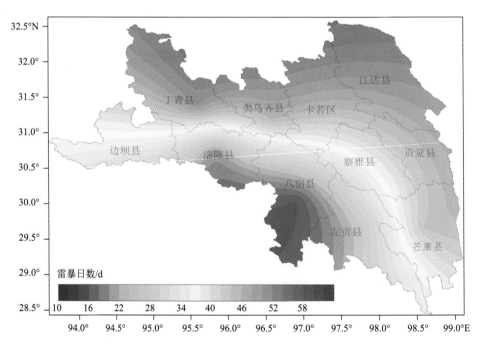

图 4.8　昌都市雷暴日数空间分布

4.1.6.3 雷暴的季节分布

昌都市夏季为雷暴活动的高峰季节,平均为 23.9 d,约占全年的 54.7%;秋季为次多季节,平均为 14.1 d,约占全年的 32.3%;春季为次少季节,为 5.7 d,占全年的 13.0%;冬季基本无雷暴。

4.2 气象灾害风险区划

昌都是西藏气象灾害多发频发地区之一。气象灾害风险是指气象灾害发生及其给人类社会造成损失的可能性。气象灾害风险性是指若干年(10 a、20 a、50 a、100 a)内可能达到的灾害程度及其灾害发生的可能性。气象灾害风险为政府及相关部门防御决策提供依据,为制定气象灾害工程和非工程措施、防御方案、防御管理等提供基础性支撑,是政府制定规划和项目建设开工前需要充分评估的一项重要内容,可最大程度地减轻气象灾害可能带来的风险。

4.2.1 风险区划指标与方法

4.2.1.1 数据资料

(1)气象资料

国家级气象观测资料 1978—2020 年逐年冰雹日数、大风日数、雷暴日数、霜冻日数、积雪日数、强降水日数、干旱日数和洪涝日数。

(2)社会经济资料

从《昌都市统计年鉴》(2021 年)选用县(区)为单元的行政区域土地面积、年末总人口、耕地面积、国民生产总值(GDP)等数据。气象灾害影响下人口、GDP、小麦(青稞)、房屋数据、2020 年 2.0 版国务院普查办下发数据等资料。

(3)基础地理信息

基础地理信息包括西藏 1∶25 万地理信息系统(GIS)数据中的数字高程模型(DEM)和水系数据。

4.2.1.2 气象灾害区划方法

针对暴雨、干旱、低温、大风、冰雹、雪灾、雷电 7 个灾种,参照《全国气象灾害综合风险普查技术规范》等技术方法进行区划。

(1)暴雨洪涝区划方法

综合考虑暴雨致灾因子和孕灾环境,评估暴雨灾害危险性,结合承灾体暴露度、脆弱性等。

(2)干旱区划方法

基于气象干旱综合指数,进行干旱事件的识别。干旱识别结果和气象干旱综合指数,统计年干旱过程总累积强度,分析不同重现期的年干旱过程总累积强度的阈值,采用信息熵赋权法和专家打分法确定各阈值的权重系数,通过权重求和的方法得到单站干旱危险性评估指数,同时结合常年降水量和温度植被干旱指数,进行全市干旱危险性评估,得到干旱灾害危险性后,结合人口、经济、农作物等承灾体的特征,基于干旱灾害风险评估模型,对干旱灾害开展风险区划。

（3）低温区划方法

选择低温霜冻日数、霜冻期平均气温和霜冻期平均最低气温作为低温灾害致灾因子的危险性评估指标,开展危险性评估,得到低温灾害危险性后,结合人口、经济、农业等承灾体的特征,基于低温灾害风险评估模型,对低温灾害开展风险区划。

（4）大风区划方法

分析研究大风灾害的发生频次、强度、影响范围,选取大风过程持续时间、大风过程最大值作为大风致灾因子,对各致灾因子评价指标进行归一化处理,并确定权重系数后加权计算危险性指数,最终结合 DEM 数据开展危险性评估。结合社会经济状况及承灾体重要性与孕灾环境敏感性,基于大风致灾强度,基于自然灾害风险评价原理构建大风灾害风险区划评价模型,对大风灾害的影响程度进行风险区划。

（5）冰雹区划方法

分析研究冰雹灾害发生频次、强度、影响范围,开展危险性评估,结合社会经济状况及承灾体重要性,基于冰雹致灾强度,对冰雹灾害的影响程度进行风险区划。

（6）雪灾区划方法

选取积雪日数以及积雪覆盖率两个指标为雪灾致灾因子,开展危险性评估,结合社会经济状况及承灾体,对雪灾的影响程度进行风险区划。

（7）雷电区划方法

综合考虑地闪密度、地闪强度、土壤电阻率、海拔高度、地形起伏、人口密度、GDP 密度 7 个雷电灾害风险评价指标,开展雷电致灾危险性评估,依照自然灾害风险评价原理,构建雷电灾害风险区划评价模型,进行雷电灾害风险区划。

4.2.2 气象灾害风险区划

4.2.2.1 暴雨洪涝灾害区划

暴雨洪涝灾害区划是指在孕灾环境敏感性、致灾因子危险性、承灾体易损性、防灾减灾能力等因子进行定量分析评价的基础上,为了反映气象灾害风险分布的地区差异性,根据风险度指数的大小,对风险区划分为若干个等级。利用暴雨过程降水量、最大日降水量、降水持续时间作为暴雨致灾因子,对各致灾因子评价指标进行归一化处理,建立暴雨过程强度指数模型。累加当年逐场暴雨过程强度值,得到年雨涝指数,采用克里金插值方法得到昌都市多年平均年雨涝指数分布。选取高程标准差、海拔、河网密度作为孕灾环境影响因子,计算孕灾环境影响系数,对年雨涝指数进行校正得到暴雨危险性指数和等级区划。

从图 4.9 可知,高危险性主要分布在芒康县大部、察雅县西部、八宿县和左贡县境内河流沿岸,较高危险性主要分布在卡若区中南部、察雅县东部、芒康县北部、左贡县北部和八宿县中东部,较低危险性主要分布在贡觉县、江达县南部、洛隆县、边坝县中北和类乌齐县北部,低危险性主要分布在昌都市北部各县非河流沿岸地区。南部强降水和地质灾害频发,导致南部地区危险性等级较高。

4.2.2.2　干旱灾害区划

干旱灾害风险区划主要考虑致灾因子危险性、承灾体易损性和防灾减灾能力这 3 种因子,在这 3 种影响因子的基础上进行定量分析评价。基于气象干旱综合指数,进行干旱事件识别,并统计年干旱过程总累积强度,分析不同重现期的年干旱过程总累积强度的阈值,采用信息熵赋权法和专家打分法确定各指标的权重系数,通过权重求和的方法得到干旱危险性评估指数,同时结合常年降水量和温度植被干旱指数进行区域干旱危险性评估,得到干旱致灾危险性区划图和等级。

从图 4.10 可知,昌都市干旱致灾危险性空间分布整体呈现南部高于北部,洛隆县中部、八宿县中部和西北部、左贡县大部和芒康县大部、江达县中部、卡若区中部、察隅县中西部和南部为较高到高等级危险性,其中,洛隆县、八宿县中部和左贡县高等级风险较集中,丁青县大部、类乌齐县大部、贡觉县、卡若区北部、江达县北部、左贡县南部、边坝县西部为干旱灾害危险性低等级,其余地方为较低到低等级区。

4.2.2.3　低温灾害区划

低温灾害风险区划主要考虑致灾因子危险性、承灾体易损性和防灾减灾能力这 3 种因子,在这 3 种影响因子的基础上进行定量分析评价。致灾因子主要反映引起低温本身的强度和影响范围等特性,是低温灾害发生的先决条件,致灾因子强度越大,低温灾害发生概率越高,低温灾害所造成的破坏损失就越严重,低温灾害危险性也就越大。承灾体风险主要是基于承灾体的暴露度和脆弱性,利用加权求和的方法得到低温灾害危险性等级图。

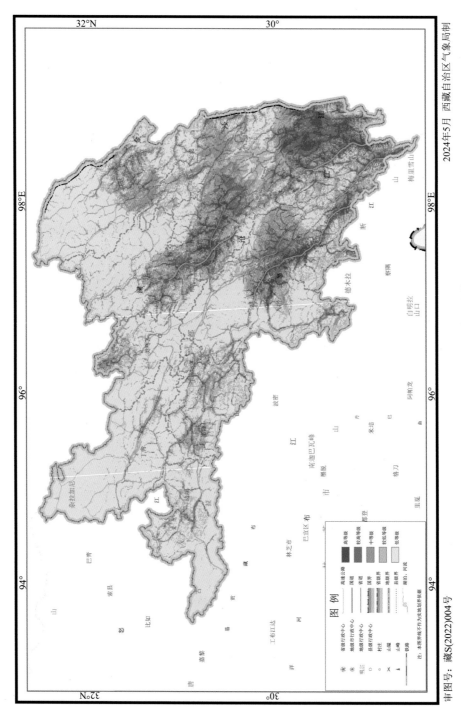

图 4.9 昌都市暴雨灾害危险性等级图

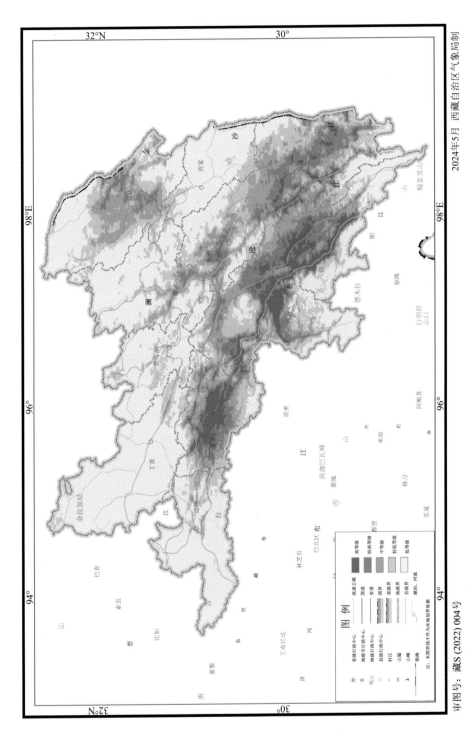

图 4.10　昌都市干旱灾害危险性等级图

从图 4.11 可以看出,昌都市西北部低温灾害危险性等级高于东南部。其中,丁青县、边坝县大部、类乌齐东部、八宿县南部、卡若区东南部、江达县北部等地低温危险性等级为较高以上,低温灾害发生的概率较大,其所造成的破环也可能比较严重,为提高低温灾害保护措施的重点地区。

4.2.2.4 大风灾害区划

大风灾害风险区划主要考虑致灾因子危险性、承灾体易损性和防灾减灾能力这3种因子,在这3种影响因子的基础上进行定量分析评价。选取大风过程持续时间、大风过程最大值作为大风致灾因子,通过对各致灾因子评价指标进行归一化处理,并确定权重系数后加权计算危险性指数,最终结合 DEM 数据开展危险性评估。结合社会经济状况及承灾体重要性与孕灾环境敏感性,基于大风致灾强度,基于自然灾害风险评价原理构建大风灾害风险区划评价模型,对大风灾害的影响程度进行区划得到大风灾害危险性等级图。

从图 4.12 可以看出,昌都市大风致灾危险性等级空间分布基本呈现北部大于南部。其中,丁青县、卡若区中南部、贡觉县大部大风灾害致灾危险性等级为较高到高等级,类乌齐西北部、卡若区北部、边坝县、洛隆县和八宿县为较低到较高等级风险,其余地区大风致灾危险性等级为较低等级以下。

4.2.2.5 冰雹灾害区划

冰雹灾害风险区划主要考虑了孕灾环境敏感性、致灾因子危险性、承灾体易损性、防灾减灾能力4种因子的基础上进行定量分析评价。致灾因子主要反映引起冰雹本身的强度、概率和影响范围等,代表了冰雹强度和降雹频次等因素对冰雹灾害评估的综合作用。致灾因子越大,冰雹灾害发生概率越高,冰雹灾害强度越高,冰雹灾害所造成的破坏损失就越严重,冰雹灾害危险性也就越大。承灾体风险主要是基于承灾体的暴露度和脆弱性,利用加权求和的方法得到冰雹灾害危险性等级图。

从图 4.13 可以看出,冰雹灾害高危险性等级地区主要分布在类乌齐县北部、江达县部分区域、贡觉县北部和洛隆北部,丁青县中部、类乌齐县中东部、左贡县南部以及芒康县区域处于冰雹较高危险性等级地区,一定程度上会受到冰雹灾害影响,较低危险性等级主要分布在丁青县东部、卡若区、类乌齐县大部、江达县大部区域,其余大部为冰雹危险性低等级区域。

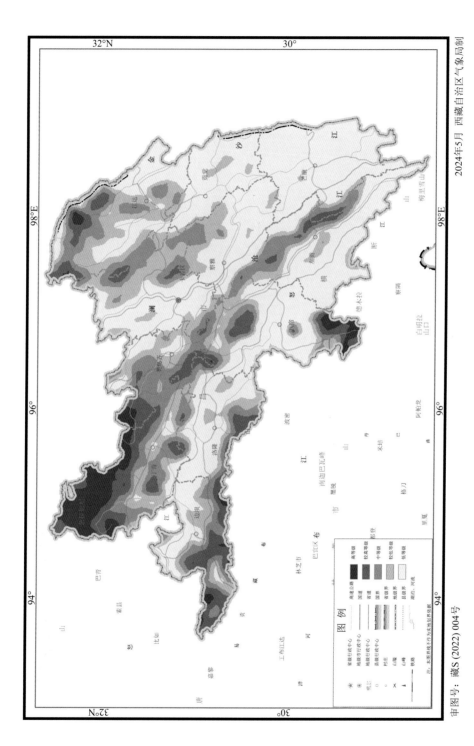

图 4.11 昌都市低温灾害危险性等级图

2024年5月 西藏自治区气象局制

审图号：藏S (2022) 004号

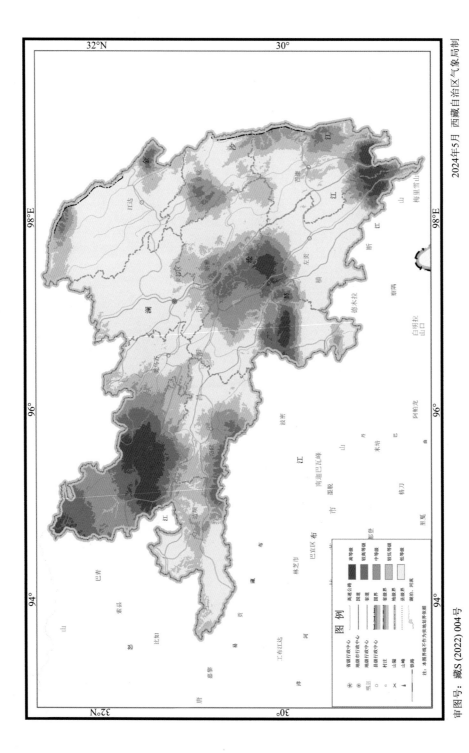

图 4.12 昌都市大风灾害危险性等级图

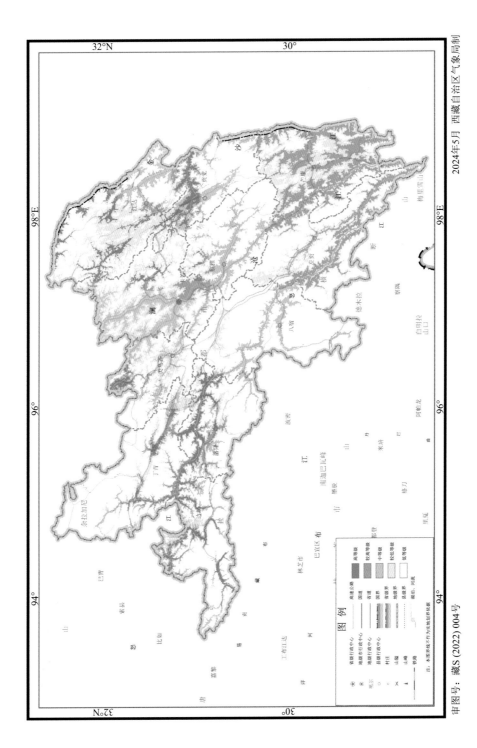

图 4.13　昌都市冰雹灾害危险性等级图

2024年5月　西藏自治区气象局制

审图号：藏S（2022）004号

4.2.2.6 雪灾灾害区划

雪灾风险区划是指在对孕灾环境敏感性、致灾因子危险性、承灾体易损性、防灾减灾能力等因子进行定量分析评价的基础上,为了反映气象灾害风险分布的地区差异性,根据风险度指数的大小,将风险区划分为若干个等级。选取积雪日数和积雪覆盖率两个指标为雪灾致灾因子,利用熵值法确定各危险性因子权重;考虑常年积雪对遥感数据的影响,用坡度和 DEM 数据做补助修正,开展危险性评估,并结合社会经济状况及承灾体重要性,对雪灾的影响程度进行风险区划得到雪灾灾害危险等级图。

从图 4.14 可以看出,昌都市北部、西部受雪灾的危险性较高,其他地区受雪灾灾害的危险性较低。其中,丁青县、八宿县大部区域处于雪灾危险性较高到高等级区,容易发生雪灾,江达县大部、类乌齐县西部、边坝县东部和洛隆县东部区域以及左贡县高海拔区域为较低到较高风险等级,以上区域需要做好雪灾灾害防御措施。察雅县、贡觉县大部以及芒康县处于雪灾危险性低等级区域。

4.2.2.7 雷电灾害区划

雷电灾害风险区划主要考虑了致灾因子危险性、承灾体易损性和防灾减灾能力 3 种因子,在这 3 种影响因子的基础上进行定量分析评价。选取土壤电阻率、海拔高度、地形起伏按相应权重进行风险计算,形成雷电灾害孕灾环境分布图,将致灾因子、孕灾环境按相应权重进行风险计算,形成雷电致灾危险性分布等级图。

从图 4.15 可以看出,昌都市雷电灾害危险性较高到高等级区主要位于察雅县、贡觉县、类乌齐县、丁青县大部、洛隆县北部、边坝县北部、卡若区中东部、江达县南部、芒康县北部,其中,察雅县东部、贡觉县西部、类乌齐县西部、丁青县南部、洛隆县西北部、边坝县北部和卡若区南部为高等级区,其余大部为较低风险。总的来说,昌都市的雷电灾害危险性高等级区和较高等级区集中在中东部和西北部区域,为雷电灾害防御重点区。

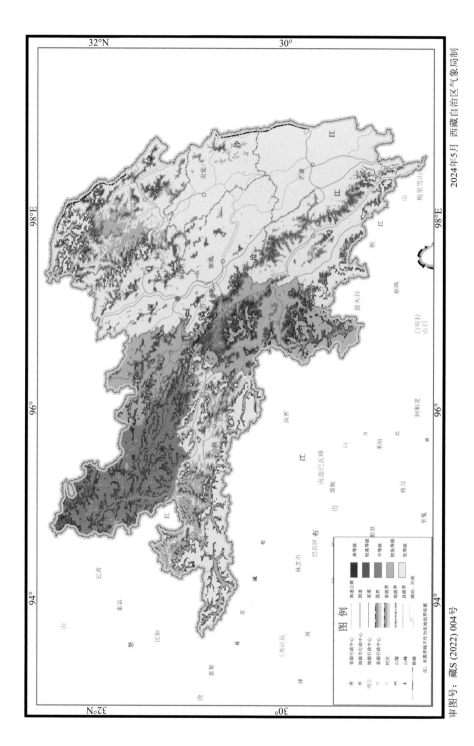

图 4.14 昌都市雪灾灾害危险性等级图

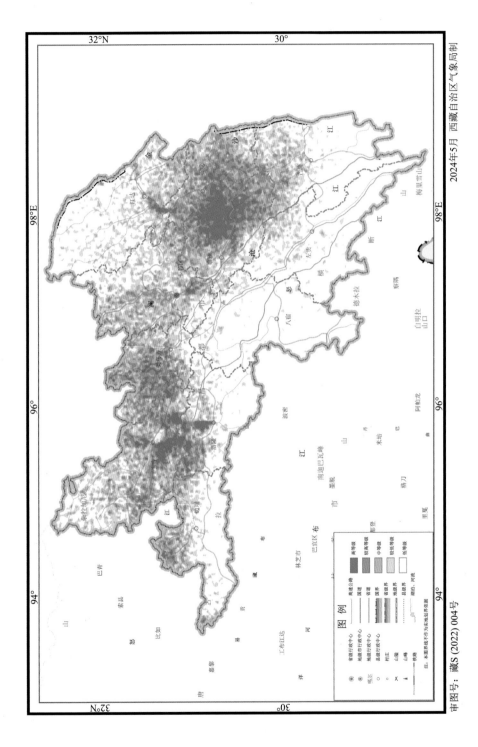

图 4.15 昌都市雷电灾害危险性等级图

第 5 章　农业与气候

5.1　作物与气候

5.1.1　数据与统计方法

利用 1980—2021 年昌都市 7 个气象站观测数据,用 Excel、Python 等软件分析昌都市气候要素时间变化趋势,深入研究气候变化背景下昌都市农业气候时间序列特征,并分析昌都市气候生长潜力和光温生长潜力变化特征。

分析 7 个气象站 1980—2021 年的气象观测的降水、气温、日照时数数据,分析年际和生长季节农业气候资源变化特征,通过滑动平均、M-K 检验和滑动 T 检验分析研究区域水资源、热量资源、日照资源的年际、农作物生长季节时间变化趋势、突变特征和周期等。

5.1.2　农作播种面积及种类

昌都市位于西藏东部,地形复杂,气候类型多样,地处以横断山脉和三江流域。昌都也是西藏农作物丰富的地区之一,主要以喜温和喜凉农作物为主,有青稞、小麦、蔬菜、油菜、豆类等地区分布广,种植面积大。2022 年昌都市农作物总播种面积为 5.94 万 hm^2,其中芒康县、丁青县和洛隆县分别为 0.91 万 hm^2、0.85 万 hm^2 和 0.67 万 hm^2,分别占全市农作物总播种面积的 15.3%、14.3%、11.3%,其余县(区)的播种面积不足全市总播种面积的 10%(图 5.1)。

独特的高原气候和地理特征,影响着农作物种植分布和播种面积。从 2022 年昌都市农作总种植比例分析,昌都市农作种植总面积为 5.94 万 hm^2,其中青稞、小麦和蔬菜分别为 3.80 万 hm^2、0.63 万 hm^2 和 0.41 万 hm^2,其中分别占全市种植面积的 59%、10%、7%(图 5.2)。昌都市独特的自然环境影响着农作物的生长和分布,青稞和小麦作为主要的农作物,三江流域基本实行一年两熟制。

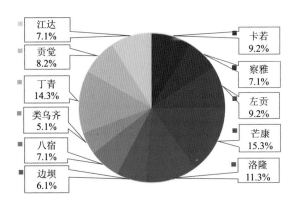

图 5.1　昌都市各县农作播种面积百分比

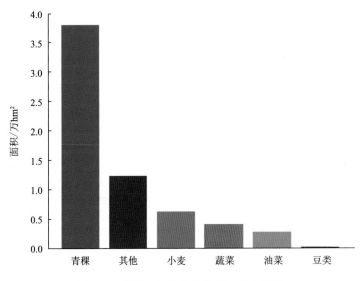

图 5.2　昌都市各县农作种类及所占面积

5.1.3　农业气候资源

农业气候资源是指气候供给农业发展所必须的水、热、光等因子的多寡和时空分布,直接影响农业发展潜在能力。在全球气候变暖的背景下,农业气候资源变化对农作物的生长和产量有直接或间接影响。昌都市复杂的地形环流、气候变化、海拔差异导致农作物种植和分布情况也有所不同,农作物是对气候变化反应最为敏感的作物,是一种生物的自然和经济再生产过程,除了社会经济和技术因素外,还受自然环境尤其是气候生态条件的制约,而气候变化必然引起农作物气候资源的变化(李元华,2013)。为了更好地分析农业气候资源变化特征和气候周期变化,规划为4—8月是春、夏生长季节,10月至次年3月为秋、冬生长季节。

5.1.3.1　昌都市降水资源变化特征

(1)年际、生长季节平均降水量时序变化特征研究区在 1980—2020 年期间,年际、生长季降水变化率总体呈现轻微的下降趋势,未通过显著性检验,年际平均降水量为 491.95 mm,降水变化呈现多个周期,在平均线上下波动。年际降水在 1980—1994 年先上升后下降;1995—2020 年降水量增多后减少,尤其 2000 年开始有明显的减少趋势,存在两个波峰;1983 年降水量 322.4 mm 为研究时间内的最低值,在 1998 年降水量达到研究时间内最高值 633.9 mm,(图 5.3a)。

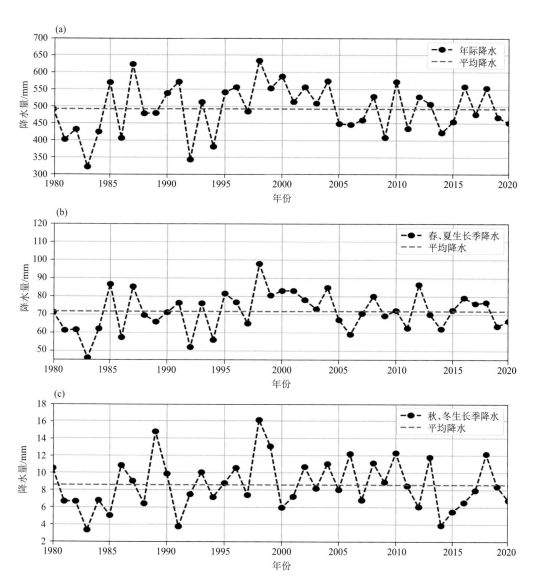

图 5.3　1980—2020 昌都市降水量年际(a),春、夏生长季(b),秋、冬生长季(c)时间变化曲线

研究区内春、夏生长季节平均降水量为 70.10 mm,占全年总降水量的 70% 左右,春、夏生长季节降水量在 1980—2000 年整体呈逐步上升趋势;2000—2020 整体呈逐步下降趋势,存在单峰型;1983 年是 41 a 内春、夏生长季节内降水量最低值为 46.19 mm,1998 年是 41 a 内降水量最高值为 97.88 mm(图 5.3b)。秋、冬生长季节平均降水量为 8.9 mm,占全年降水量的 10%左右,1980—1997 年整体年降水量呈逐步上升趋势,1997—2020 年整体呈逐步下降趋势,比较年际降水和春、秋降水量减少趋势年份提早 2～3 a,1983 年是秋、冬生长季节降水最少值,仅有 3.66 mm,而 1998 年是降水量最高值为 16.11 mm(图 5.3c)。

(2)昌都市降水突变点诊断分析

由图 5.4a 可知,研究区年平均降水 M-K 检验表明,可能在 1983 年后存在突变情况,并通过 0.05 显著性水平检验。滑动 T 检验显示在 2001—2005 年期间出现了突变现象,通过了 0.05 显著性水平检验(图 5.4b),但综合考虑年际和春、秋生长季降水两种突变检验法未有共同的结果,所以不认为昌都市年际和春、秋生长季节存在显著性的突变特征,但是 1983 年后和 2001—2003 年期间可能存在突变事件;秋、冬生长季 1983 年 M-K 检验和滑动 T 检验两种存在共同结果,约在 1983 年前后出现突变现象,通过了 0.01 以上显著性水平检验。

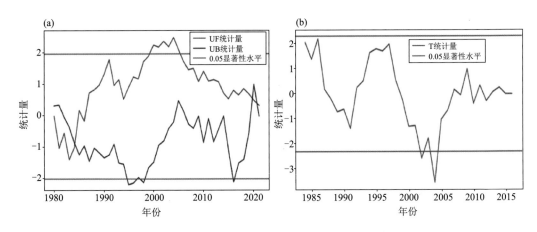

图 5.4　昌都市年际平均降水突变 1980—2021 年 M-K 检验(a)和 1984—2016 年滑动 T 检验(b)

5.1.3.2　昌都市热源变化特征

(1)年际、生长季节平均气温时序变化特征

昌都市 1980—2020 年年平均气温变化趋势比较显著(图 5.5a)。1980—2001 年平均气温较低,其中 1997 年的 4.77 ℃为最低值,但整体呈逐步上升的趋势,直至 2009 年上升至 7.02 ℃,接近最高值;2010 年后稍微有减小趋势,2015 年又开始平稳上升。

研究区内春、夏生长季平均与年际气温变化相似,同样增温明显,春、夏生长季平均气温的均值为 11.5 ℃,高于年际平均气温值的 5.6 ℃(图 5.5b)。从 5 a 滑动平均曲线来看,春、夏生长季均温 1980—2005 年低于平均值,1987—1992 年间呈波动下降趋势,1990 年春、夏生长季均温为 10.5 ℃是 41 a 内的最低值;1993—2011 年春、夏生长季均温呈逐步上升趋势,尤其 2006 年之后增温趋势变化明显,比起年际均温越过平均值晚 2～3 a,41 a 内春、夏生长季节最高温出现在 1986 年为 12.6 ℃,其次是 2009 年为 12.5 ℃。秋、冬生长季均温与年际和春、夏生长季节变化相似,秋、冬生长季均温平均值为 0.04 ℃。从 5 a 滑动平均曲线来看,1980—2020 年秋、冬生长季均温逐步上升的趋势,其中 1989—1992 年和 2007—2012 年呈波动下降的趋势,1992 年是 41 a 内秋、冬生长季最低值为 −2.08 ℃(图 5.5c)。

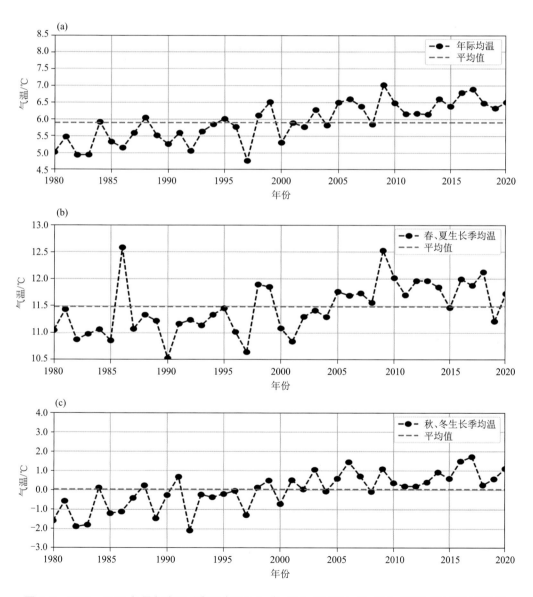

图 5.5　1980—2020 年昌都市平均气温年际(a),春、夏生长季(b),秋、冬生长季(c)时间变化曲线

（2）昌都市气温突变点诊断分析

年平均气温的 M-K 检验统计值显示突变年份为 2001 年（图 5.6a），通过了 0.01 显著性水平检验；但滑动 T 检验得出，突变点为 2003—2005 年期间，并通过了 0.05 显著性水平检验（图 5.6b）。春、夏生长季均温的 M-K 突变年为 2003 年，通过了 0.01 以上的显著水平检验；滑动 T 检验得出 2003 年和 2005 年分别通过了 0.05、0.01 显著性水平检验。秋、冬生长季均温的 M-K 突变年为 1998 年，通过了 0.01 以上的显著性水平检验；滑动 T 检验得出突变年份为 1998 年和 2000 年分别通过 0.01 以上显著性水平检验。由综上得出年际均温 2001—2005 年期间可能发生了增突变；春、夏生长季均温 2003—2005 年期间可能发生了增突变；秋、冬生长季均温 1998—2000 年期间可能发生了增突变，整体突变年份秋、冬生长季早于春、夏生长季和年际均温 3～7 a。

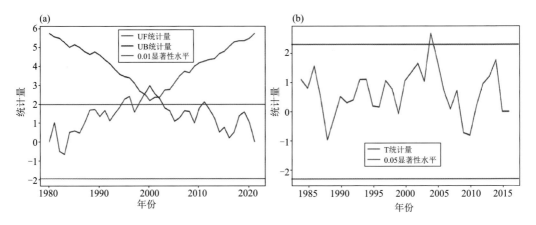

图 5.6　昌都市年际平均气温突变 1980—2021 年 M-K 检验（a）和 1984—2016 年滑动 T 检验（b）

5.1.3.3　昌都市日照时数变化特征

（1）年际、生长季节平均日照时数的趋势特征

昌都市 1980—2020 年内年际平均日照时数为 2450.4 h，年际变化呈现多个周期，大致为"多—少—多—少"的变化趋势。1980—1992 年年际日照时数呈先上升后下降的趋势，1992—2020 年同样呈先上升后下降趋势，整体存在双峰型；1983 年日照时数在整个 41 a 内达到最高值为 2587.1 h，较多年平均值高于 136.6 h；2018 年是研究尺度内最低值为 2227.4 h，较多年平均值低于 222.9 h（图 5.7a）。

研究区内春、夏日照时数也呈减少趋势，春、夏生长季平均日照时数为 610.2 h。春、夏生长季日照时数在 1980—1999 年呈先上升后下降趋势，同样在 2000—2020 年也呈先上升后下降趋势，而且两个下降幅度后者大于前者，同样年际日照数据幅度小于春、夏日照时数幅度,1980—2021 年内日照时数高值出现在 1986 年为 689.8 h,低值出现在 2018 年为 542.9 h(图 5.7b)。秋、冬生长季平均日照时数为 611.9 h。5 a 滑动平均曲线来看,趋势变化和时段与年际变化和春、秋生长季变化相似,存在一定的周期性,大致为"多—少—多—少"的变化趋势,但 1986—1991 年减少幅度明显高于年际变化和春、夏生长季变化(图 5.7c)。

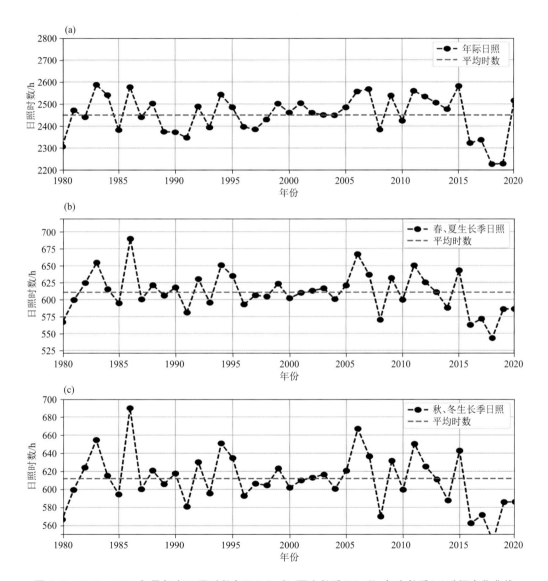

图 5.7　1980—2020 年昌都市日照时数年际(a),春、夏生长季(b),秋、冬生长季(c)时间变化曲线

(2)昌都市日照时数突变诊断分析

研究区内年际日照时数的 M-K 检验的 UF 和 UB 曲线在 1981 年、1997 年、2017 年和 2019 年相交于信度区间内,上述年份突变点并不显著(图 5.8a),但 T 检验突变点出现在 1994—1997 年和 2002—2005 年期间可能存在突变,分别通过 0.05 显著性水平检验(图 5.8b)。春、夏生长季日照时数 M-K 突变点出现在 1980 年和 2015 年,突变年份并不显著,但滑动 T 检验突变无突变年份。秋、冬生长季日照时数 M-K 检验在 1979 年和 1993 年出现了突变,但滑动 T 检验突变点出现在 1997 年,通过了 0.05 显著性水平检验。综上得出年际,春、夏生长季,秋、冬生长季日照时数经 M-K 检验和滑动 T 检验未有共同突变年份,综合考虑不认为昌都地区日照时数存在显著的突变特征,但年际,春、夏生长季,秋、冬生长季日照时数在 1980 年和 1997 年可能存在突变。

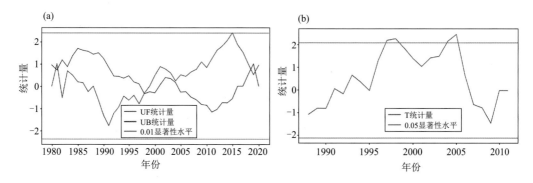

图 5.8　1980—2021 年昌都市年际平均日照时数突变 M-K 检验(a)和滑动 T 检验(b)

5.1.4　光温生产潜力和气候生产潜力

耕地和农业气候资源是决定区域农业发展的两个基本条件,农田生产潜力不仅取决于农业气候条件,而且也依赖于农田的数量、质量和种植结构。对农业生产而言,气候变化通过改变农作物生长发育进程中光照、热量,以及光热和水分的匹配状况影响其生产力。

农业是受气候变化影响最直接的产业之一,温度、降水和辐射等气候因子的变化深刻影响了作物生产与粮食安全。农业气候生产潜力是评价粮食综合生产能力的重要指标之一,也是评价农业气候资源优劣的判据之一,它的大小由光、温、水的数量及相互配合协调的程度所决定。因而,在全球变暖的背景下,开展气候资源变化对作物生产潜力的影响研究,将为农业适应气候变化,确保粮食安全提供科学依据。

5.1.4.1　光温生产潜力

(1)光合生产潜力

光合生产潜力 P_0(kg/hm^2)是指假定作物的生长因子(温度、水分、土壤肥力、农业技术措施)都处于最适宜状态下,其产量不受其他自然条件的限制,仅由太

阳辐射能量决定,通过光合作用所能达到的最高产量,光合生产潜力计算方式为:

$$P_0 = A \cdot F \cdot Q \cdot 10^5 / C \qquad (5.1)$$

式中:P_0 为光合生产潜力(kg/hm²);A 为经济系数,多数作物的 A 值介于 0.3~0.5,本书取 0.4;F 为作物生长期理论最大光能利用率,本书采用黄秉维(1986)修正后的数值 2.93%;C 为能量转换系数,即 1 g 干物质结合的化学能,其取值为 17.81 kJ/g;Q 为太阳辐射总量(格桑曲珍,2014)。将上述各参数代入式(5.1)中,可计算出农作物主要作物的光合生产潜力值。

(2)光温生产潜力

光温生产潜力又称为热量生产潜力,是指作物群体在其他自然条件(包括水分、土壤肥力、农业技术措施等)处于最适宜的状态下,由太阳辐射和温度因子所决定的作物产量上限。光温生产潜力一般是通过对光合生产潜力进行温度订正而得到:

$$P_1 = P_0 \cdot f(T) \qquad (5.2)$$

式中:P_1 为光温生产潜力;P_0 为光合生产潜力;$f(T)$ 为温度订正系数。由于喜温作物和喜凉作物对温度的要求是不同的,因此采用不同的温度订正函数来计算温度订正系数,本节分析对象属喜凉作物,所以采用以下温度订正函数:

$$f(T) = \begin{cases} 0 & T \leqslant 0 \\ \dfrac{T}{20} & 0 < T \leqslant 20 \\ 1 & T > 20 \end{cases} \qquad (5.3)$$

式中:T 为实际温度(格桑曲珍,2014)。

由式(5.2)计算得到昌都市各县年光温生产潜力为 6905~12 184 kg/hm²(表 5.1),昌都北部和东南部县(区)年光温生产潜力在 8300 kg/hm² 以下,其中西北和东南部县(区)一带,受光、温条件的影响为最低值区不到 8500 kg/hm²,三江流域及中部卡若一带为 10 000 kg/hm² 以上,尤其是察雅、卡若、八宿是昌都光温生产潜力的高值区,在 11 000 kg/hm² 以上,其中八宿最大,16 471 kg/hm²;热量条件较好的东南部地区,受光照条件的限制,光温生产潜力为 7000~8000 kg/hm²。

表 5.1 昌都市各县光温生产潜力(单位:kg/hm²)

站名	1月	2月	3月	4月	5月	6月	7月	8月	9月	10月	11月	12月	全年
卡若	0	107	541	1023	1742	2051	2149	1984	1492	869	226	0	12 184
丁青	0	0	5	468	1126	1490	1672	1468	1112	497	0	0	7838

站名	1月	2月	3月	4月	5月	6月	7月	8月	9月	10月	11月	12月	全年
类乌齐	0	0	0	378	977	1365	1502	1334	941	408	0	0	6905
洛隆	0	0	263	718	1434	1859	1917	1761	1416	759	94	0	10 221
八宿	60	334	853	1403	2269	2715	2525	2354	1997	1335	518	108	16 471
左贡	0	0	127	582	1245	1696	1523	1395	1120	608	0	0	8296
芒康	0	0	26	495	1174	1567	1430	1362	1109	600	0	0	7763

5.1.4.2 气候生产潜力

气候生产潜力又称为光温水生产潜力或降水生产潜力,是指在作物的养分供应处于最佳状态时,由太阳辐射、温度、水分等主要气候要素所决定的作物生产潜力。气候生产潜力是在光温生产潜力的基础上进行水分订正,其计算公式:

$$P_2 = P_1 \cdot f(w) \tag{5.4}$$

式中:P_2 为气候生产潜力;P_1 光温生产潜力;$f(w)$ 水分订正系数。

本书参考其他学者提出的水分订正方法后,采用作物生育期的需水量与同期有效降水量之比对光温生产潜力进行订正,一般情况下,实际降水量会小于或等于作物需水量。

$$f(w) = \begin{cases} \dfrac{P}{ET_e} & 0 \leqslant P < ET_e \\ 1 & P > ET_e \end{cases} \tag{5.5}$$

式中:ET_e 为作物全生育期有效降水量(mm),P 为全生育期内总需水量(mm)(王钧 等 2022)。

从表 5.2 中可知,昌都气候生产潜力为 12 016～20 474 kg/hm²,分布呈自北向南递减的趋势。高值区在中北部县区达 14 000 kg/hm² 以上,其中丁青、洛隆达 20 000 kg/hm² 以上,低值区在昌都东南及南部芒康、左贡一带,气候生产潜力不足 8000 kg/hm²。

表 5.2 昌都市各县代表站气候生产潜力(单位:kg/hm²)

站名	1月	2月	3月	4月	5月	6月	7月	8月	9月	10月	11月	12月	全年
卡若	0	32	67	1225	3705	3105	3384	2196	439	142	18	0	14 313
丁青	0	0	40	1795	3217	1781	1798	7951	2164	1728	0	0	20 474
类乌齐	0	0	0	206	2765	6499	1427	803	191	125	0	0	12 016
洛隆	0	0	258	776	11535	539	5956	2999	697	537	38	0	23 335

站名	1月	2月	3月	4月	5月	6月	7月	8月	9月	10月	11月	12月	全年
八宿	42	62	376	1396	1566	2689	8377	446	162	502	147	11	15 776
左贡	0	0	79	171	184	1202	2485	1207	1878	462	0	0	7668
芒康	0	0	60	199	590	1327	1556	446	584	124	0	0	4886

5.1.5 青稞与气候

青稞是青藏高原地区特有的大麦属作物,无论是作为高原地区世居人口的口粮作物,还是作为牛羊等的牲畜的饲料来源,青稞在高原人民生活当中扮演着不可缺少的角色。青稞的播种面积大,适应范围广,种植上限高。从总体上来看,青稞主要的种植区间为海拔 2500～4500 m 的区域。由于各县(区)的地形、温度、水分、光照、耕地的分布范围以及灌溉条件存在差异性,因此在同一海拔上不同分区的青稞种植规模存在差异(马伟东,2019)。从芒康一带湿润、半湿润区域到北部半干旱、干旱地区均有种植。

青稞具有较强的耐寒、耐旱性,抗逆性强,适应高原气候条件。青稞播种面积大,昌都市牧区、半农半牧区多有分布,除了卡若区、边坝县、类乌齐县、丁青县和江达县之外,其余各县青稞基本一年两熟制。海拔 2400～3000 m 的三江流域河谷地带,气候属温暖半湿润型,是昌都市冬青稞主产区;而丁青县、芒康县、洛隆县、卡若区等海拔 2700～4100 m 的地方属暖温干旱气候,是昌都市主要春青稞主产区。

5.1.5.1 光照条件

青稞是黄铜类化合物植物,属长日照作物。1980—2021 年内昌都市青稞春、夏生长季节内日照时数稍微有减少趋势,尤其近 10 a 减少趋势较明显,主要原因为藏东地区连阴雨天气较多,日照时数减少,春、夏生长季平均日照时数为 610.2 h。青稞在生育期间内日照时数需求为 1174～1283 h,占全年日照时数的 50% 左右。昌都市气候凉爽,能满足青稞生长发育的日照条件(表 5.3)。青稞生长过程中光照对其影响较大,直接影响着青稞产量和品质。光照还能促进青稞的光合作用,提高光合效率,增加青稞的摄取和转化效率。青稞在抽穗至成熟期,叶片含氮量变化较慢,长时间持续为绿色,特别是在灌浆初期,群体内绿色叶量大,群体深层光强度始终在光补偿点以上,叶片光合效率维持在较高水平上,直接提高了整个作物群体的干物质生产力。

表 5.3　昌都市各县多年平均日照时数统计(单位:h)

县(区)	卡若	丁青	类乌齐	洛隆	左贡	芒康	八宿
日照时数	2450.4	2512.7	2252.4	2576.6	2246.8	2661.0	2747.8

5.1.5.2　热量条件

青稞播种到出苗期间温度需求在 0 ℃以上,温度过低影响青稞出苗生长;出苗到拔节的温度应在 3 ℃以上,幼苗期青稞可抵抗−10～−5 ℃的低温;拔节到抽穗期的温度应在 5 ℃以上,拔节期前后可抵抗−7 ℃左右的低温;抽穗期前后可抵抗−4 ℃的低温,抽穗到成熟期需 7 ℃以上温度,最好是 9 ℃左右,能抵抗−2 ℃以上的低温,低于−2 ℃则会迫使籽粒停止灌浆充实。全生育期所需≥0 ℃积温不能低于 900 ℃·d,积温 1000 ℃·d 以上为宜。昌都市大多数地区青稞生育的各阶段所需温度条件以及全生育期所需≥0 ℃积温基本都能得到满足,其中察雅、左贡、芒康、洛隆、八宿、贡觉等县在海拔较低地区还可种植冬青稞。

(1)播种至出苗期

青稞播种期日平均气温稳定通过 0 ℃以上,青稞种子有利于萌发,而日平均气温稳定在 3～5 ℃期间播种,干粒重最高。因此,在水利灌溉条件好的县(区),日平均气温大于 3 ℃时开始播种,海拔 3500 m 左右可以适当提前;在水利条件差的地方,为了使青稞需水关键期正处于雨季,可适当晚播,海拔 3500～4000 m 县(区)4月中旬至 5 月上旬前,3600～3800 m 县(区)4 月下旬前播完较好。相对于水分条件较好的情况下卡若、八宿、察雅、洛隆等县(区)部分低海拔乡镇播种期可以适当提前,最适播种期为 3 月中、下旬期间,其余各县乡镇最适合播种期为 4 月中旬前后。气候条件稳定的情况下,适时早播可以增加作物产量,抑制杂草,减少病害的发生(刘国一 等,2014)。

(2)分蘖至拔节期

适期播种的青稞,生长锥伸长以后开始分蘖,分蘖与幼穗分化同时进行。在分蘖至拔节期,较低的温度对穗分化有利,根据研究(杜军 等,2001),春青稞的分蘖成穗数,随分穗期间温度的上升而下降,它们之间呈极显著的负相关,同时有效分穗数与分穗至拔节期间持续的日数呈明显的正相关。因此,在分蘖期间具有相对较低的温度和从分蘖至拔节持续较长的日数都有利于分蘖成穗。西藏主要青稞产区,春季温度回升缓慢,青稞在较低的温度条件下,有充分时间进行穗分化、加上光照、降水的配合,有利于形成大穗,一般青穗粒数在 30 粒以上。

(3)抽穗至成熟期

抽穗至成熟期日平均气温在 14～15 ℃较为适宜,低于 12 ℃,千粒重显著下降,导致低产西藏青稞抽穗后地上部分干物质增长时间可达 45 d 左右。因此,在此段内温度条件对粒重高低有着特殊的作用。青稞从开花到成熟要经过一系列形态、生理的变化过程,首先是籽粒的形成,据试验观测,从开花受精到大半仁,一般要延续 8～15 d,是籽粒的胚、胚乳和皮层的形成阶段,此阶段籽粒体积增加较快,但干物质积累比较缓慢。籽粒由大半仁到满仁,籽粒内干物质积累迅速增加,籽粒灌浆处于最旺盛阶段,青稞先后经历 25～30 d,高温、干旱、霜冻等对千粒重的影响较大。3800 m 以上高寒农区青籽粒灌浆期间如果最低气温下降到 2 ℃以下,青稞将因受冻而停止灌浆进程,严重影响产量。

5.1.5.3 水分条件

青稞是我国青藏高原重要的粮食农作物,其品质很大程度上受降水、温度等气候条件的影响。虽然青稞生育期短,抗旱力强,但青稞在幼苗期到成熟期阶段必须有一定的水分供应条件。幼苗到抽穗期间是青稞需水的关键时期,青稞耗水强度最大。青稞孕穗后期如果水分不足,会增加小花退化,减少粒数,降低干粒重,对产量有很大影响。

青稞生育期间,短期的气候干旱,水分不足,日照强烈,蒸发量大将影响青稞的生长发育,从而降低青稞产量。受气候条件的约束,必须每年进行适当的人为灌水,才能促进青稞发育和生长。

昌都市主要青稞播种区域受地理和气候条件影响,以三江流域为主播种青稞。昌都市年降水量为 247.7～644.1 mm,其中降水量最大的是丁青为 644.1 mm,降水量最小的是八宿为 247.7 mm,其中类乌齐、芒康年降水量在 500 mm 以上,属半湿润、半干旱气候。昌都地区整体青稞播种在 4 月中旬前后,在 6 月上中旬拔节、抽穗,此时正值雨季开始,对生长有利。抽穗至成熟期生长量大,亦正值降水最集中的季节。同时雨季期间午后至夜间降水较多,降水强度小,可使水分缓慢渗透,提高降水的有效性。白天光照充足,温度适宜,对青稞抽穗开花和灌浆十分有利。而青稞成熟期,雨水较多,不利于收割、打场。

(1)拔节至孕穗期

拔节至孕穗期是青稞生长的第二个重要阶段,青稞植株生长速度会加快,同时耗水量也会急剧增加,这段时间需及时浇水,确保不能因水分偏少而影响青稞生长发育。昌都各县拔节至孕穗期的降水特征(表 5.4)表明,昌都市各县青稞拔节至孕穗期平均降水量为 21.7～44.6 mm,占全生育期降水总量的 10%～20%,其中青稞拔节至孕穗期间最大降水量出现在丁青为 44.6 mm,最小降水量出现在八宿为 21.7 mm。左贡、芒康、八宿一带占全生育降水总量为 10%～12%,拔节至孕穗期可以适当的提高人为灌水次数,有利于青稞生长和发育。

表 5.4　昌都市各县(区)拔节至孕穗期平均降水量特征表

县(区)	卡若	丁青	类乌齐	洛隆	左贡	芒康	八宿
拔节至孕穗期降水量/mm	32.3	44.6	41.4	34.0	22.9	27.2	21.7
占全生育期降水量总比/%	14	20	15	19	10	12	10

青稞拔节至孕穗期降水偏多或偏少都会对青稞的生长和产量产生不利影响。如果降水偏多,可能会导致青稞徒长,茎秆细弱,容易倒伏和感染病虫害,从而影响青稞的产量和质量。此外,过多的降水还可能导致田间的湿度增加,有利于病原菌的繁殖和扩散,进一步加重病虫害的危害。如果降水偏少,可能会导致青稞缺水,影响其正常生长和发育。干旱还可能导致青稞叶片枯黄、茎秆细弱,最终导致减产甚至绝收。此外,干旱还可能使土壤变硬,影响青稞根系的生长和吸收能力,进一步影响青稞的生长和产量。因此,在青稞的生长过程中,需要保持适宜的降水量,以确保青稞的正常生长和发育。如果遇到异常天气情况,需要及时采取措施,如排水或灌溉等,以避免对青稞造成不利影响。

(2)抽穗至乳熟期

青稞抽穗至乳熟期是青稞生长周期中最重要的阶段之一,也是决定青稞产量和质量的关键时期。在这个阶段,青稞开始从营养生长向生殖生长转变,逐渐开花、受精和结粒。在这个阶段,青稞需要充足的阳光、水分和养分,以促进正常的生长和发育。如果天气条件不利,如干旱、阴雨天气或温度不适宜,可能会导致青稞发育不良或产量下降。为了确保青稞的正常生长和发育,需要在抽穗至乳熟期进行精心的田间管理和施肥。田间管理包括清除杂草、松土、灌溉等措施,以促进青稞的生长和发育。施肥方面,需要根据青稞的生长需求和土壤肥力状况,合理施用氮、磷、钾等肥料,以提供充足的养分,促进青稞的生长和发育。

总之,青稞抽穗至乳熟期是青稞生长周期中非常重要的阶段,需要加强田间管理和施肥,以确保青稞的正常生长和发育,提高产量和质量。

青稞抽穗至乳熟期间的昌都市各县(区)降水特征(表 5.5)表明,6 月下旬至 7 月中旬青稞相继进入抽穗至乳熟期,正值各地雨季,昌都市平均降水量为 43.4～128.2 mm,占全生育期降水总量的 7%～20%。同时,雨季期间多夜雨,白天光照较充足,温度适宜,有利于青稞开花授粉和籽粒灌浆。青稞抽穗至乳熟期是青稞生长的重要阶段,此时降水偏多或偏少都会对青稞的生长和发育产生不利影响。如芒康、丁青、类乌齐等县有降水偏多的可能,可能会导致田间湿度过大,引起青稞病害和倒伏,进而影响青稞的产量和质量。此外,过量的降水可能会冲刷掉土壤中的养分,导致青稞缺乏必要的营养元素,生长受阻。如八宿、左贡等县有降水偏少的可能,可能会导致青稞缺水,影响正常的生长和发育。特别是在高温干燥的条件下,青稞容易受到干旱的威胁,叶片枯黄、萎缩,甚至整株死亡。此外,缺乏水分也可能导致青稞抗病能力下降,容易感染病害。因此,在青稞抽穗至乳熟期,需要保持适宜的田间湿度和土壤水分含量,以确保青稞的正常生长和发育。在降水偏多或偏少的情况下,需要及时采取措施,如排水或灌溉等,以调节田间环境,促进青稞的健康生长。

表 5.5 昌都市各县(区)抽穗至孕熟期平均降水量特征

县(区)	卡若	丁青	类乌齐	洛隆	左贡	芒康	八宿
抽穗至乳熟期降水量/mm	93.7	127.6	90.3	72.1	96.9	128.2	43.4
占全生育期降水量总比/%	14	19	14	11	15	20	7

5.1.6 小麦与气候

西藏小麦广泛分布在于西藏雅隆藏布流域、澜沧江、怒江、金沙江等江河流域,西藏小麦具有抗穗发芽和抗鸟兽害等特征(邵启全 等,1980)。受气候条件的影响,昌都也是西藏地区播种小麦面积较广的城市之一,而且小麦生长发育需要具备较好的温度和日照条件。昌都小麦主要分布在三江流域,有春小麦和冬小麦,春小麦主要播种在昌都市卡若、芒康、丁青、察雅等县(区),冬小麦主要播种在昌都市芒康、江达、八宿、洛隆、察雅等县。

气候变化对小麦的影响因素较多。气候变化导致气温上升,这使得小麦生长周期缩短,产量下降。因为温度升高会影响小麦的叶片生长和气孔开闭,降低其光合作用效率,使其难以充分利用阳光和二氧化碳。其次,气候变化也影响小麦的品质。降雨不足会导致小麦生长缓慢,甚至死亡,这会严重影响小麦的品质和产量。另外,在某些地区,气候变化可能导致极端天气事件,如洪水和干旱,这些极端天气事件也会对小麦的生长和品质产生不利影响。然而,气候变化对小麦的影响因地区而异。气候变化可能会带来增产效应。例如,在中国的南方和北方,升温对小麦的影响就不同。在西北春小麦生产区,升温带来了显著的负面效应;而在水分充足、温度却相对较低的华东地区,如安徽、江苏等地,升温则带来了增产效应。此外,人为采取的措施也可以减轻气候变化对小麦的影响。例如,2021 年秋汛之后,庞大而完善的农技推广、植保体系随之而动,全国农业科研工作者深入田间地头,现场指导减灾保粮技术。这些措施保障了小麦的生产。

5.1.6.1 光照条件

冬小麦是一种禾本科小麦属的植物,属于粮食作物,在昌都市广泛种植。它具有耐寒、早熟的优良特性,即使在低温条件下也可以正常生长,因此适合在寒冷地区种植。冬小麦的种子具有高糖高蛋白的营养价值,是人类主要的食物作物之一。冬小麦是黄铜类化合物作物,对光照条件要求较高。昌都市全年日照时数为 2186.4～2767.0 h。1980—2021 年冬小麦生长季年平均日照时数为 611.89 h;趋势变化和时段跟年际日照时数存在一定的周期性,大致为"多—少—多—少"的变化趋势,但1986—1991 年日照时数减少趋势明显高于年际和春、夏日照时数。昌都市除东南部阴雨天多,日照时数较少以外,其余地方基本满足冬小麦生育的光照条件。冬小麦各生育阶段对太阳辐射的要求不同,太阳辐射强弱对作物的生长发育影响也不一样。就整个生育期来说,麦类作物前期光饱和点较低,不太强的太阳辐射即可满足光合作用的要求,辐射强度大小对作物影响不大;中后期光饱和点升高,直至群体光饱和点消失,这时太阳辐射的强弱,明显影响光合作用的大小。

日照时数对小麦生长发育的影响较大,众多研究表明,在灌浆期 8 周内的第 3～6 周或第 4～7 周,光辐射强度与子粒含氮量呈负相关。而当光照不足时,光合速率降低,光合产量下降,以致子粒中碳水化合物积累减少,子粒灌浆不充分,但子粒中氮积累增加,致使蛋白质含量也增加。同时,长日照处理的小麦蛋白质含量明显高于短日照处理,说明长日照对小麦子粒蛋白质形成和积累是有利的。小麦是长日照作物,日照时数对其生长有很大影响。日照时间越长,小麦生长得越快。如果日照时间过短,小麦生长缓慢,可能会造成减产。小麦开花需要一定的日照时间,如果日照时间过短,可能会影响小麦的开花时间,进而影响产量。

小麦在抽穗之前,西藏大多数地区雨季尚未来临,光照充足,辐射强,足以满足其生长发育的需要。抽穗至成熟阶段正处于雨季中的 6 月至 9 月,多夜雨,白天天气晴朗、加之空气稀薄、透明度好等原因,太阳辐射相对较高。高原地区不仅太阳辐射强,日照时间也长。西藏主要农区麦类作物所具有的光饱和点高,光补偿点低的特点,十分有利于麦类作物光合作用及功能期的延长,降低呼吸消耗,增加结实率和干物质积累,形成高产(林日暖 等,2001)

5.1.6.2 热量条件

冬小麦是喜凉作物,耐寒性较强,所需的热量条件较低。冬小麦全生育期日平均气温为 0.8～3.3 ℃,最高日平均气温为 6.3～8.9 ℃,最低日平均气温为 −7.4～−3.2 ℃,冬小麦生育期气温不是一个很大的问题,基本能满足冬小麦生育期的热量条件。冬小麦是昌都市主要农作物之一。比起内地其他地区,西藏冬小麦的特点是"粒大、粒重"。这是因为西藏由于海拔高,日照时间长,太阳辐射强,昼夜温差大,农作物生长期长,使得作物单产高。然而,冬小麦在降水量较多的年份里易发生小麦锈病,所以西藏某些年份在小麦生长期低温和雨水偏多的天气影响冬小麦的生长,从而使该地冬小麦产量不稳定。

(1)播种期

播种期是冬小麦全发育过程中最为重要的阶段,根据当地气候和环境特征选择适时播种期十分重要。西藏冬小麦适宜播种期主要集中在 9—10 月,沿雅江一线和藏东三江流域的河谷农区稍早些,拉萨和昌都某些地方在 9 月中旬开始播种,西藏东南地方在 10 月播种。

研究表明播种期不适宜,不仅不能有效地利用有利的气候资源,反而易遭受不利气候的危害。秋季气温平稳下降,适宜播种期时间较长;春季气温回升暖慢,有利于冬小麦春季分蘖和穗分化。若播种过早,冬前生长过旺,幼苗抗寒、抗旱能力差,越冬死苗严重,若播种过晚,气温低,出苗时间长,种子易霉烂,出苗率低,幼苗细弱根系不发达,亦不利于越冬。

昌都冬小麦播种期主要集中在 9 月下旬至 10 月上旬,冬小麦播种期平均温度在 6.8~14.1 ℃,昌都市北部和东南县区播种期平均温度 6~7 ℃,中东部县区播种期温度 11~12 ℃。昌都市三江流域及卡若、江达东南部、贡觉东部、八宿中南部、察雅、洛隆等地方可以适当的提前播种(9 月中旬前后),其余县可以适时延后播种。

(2)越冬期

冬小麦虽然具有较强的耐寒性特点,能否安全越冬与抗寒锻炼阶段的长短和越冬期间的低温状况有关。一般冬小麦越冬前主要分为两个阶段,第一阶段为日平均由 5 ℃降到 0 ℃为抗寒锻炼阶段,此时幼苗逐渐停止生长进入休眠,光合产物转入叶鞘分蘖节贮藏;第二阶段由日平均气温 0 ℃下降到 -5 ℃,此期间细胞脱水原生质凝缩。经过充分锻炼,入冬的麦苗地上部分能抗 -25 ℃的低温,地下部分分蘖节可抗 -18 ℃的低温。冬前气温稳定下降,并有充足的光照,有利于冬小麦的冬前炼苗。

昌都海拔 2500~3700 m 的芒康、卡若、察雅、洛隆、江达是冬小麦的集中产地,冬前幼苗生长期间日平均气温由 5 ℃下降到 0 ℃的时间长,一般达 25~30 d,最长达可 40 d。在此期间昌都雨季已基本结束,光照充足,温度适宜,有利于冬小麦冬前锻炼积累较多的糖类物质,对提高抗寒性非常有利。

昌都市各县(区)冬小麦越冬期最冷月平均气温为 -6.8~1.8 ℃,极端最低气温为 -26.7~-8.7 ℃,昌都干热河谷一带的察雅、八宿至怒江中游一带最冷月平均和极端最低气温较高,藏东北部和东南地方温度较低(表 5.6)。昌都市温度大致和西藏其他地方冬小麦区越冬期间的温度条件相近。由以上分析可以看出,冬小麦安全越冬,气温不是一个很大的限制因素。但昌都市地处高原,小麦的越冬期长,河谷农区 11 月至次年 2 月大风日数较多,特别是昌都海拔较高的地区,大风对小麦越冬是很不利的。而且冬季的气温日较差大,白天气温高,夜间气温低,小麦越冬状态不稳定,加上冬季降水极少,无稳定积雪覆盖,蒸发量大,造成空气干燥和土壤干旱,麦苗易受干旱和冻害而死亡。

表 5.6　昌都市各县区冬小麦越冬期气候条件

县(区)	卡若	丁青	类乌齐	洛隆	左贡	芒康	八宿	察雅	江达	贡觉	边坝
最冷月平均气温/℃	-2.0	-6.3	-6.8	-3.7	-4.9	-5.2	1.0	1.8	-4.1	-3.4	-4.1
平均最低气温/℃	-7.8	-9.6	-12.5	-5.7	-10.3	-10.9	-3.5	-3.1	-10.1	-9.1	-9.7
平均极端最底气温/℃	-18.0	-22.2	-26.7	-20.7	-20.5	22.2	-13.5	-9.8	-17.9	-18.1	-17.9
11月至次年2月平均降水量/mm	3.1	6.4	6.3	4.3	2.1	2.6	1.7	4.3	3.2	2.3	4.2

(3)返青至拔节期

春季昌都市日平均气温稳步上升,除部分高海拔地区之外日平均气温上升至0 ℃以上,是冬小麦开始返青和由春化阶段进入光照阶段的界限温度标志。众多学者研究西藏冬小麦表明:日平均气温稳定上升至 3 ℃后,冬小麦开始起身、分蘖,逐步进入幼穗分化期。4~6 ℃为返青期适宜生长温度,6~8 ℃时小麦起身,幼穗进入二棱分化,10~12 ℃时拔节,进入雌雄分化期。通常认为气温低于 10 ℃有利于大穗的形成。

昌都地区日平均气温从 0 ℃到 10 ℃期间是冬小麦正处在返青至拔节期,历时60~80 d,受气候条件影响与西藏其他地区相比返青至拔节时间短 5~10 d。小麦返青期持续时间的长短影响春季分蘖数量和成穗的高低,返青期持续时间长,春季分蘖数就多,分蘖成穗率也高,反之则少。由于西藏海拔较高,冬麦区春季气温回升相对于较慢,10 ℃以下温度持续时间长,并结合日照条件,昼夜温差大的特点,有利于冬小麦春季进一步分蘖,而且有利于幼穗分化形成较多的小穗和小花,提高冬小麦的结实率。

(4)抽穗开花至灌浆成熟期

昌都市小麦开花时最适宜的温度是 12~18 ℃,不低于 9 ℃,不高于 30 ℃,温度过低或过高都会产生抑制作用。小麦开花期所需的温度是 18 ℃,所需相对湿度是70%。小麦开花期温度最好在 20~22 ℃,相对湿度 70%最佳。此外,小麦开花时要求天气晴好,1~2 级风,这样开花快、花期间隔时间短,在好天气下,一周左右全田花期就可以基本结束。如阴天、气温偏低,则开花慢且不整齐,花期时间长。小麦开花期怕高温、干旱,如果气温高于 30 ℃以上,土壤水分再供应不足,就会引起花器官生理干旱,花粉就失去授精能力而降低结实率。尤其夜间气温高会加强籽粒的呼吸作用,干物质消耗增多、气温偏低时,籽粒灌浆过程延长,有利于籽粒重的增加。

西藏主要农区抽穗至成熟这一阶段基本上处于雨季之中,月平均气温多为12～16 ℃,温度适宜并稍偏低,气温日较差为12～14 ℃,白天多处在适宜温度范围之内,光温配合好,无有害高温,光合作用较强;夜间温度较低,但一般无害于作物,昼夜光呼吸和暗呼吸消耗都较少,有利于有机物质积累,而且西藏冬小麦抽穗至成熟期的持续日数,比内地其他地区持续时间长,是西藏冬小麦千粒重高的主要原因之一。

西藏高原气温低、使得小麦灌浆积累时间长,就其主要原因主要有两个方面。一是绿色器官寿命长。绿色器官(主要是绿叶)寿命的长短,除水肥、品种等影响外,还主要受光温的制约,高温促使绿叶早衰,光会使叶片,特别是下层叶片变黄。高原强光及较低的温度,有利于延长绿叶寿命。二是高原小麦后期茎秆粗壮,抗逆性强,不易倒伏而使灌浆期延长,灌浆时间长,有利于千粒重的提高。麦类作物后期的高温逼熟,是我国东部等麦区高产稳产的大敌,主要是成熟期高温配合其他条件所造成的,表现为早死、根伤、叶黄、秆枯,光合作用及灌浆停止,籽粒不饱满,千粒重下降。西藏冬小麦抽穗至成熟阶段,日最高气温超过28 ℃的日数出现的概率较低,甚至不出现。因此,在西藏冬小麦抽穗至成熟期间白天适宜于光合作用的温度,不仅时间长,而且多集中在太阳辐射较强的午间,光温配合好,光合作用强,有机物质累积多,为高产打下了坚实的物质基础。

5.1.6.3 水分条件

冬小麦的水分条件对其生长和产量有着重要影响。一般来说,冬小麦在整个生长季节需要充足的水分来支持其生长发育和产量。在播种期,适宜的土壤水分条件有助于冬小麦的发芽和生长。如果土壤过于干燥或过于湿润,都可能会影响冬小麦的出苗和生长。因此,农民通常会根据土壤水分状况和天气情况来适当地灌溉或排水,以提供适宜的水分条件。在生长期间,冬小麦需要持续的水分供应。随着植株的生长,其对水分的需求也逐渐增加。充足的水分可以促进冬小麦的分蘖、茎叶生长和营养物质的积累。如果水分不足,可能会导致冬小麦生长缓慢、茎叶短小、分蘖减少,从而影响产量。在越冬期,虽然冬小麦的生长速度减缓,但仍然需要一定的水分来维持其生命活动。如果土壤过于干燥,可能会导致冬小麦叶片枯黄、根系死亡,从而影响其越冬存活率。在返青期,随着气温的升高,冬小麦开始恢复生长。充足的水分可以促进冬小麦的返青和分蘖,提高其抗逆能力。

总之,冬小麦的水分条件对其生长和产量有着重要影响。在种植过程中,农民和技术人员需要注意合理灌溉、排水和土壤管理等措施,以提供适宜的水分条件,促进冬小麦的生长和产量。

昌都冬小麦生长季平均日降水量为2.08～5.23 mm,占全年降水量的10%左右,其中丁青县、类乌齐县、洛隆县、卡若区等冬季降水量比其他县偏多。冬小麦需水量的大小及其变化规律,主要取决于小麦生育规律以及气象条件和土壤性质等,这些因素对小麦的耗水量有错综复杂的影响。研究表明,冬小麦的耗水量随其生长发育而异,全生育期形成3个耗水高峰期,即冬前分蘖期、拔节抽穗期和开花乳熟期,特别是拔节至乳熟期耗水最多,约占全生育期耗水量的70%。西藏冬小麦返青到拔节期的日平均耗水量为2.3~2.4 mm;拔节到抽穗期的日平均耗水量在7 mm左右利于形成较多的小穗,同时减少不孕小穗数,从而获得较多的穗粒数,抽穗到成熟期的日平均耗水量1.6 mm左右已能形成较高的千粒重。不能因冬小麦抽穗后处于雨季之中而放松适时灌水,以避免出现因降水量少而不能满足作物生长需要的状况,保证干物质的积累得以正常进行达到大粒饱满的目的。

(1)拔节至孕穗期的降水特征

昌都市冬小麦拔节至孕穗期主要集中在2月中旬至3月上旬,表5.7给出了昌都不同县(区)的气候区冬小麦拔节—孕穗期降水特征。从表中可知,昌都市农区冬小麦拔节至孕穗期降水量为4.8~12.2 mm,占平均全生育期降水总量的8.5%~21.7%,而且此时还未进入雨季,土壤水分蒸散量较大,农作所需要的降水较大,水分供需不足,缺水严重,对冬小麦生长较为不利。

表5.7　昌都市各县(区)冬小麦拔节至孕穗期平均降水量特征

县(区)	卡若	丁青	类乌齐	洛隆	左贡	芒康	八宿
拔节至孕穗期降水量/mm	7.2	12.2	8.5	10.6	4.8	8.2	4.8
占全生育期降水量总比/%	12.8	21.7	15.1	18.8	8.5	14.6	8.5

(2)抽穗至乳熟期的降水特征

表5.8列出了昌都市不同县(区)农业气候区冬小麦抽穗至乳熟期的降水特征。从表中可知,此时各地刚进入雨季,降水偏多,部分农区常因雨季推迟或少雨发生缺水。据研究表明,抽穗期作物需水量(118.0 mm)较高,降水量偏少于农作物所需降水量,不能满足冬小麦生长发育的水分条件,影响了冬小麦的开花授粉,减缓了籽粒灌浆速度,灌浆时间缩短,致使籽粒不饱满,千粒重下降。抽穗至乳熟期昌都市平均降水量为22.8~44.5 mm,最大降水出现在丁青为58.7 mm,最小降水出现在八宿为1.2 mm。

表5.8　昌都市各县(区)冬小麦抽穗至乳熟期平均降水量特征

县(区)	卡若	丁青	类乌齐	洛隆	左贡	芒康	八宿
拔节至孕熟期平均降水量/mm	32.3	44.5	41.4	34.1	22.9	27.2	22.8
最大降水/mm	33.0	58.7	51.8	40.1	28.1	33.2	21.6
最小降水/mm	3.7	3.4	2.5	2.1	1.3	1.5	1.2

冬小麦抽穗至孕熟期降水偏多或偏少都会对小麦的生长发育和产量产生不利影响。如果降水偏多,会导致小麦倒伏、病害滋生、授粉不良等问题。过多的雨水会增加土壤湿度,使得小麦植株生长过快,根系发育不良,抗倒伏能力减弱,容易发生倒伏现象。同时,高湿度环境有利于病菌繁殖和传播,容易引发锈病、赤霉病等病害,对小麦的生长发育和产量造成不利影响。此外,雨水过多还可能导致花粉被冲走或花粉粒吸水膨胀而不能正常授粉,影响小麦的结实率和粒重。如果降水偏少,则会造成土壤干旱,影响小麦的生长发育和产量。缺水会导致小麦植株生长受阻,叶片枯黄,结实不良,粒重下降。同时,干旱还可能导致病虫害的发生,如蚜虫、红蜘蛛等,对小麦的生长发育和产量造成不利影响。在抽穗至开花期,干旱还会导致小麦开花时间推迟,影响开花质量,降低结实率和粒重。

在冬小麦抽穗至孕熟期,需要保持适宜的土壤湿度和良好的光照条件,以促进小麦的正常生长发育和产量的提高。同时,需要注意防治病虫害,加强田间管理,确保小麦的健康生长。

(3)全生育期的降水特征

昌都市冬小麦全生育期平均降水量为 103.97 mm。从表 5.9 中可见,各站冬小麦全生育期平均降水量为 19.8~51.8 mm,占全年的平均降水量的 8%~19%,主要降水特征北多南少,其中丁青、类乌齐一带降水量较多,东南芒康、八宿、左贡一带降水量偏少。1980—1997 年年降水量呈上升趋势,1997—2021 年年降水量趋于下降;1983 年秋、冬生长季降水最少,仅有 3.66 mm,1998 年降水量最高为 16.11 mm。

表 5.9 昌都市各县(区)冬小麦全生育平均降水量特征

县(区)	卡若	丁青	类乌齐	洛隆	左贡	芒康	八宿
全生育期平均降水量/mm	38.5	51.8	44.1	33.2	35.2	46.3	19.8
占全年平均降水量总比/%	14	19	17	12	13	17	8

5.2 林业与气候

昌都市的森林资源是中国西南地区森林资源的主要组成部分,由于地形起伏大及水热条件各异,所以植物种类繁多,不仅树种多,材质好,木材蓄积量大,而且均为原生林。主要植被特征表现为垂直、坡向和区域变化。深切河谷植被以旱生有刺灌丛为主体;山地森林植被以针叶林为代表;高山植被多以中生性植物组成的灌丛草甸为主;阴坡以云杉林为主,阳坡以圆柏林为主;高山灌丛草甸带,灌丛主要分布在阴坡,而草甸主要分布在阳坡。

根据昌都市林业和草原局提供的 2012 年调查资料,昌都市暗针叶林主要有云杉、冷杉、高山松、油松、大果红松、鳞皮杉等。针阔混交林主要树种有青杠、山杨、桦木、川滇高山栎、大果园柏、槭树、核桃、云杉、高山松等。此外,还有高山柳、三棵针、锦鸡儿、杜鹃金露梅、爬地柏等灌木林。全市森林覆盖率是 34.78%,森林蓄积是 2.61 亿 m³,森林面积为 381.94 万 hm²,其中卡若区为全市森林面积占比最大,其次为左贡县,丁青县最少。

5.2.1 主要林木与气候

云冷杉、大果圆柏是昌都市分布最广泛的一种暗针叶林,最适宜分布气象条件是年平均气温为 5.9 ℃,≥10 ℃积温为 1435.4 ℃·d,最热月平均气温为 14.4 ℃,最冷月平均气温为 −3.9 ℃,年降水量为 248.0～642.6 mm,年日照时数为 2454.8 h。

高山栎,分布在左贡县、芒康县、贡觉县东部、江达县和边坝县,是菌中之王"松茸"的伴生树种,具有较高的经济价值,一般分布在海拔 3500～4300 m,最适宜生长在年平均气温为 5.5 ℃,≥10 ℃积温为 1636.9 ℃·d,最热月平均气温为 13.6 ℃,最冷月平均气温为 −4.5 ℃,年降水量为 510.7 mm,年日照时数为 2596.4 h 的地方。

落叶松,主要分布在左贡县、芒康县一带的一种针叶林,属乔木,木材蓄积丰富,木材重而坚实,抗压及抗弯曲的强度大,而且耐腐朽,木材工艺价值高,是枕木、桥梁、矿柱、建筑等优良用材。最适宜分布在年平均气温为 4.6 ℃,≥10 ℃积温为 961.1 ℃·d,最热月平均气温为 12.7 ℃,最冷月平均气温为 −5.0 ℃,年降水量为 514.9 mm,年均日照时数为 2396.4 h 的地方。

云南松,是仅分布在芒康县的一种针叶林,主要在红拉山以南海拔 3000～4300 m 的地方,最适宜的气象条件:年平均气温为 4.1 ℃,≥10 ℃积温在 86.2 ℃·d,最热月平均气温为 12.1 ℃,最冷月平均气温为 −5.2 ℃,年降水量为 583.8 mm,年日照时数为 2596.4 h,无霜期为 182.1 d。

5.2.2 经济林木与气候

受青藏高原大地形的作用及境内地形地势差异的影响,昌都市境内气候的水平和垂直分布都十分复杂,既有温带、寒温带气候类型区,又有亚热带干热河谷气候区,因此经济林木品种较多,是全区主要果树资源的主要产区之一,昌都市境内主要果树有核桃、苹果、葡萄、梨、杏、李、柑桔、石榴、花椒、桃等。根据 2012 年调查资料,全市总林地面积 3 625 660.869 hm²,其中经济林木面积 1988.134 hm²,占总林地面积的 0.0548%。

5.2.2.1 核桃

核桃又名胡桃,藏语"达嘎",属落叶乔木,是昌都市分布最广的一种经济林树种,主要集中在左贡县、芒康县、察雅县、洛隆县、八宿县等地的怒江、澜沧江、金沙江流域及其支流的干热河谷农区,也是西藏核桃的主产区之一。核桃的出仁率达40%~53%,出油率一般为 65%。核桃的经济价值很高,不但有食用价值,而且药用、营养价值也很高,既可以生食、炒食,也可以榨油、配制糕点、糖果等;不仅味美,还被誉为"万岁子""长寿果",它可以顺气补血、温肠补肾、止咳润肤,是常用的补药。其木材、树皮、树叶、果壳等均有用途,核桃的木材质地坚硬、纹理细致、伸缩性小、抗击力强、不翘裂、不遭虫蛀、光泽美观,可加工高档家具及高级胶合板。

核桃喜温、喜光,对水分要求较严。昌都市年平均气温在 6.5 ℃以上,最热月平均气温为 14.9 ℃,最冷月平均气温为 −3.2 ℃,≥10 ℃积温为 1614.6 ℃·d,年降水量为 423.7 mm,无霜期为 264.5 d,日照时数大于 2493.9 h,适宜核桃树生长。

5.2.2.2 苹果

苹果是世界"四大水果"之一,是西藏果品的大宗,属落叶乔木,察雅县、八宿县、卡若区、左贡县、芒康县、江达县等地均有种植。尤其是察雅县苹果,品质特优,成熟后表面金黄,阳面透出红晕,光泽鲜亮,肉质细密松脆、汁液丰富,味道浓香,是西藏苹果类唯一获得农产品地理标志登记保护的产品。

(1)光照

苹果是喜光果树,光照对苹果产量和品质有重要影响。光照充足,树体发育健壮,花芽饱满充实,果品产量高、质量好;光照不足,花芽分化少,结果晚,果实着色差,含糖量低,果品质量差,还易加重病虫害的发生。一般年日照时数少于 1500 h,果实发育期间月平均日照时数少于 100 h,不利于红色品种着色。昌都市苹果产区年日照数多在 2400 h 以上,光照充足,紫外线丰富,为苹果优质高产提供了有利条件。但在干旱较重的年份,过强的太阳辐射往往引起日灼病,因此,光照不是昌都市发展苹果栽培的限制因子。

(2)热量

苹果喜温凉气候,适宜栽培的年平均气温为 8~14 ℃,而且要求夏、秋季昼夜温差大,性喜干燥。苹果生长期间(4—10 月)以平均气温 12~18 ℃为宜;果实发育期间(6—8 月)最适宜温度为 18~24 ℃,温度过低,生长期不足,果实不能正常成熟,其表现为果小而酸,硬而不脆,色淡而无光泽,失去经济价值。昌都市栽培区年平均气温为 4.2~10.9 ℃,生长期(4—10 月)平均气温在 6.7~15.2 ℃,果实发育期间(6—

8月)温度为14.2～15.2℃,较适宜种植。

（3）水分

适宜的水分保证,是维持苹果生长健壮、缩小结果大小年差异、稳产高产的一个重要气候因素。适宜苹果树生长发育的土壤含水量相当于田间持水量的60%～80%。水分供应不足,会影响叶片、新梢的生长,果实体积小,坐果率降低;水分充足能使苹果增产,显著提高产量和增加新梢长度。但降水过多、空气湿度大时,花芽期会妨碍授粉,果实膨大期会形成果锈并导致秋虫害蔓延。高温高湿是限制苹果栽培的主要原因之一。昌都市苹果种植区域平均年降水量在248.0～583.8 mm,且种植区域主要集中在河谷地带,灌溉条件较好,因此能满足苹果种植的水分条件。

（4）昌都市苹果气候适宜条件——以察雅为例

察雅县属高原温带半干旱季风气候,干湿分明,昼夜温差大。在苹果生长期（4—10月）察雅县平均气温为11.3～19.4℃,果实发育期间（6—8月）平均气温为14.4～19.4℃。年平均最高气温为20.5℃,年平均最低气温为5.3℃,极端最高气温为35.9℃,极端最低气温为−11.3℃,最暖月（7月）平均气温为19.4℃,最冷月（1月）平均气温为1.1℃,温度年较差仅为18.8℃。此地真是冬无严寒,夏无酷暑,对苹果生长发育具有得天独厚的热量条件;年降水量为340 mm,降水主要集中在5—9月,同时,气温不断回升,雨热同期的气候特点有利果实干物质的积累、糖分的增加。察雅县地处横断山脉,位于昌都市东南部,境内沟谷纵横,澜沧江水系呈扇形枝状分布,水资源十分丰富,为苹果生产提供了丰富的灌溉水源（赵玉山,2023）。

日照充足,太阳辐照较强,有利于察雅苹果树进行光合作用,增强树势,提高察雅苹果抗逆性,尤其是果实生长期的夏季,年日照时数在2454.8 h,十分有利于察雅苹果的转色升糖。

5.2.2.3　葡萄

葡萄是世界最古老的果树树种之一,属木质藤本植物,昌都市主要种植区域在芒康县、左贡县的怒江、澜沧江沿线干热河谷农区。海拔低、温差大、光照充足的气候优势对当地的种植葡萄有利。现有芒康盐井、左贡中林卡葡萄种植基地,其中芒康纳西民族乡的一家红酒龙头企业——藏东珍宝酒业,在2014年国家质检总局批准对"盐井葡萄酒"实施地理标志产品保护。"盐井葡萄酒"成为西藏芒康县的特产、中国国家地理标志产品。

盐井地处澜沧江畔干热河谷地带,属高原温带干旱季风型气候,夏季温暖较湿润、冬季较冷且干燥。

葡萄是喜温树种,温度是其主要的生存条件,盐井年平均气温在15.0℃,年平均最高气温为21.7℃,年平均最低气温为10.1℃,极端最高气温为34.7℃,极端

最低气温为 −6.3 ℃,最暖月(6 月)平均气温为 21.6 ℃,最冷月(1 月)平均气温为 5.6 ℃,气温年较差仅为 15.8 ℃,满足葡萄生长所需的气象条件;年降水量为 270.5 mm,降水主要集中在 4—10 月,正好处于葡萄生长期,月降水分布极为不均,个别月份降水仅有微量,且年降水量不足 400 mm,必须通过人工灌溉才能满足葡萄生长发育的需要(胡军 等,2023)。葡萄对光照的要求很高,光照的强弱和多少会直接影响葡萄组织和器官的分化和生长发育,光照充足时,浆果产量高、色泽好、品质优。日照太短,即使热量条件得到满足,发芽后也不能正常生长。盐井属于藏东三江流域,日照十分充足,光照条件完全能满足葡萄的正常生长和发育的需要。

5.2.3　森林火灾与气候

森林火灾是指失去人为控制,在林地内自由蔓延和扩展,对森林、森林生态系统和人类带来一定危害和损失的林火行为。森林火灾是一种突发性强、破坏性大、处置救助较为困难的自然灾害,按照对林木是否造成损失及过火面积的大小,可分为森林火警(受害森林面积不足 1 hm² 或者其他林地起火)、一般森林火灾(受害森林面积在 1 hm² 以上、不足 100 hm²)、重大森林火灾(受害森林面积在 100 hm² 以上、不足 1000 hm²)、特大森林火灾(受害森林面积在 1000 hm² 以上)。

5.2.3.1　昌都市森林火灾时空分布

2019—2023 年昌都市共发生 12 次森林火灾。其中,2021 年发生次数最多,共发生 1 次火警和 7 次一般森林火灾,受害森林面积 156.0 hm²;2023 年共发生 3 次火警和 1 次一般森林火灾,受害森林面积 8.28 hm²。森林火灾主要发生在 2 月和 4 月,各占所有森林火灾次数的 33%,其次是 1 月和 5 月,各占所有森林火灾次数的 17%。其中 4 月和 5 月森林火灾造成的过火面积最严重,分别占总量的 46% 和 47%。

从空间分布来看,芒康县、察雅县森林火灾次数最多,各发生 4 起森林火灾,其次是左贡县和八宿县,各发生 3 起森林火灾,江达县、贡觉县各发生 1 起(图 5.9)。其中左贡县、芒康县森林火灾造成的过火面积最严重,分别为 78.457 hm²、73.38 hm²。

5.2.3.2　森林火灾与气候因子的关系

昌都市森林火灾发生期多集中在气候较干燥、气温较低、风速较大的冬、春季节,根据昌都市 1980—2022 年相对湿度、风、气温等相关数据分析发现,昌都市年最小相对湿度出现在冬季(图 5.10)。空气湿度的大小可直接影响可燃烧物体的水分蒸发,当空气相对湿度低时,可燃物失水多,易导致林火的发生和蔓延。

风与林火的发生和蔓延也有着密切的联系,它不但能降低林中的空气湿度,加

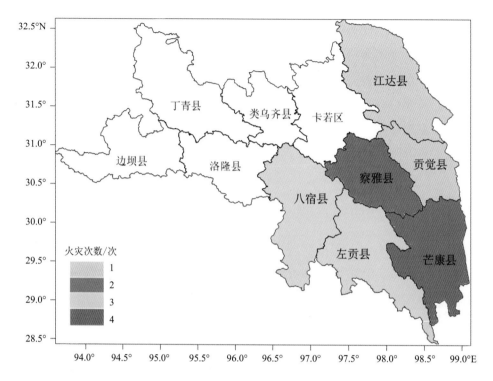

图 5.9　2019—2023 年昌都市森林火灾空间分布

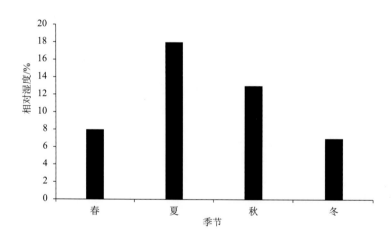

图 5.10　1980—2022 年昌都市四季相对湿度

速可燃物的水分蒸发,同时促使空气流畅补充氧气,起着助燃的作用。昌都市全年最大月平均风速基本出现在春季(图 5.11)。

另外,空气温度升高、日照增加,相对湿度减小,促使水分蒸发,也易发生火灾。昌都市日照百分率最大值出现在冬、春季,年降水量低值也出现在冬、春季(图 5.12)。其中,左贡县、芒康县的冬、春季降水量最少。

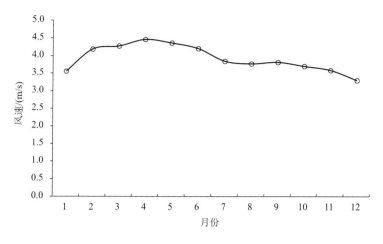

图 5.11 1980—2022 年昌都市月平均风速

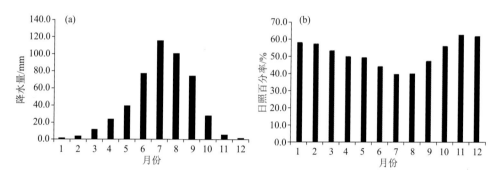

图 5.12 1980—2022 年昌都逐月降水量(a)、日照百分率(b)

此外林火的发生与植被有着很大的关系(王明玉 等,2007),常见易燃林型有高山松林、云南松林、高山松云南松混交林、高山松云杉混交林等。常见可燃物有枯枝落叶、干落树皮、球果;季节性干枯植物,如草本、蕨类、灌丛、苔藓、地衣;枯倒木、伐根、枯立木、采伐剩余物等。

高山松林区海拔高,冬、春干旱,是我国森林火灾的高发地段,且为阴性树种,本身富含有树脂、油脂等易燃物质,高山松林下立地条件干燥,树种自身易燃,易燃危险可燃物又多,因此高山松林分布区域内火险等级高。根据昌都市植被分布数据分析可燃物的水平分布规律发现,高山松主要分布在左贡县、芒康县一带,而云南松仅分布在芒康县,云冷杉林是昌都市分布最广泛的一种暗针叶林,由于林下枯落物多,腐殖质层厚,火在腐殖质层内燃烧,易形成地下火,这些凋落物富含油脂,燃烧速度快,扑救难度大。

5.2.4　森林病虫灾害与气候

昌都市位于西藏的东部,东以金沙江为界与四川甘孜州隔江相望,西与西藏那曲地区毗邻,南与云南省迪庆州和西藏林芝地区相连,北与青海省玉树州接壤,幅员面积 11.8 万 km²,农田面积 34 666.67 hm²,境内地势、地貌、植被复杂。近年来,随着气候的改变,耕作制度的变革,昌都境内复杂的自然类型和气候条件,决定了本地区病虫害的危害逐年加重。据记载,西藏有森林昆虫 2307 种、蜱螨 35 种,其中有400 多个新种,这些新种约占新中国成立以来我国发现的昆虫新种总数的四分之一。据西藏自治区林业局不完全统计,进入 21 世纪以来,小蠹虫类、春尺蠖、栎黄枯叶蛾、叶峰、杨树烂皮病、森林鼠兔害等已经在自治区内造成重大危害。2002 年,春尺蠖在江达县发生约 153 hm²;2004 年,在洛隆县发生云杉赤蠖危害 367 hm²;2005年,在扎曲河流域 3358 hm² 的柏林中都不同程度地发生病虫害;2006 年,春尺蠖和介壳虫在边坝县近 2667 hm²。这些病虫对西藏森林的主要树种都有或多或少的危害,并且对经济林、苗圃幼苗、木材等也具一定危害。

5.2.4.1　昌都市近年来森林病虫害防治情况

据西藏昌都市林业部门统计,2020 年全市完业有害生物防治面积 1316.67 hm²。其中市城镇周边山体造林病虫害防治面积 80 hm²,边坝县防治林业病虫害防治面积533.33 hm²,洛隆县林业有害生物寄生防治面积 680 hm²,芒康县林业害虫与寄生防治面积 23.33 hm²;2021 年左贡县完成草原蝗虫防治面积 300 hm²;2022 年全市完成林业有害生物防治 326.67 hm²,其中洛隆县大果园柏树寄生防治面积 280 hm²,八宿县城区有害生物防治面积 46.67 hm²;2023 年洛隆县发生草原蝗虫面积约 833.33 hm²,严重危害面积 66.67 hm²,现已完成防治面积 666.67 hm²,其余正在开展防治。林业有害生物防治面积 1533.33 hm²。芒康县完成林业寄生性病害防治面积 2 hm²。

5.2.4.2　森林病虫害与气温的关系

温度是森林植被生长的主要影响因素,气候变化会直接影响森林植被的分布。由于气温持续变暖,我国森林分布将发生改变,森林植物分布区系水平方向将向北迁移,垂直方向将向高海拔变迁。1979—2021 年,昌都市年平均气温平均每 10 a 升高 0.42 ℃(表 5.10),高于全球(0.32 ℃/(10 a))和青藏高原(0.35 ℃/(10 a))的升温率,近 40 年冬季的升温率最大(0.56 ℃/(10 a)),因此暖冬对病虫害发生面积的增加起着重要的促进作用。

表 5.10　1979—2021 年昌都市气温变化趋势(单位:℃/(10 a))

时间段	年	冬季	春季	夏季	秋季
1979—2021 年	0.42	0.56	0.28	0.28	0.40

5.2.5　森林植被覆盖与气候

在全球气候变化、人类活动以及温室气体增加的背景下,青藏高原作为全球生态系统的敏感和生态脆弱带,气候变化十分明显,气候的变化会对当地生态系统产生强烈的响应。从近几年西藏植被指数(Normal Difference Vegetation Index, NDVI)与气候变化关系来看,西藏 NDVI 呈逐年增大,植被状况逐渐改善,NDVI 的变化与气候变化密切相关,尤其是受地表温度的影响明显,主要影响区域在西藏东部,受降雨明显影响的区域分布在西藏中部(李磊磊 等,2017)。

李廷(2021)对 1998—2018 年间昌都市植被覆盖时空变化分析发现,昌都市整体植被覆盖较高,从年 NDVI 变化来看,昌都市 NDVI 均值 20 a 总体表现呈上升趋势,NDVI 时序变化表现出明显的季节性,夏季 NDVI 最高,冬季最低;此外,根据昌都市平均气温和平均降水量与平均 NDVI 进行相关性分析,结果表明,年平均气温与 NDVI 呈正相关关系,年平均降水量与 NDVI 呈负相关关系,因此,气温变化是引起昌都市植被覆盖度变化的较显著的气候影响因子。

5.2.5.1　2023 年植被指数空间分布

归一化植被指数通过红外与近红外波段的组合实现对植被信息状态的表达,可以用来表征植被覆盖程度和植被生长状况、叶面积指数、生物量以及吸收的光合有效辐射等植被参数。NDVI 可以对植被生长动态变化进行监测,同时能够在较大时空尺度上客观反映植被覆盖程度和植被生长状况。

$$NDVI = \frac{NIR - R}{NIR + R} \tag{5.6}$$

式中,NIR 是传感器的近红外波段的反射率,R 是红光波段的反射率。

利用植被指数计算 2023 年昌都市植被覆盖度(表 5.11),结果显示,昌都市植被覆盖度以 60%～100% 为主,面积为 5.937 万 km²,占昌都市总面积的 54.94%;其次,植被覆盖度较高的为 20%～60%,面积为 4.531 万 km²,占昌都市总面积的 41.93%。

表 5.11　2023 年昌都市植被覆盖度分级统计

覆盖度分级/%	面积/(万 km²)	占昌都市面积比/%
0～20	0.338	3.13
20～60	4.531	41.93
60～100	5.937	54.94

注:0～20% 为低覆盖度植被,20%～60% 为中覆盖度植被,60%～100% 为高覆盖度植被。

从空间分布来看(图 5.13),高覆盖度植被主要分布在边坝县北部和怒江峡谷边坝境内、类乌齐县、卡若区、江达县和贡觉县南部等地;中覆盖度植被主要分布在丁青、洛隆、察雅和左贡等县;低覆盖度植被主要分布在边坝县南部、洛隆县南部、八宿县和左贡县的南部,即念青唐古拉山中东段和伯舒拉岭北部的高山一带。

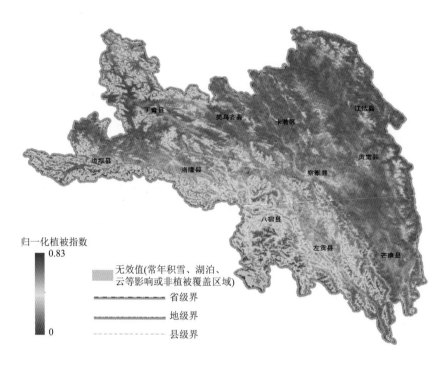

图 5.13　2023 年昌都市植被指数空间分布图

5.2.5.2　2000—2023 年植被时间序列分析

2000—2023 年昌都市 NDVI 基本稳定在 0.580～0.610(图 5.14),2020 年达到最大值,为 0.622。2020—2023 年呈下降趋势,且 2023 年达到历年最低值,为0.575;2010—2014 年也呈下降趋势,2014—2020 年呈显著上升趋势;2003—2009 年间变化幅度较小。

5.2.5.3　2000—2023 年植被空间变化趋势分析

2000—2023 年昌都市植被指数空间变化趋势面积统计显示(表 5.12),昌都市植被以轻微变好为主,面积为 5.162 万 km²,占昌都市总面积的 47.04%,其次面积从大到小依次为轻微变差、显著变好、稳定不变和显著变差,分别占昌都市总面积的32.04%、11.13%、4.14% 和 3.87%。

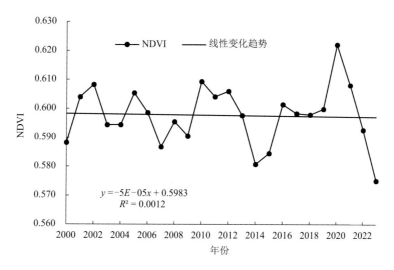

图 5.14　2000—2023 年昌都市植被指数时间序列图

表 5.12　2000—2023 年昌都市植被指数变化趋势

变化趋势类型	面积/(万 km²)	占昌都市面积比/%
显著变差	0.425	3.87
轻微变差	3.518	32.04
稳定不变	0.454	4.14
轻微变好	5.162	47.04
显著变好	1.222	11.13

从空间分布来看(图 5.15),植被指数呈轻微变好的区域主要分布在丁青县、边坝县、卡若区、江达县、左贡县、贡觉县东部、芒康县南部和察雅县西南部;植被指数呈显著变好的区域主要分布在八宿县、芒康县西南部、左贡县南部、贡觉县中部、察雅县西部、卡若区西南部以及边坝县和丁青县局部;植被指数呈稳定不变的区域主要分布在念青唐古拉山中东段和伯舒拉岭北部的高山一带以及丁青县的局部;植被指数呈轻微变差的区域主要分布在洛隆县、边坝县东部、察雅县东南部、芒康县北部、贡觉县西南部、左贡县北部、八宿县北部、卡若区西南部和类乌齐县西部等地;植被指数呈显著变差的区域主要分布在芒康县与左贡县交界处,洛隆县东部和西部、贡觉县和察雅县交界处、江达县西南部、类乌齐县西部和卡若区中部等局部地区。

5.2.5.4　2021—2023 年生长季(5—9 月)植被覆盖变化

2021—2023 年生长季昌都市植被指数均值呈增大趋势(图 5.16),其中 2022 年和 2023 年均值基本无差异,较 2021 年植被指数均值分别高 0.013 和 0.014。

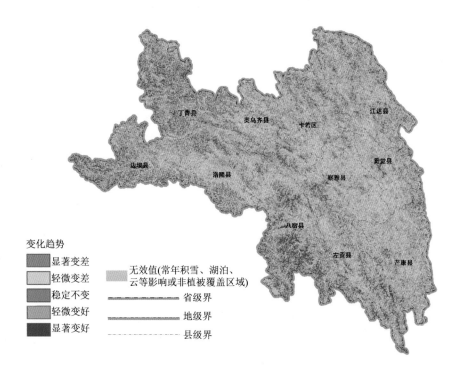

图 5.15 2000—2023 年昌都市植被变化趋势空间分布图

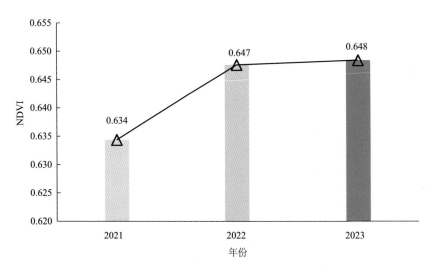

图 5.16 2021—2023 年昌都市植被指数时间序列图

从空间分布来看（图 5.17），丁青县北部、洛隆县南部和八宿县南部植被指数 2023 年较 2021 年偏好。

从 2021—2023 年生长季月尺度植被指数均值统计来看（图 5.18），2021 年、2022 年 NDVI 在生长季趋势相对一致。2023 年 9 月 NDVI 仍大于前 4 个月，表明

2023 年植被物候枯黄期有所推迟;2023 年 5 月 NDVI 同样大于近 3 a 同期,表明
2023 年植被物候返青期较前 2 a 有所提前。

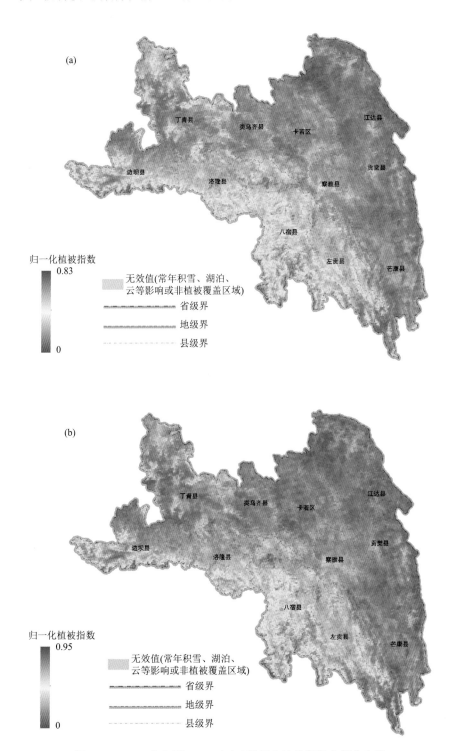

图 5.17 2021 年(a)和 2023 年(b)昌都市植被指数空间分布图

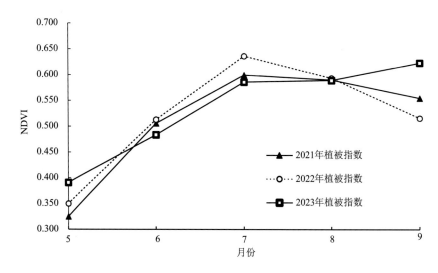

图 5.18 2021—2023 年生长季植被指数均值时间序列图

5.3 冬虫夏草与气候

冬虫夏草又名虫草,指寄生在蝙蝠蛾科昆虫幼虫上的子座及幼虫尸体的复合体。每年的 7—8 月开始,冬虫夏草的寄主蝙蝠蛾幼虫,在环境条件适宜时被遇到借助风力或雨水传播的冬虫夏草子囊孢子侵染。约 10 月份,被浸染的幼虫爬至离地表 2～3 cm 处,头部倾斜向上僵化成菌核,并在体外四周长出丝状物与土壤粘接成土壳,这时地温在 2～8 ℃。随着地温不断下降,虫草冲破僵虫头壳蜕裂线向上生长发育形成子座。到 11—12 月,因气候寒凉,子座生成十分缓慢。到次年的 3—4 月份,随地温上升,僵虫体的表面长出菌丝并与土壤粘结形成一层膜皮。4 月下旬,表土化冻,子座迅速长出。第 25 d 子座停止生长,6 月下旬子座膨大,这时子座下部僵虫开始变空腐烂(刁治民,1996),总的来说冬季硬的假菌核,在冬季地温干燥土壤内保持虫形可达数月之久(冬虫),夏季温湿适宜时从菌核长出棒状子实体(子囊座)并露出地面(夏草),所以叫冬虫夏草。

冬虫夏草应用于医疗,早在医著《本草用法研究》《本草纲目拾遗》《药性考》中均有记载,其主要功能是保肺益肾、止血化痰、已劳咳等。现代研究表明,冬虫夏草还具有增强机体免疫,抑制肿瘤、抗炎症、抗衰老等作用,对乙型肝炎、肾衰竭等有特殊疗效(李进 等,2008)。

5.3.1　地理分布

冬虫夏草(以下简称"虫草")垂直分布范围是雪线以下,一般生长在 3000 m 以上的山地阴坡、半阴坡的灌丛和草甸中,不同产区由于土壤、植被、气候状况等的不同,虫草分布海拔高度有一定的差异。虫草的垂直分布主要为海拔 3500～5000 m,其中海拔 4500 m 的生境是虫草最主要的分布地带(张利平 等,2019)。研究发现在不同地区虫草生长的适宜区也有一定的差异,如青海玉树州虫草分布区域主要海拔为 4000～4800 m(李芬 等,2014);四川甘孜州虫草分布区域主要海拔为 3000～5000 m;云南省虫草分布区域海拔为 4000～4600 m(郭相 等,2008);西藏地区虫草分布区海拔为 3000～5000 m、适宜区在 4300～4700 m(周刊社 等,2018)。在我国,虫草主要分布于西藏、青海、甘肃、四川和云南。西藏虫草分布于昌都、那曲、林芝、拉萨、山南。

5.3.2　昌都市虫草分布

5.3.2.1　昌都市虫草海拔分布

昌都市共有 11 县(区),138 个乡镇,平均海拔 3600 m 以上,其中海拔 4000 m 以上的乡镇有 27 个,海拔 3000 m 以下的乡镇有 12 个,其余 99 个乡镇海拔高度在 3030～3990 m。与虫草产量对比,产量分布规律随海拔高度的增加而增加。昌都市虫草富集区的乡镇海拔均在 3800 m 以上,产量前二的丁青县和类乌齐县虫草富集区的乡镇海拔达 4040 m 以上,南部左贡、芒康属虫草少量区,其平均海拔在 3185～3240 m。

5.3.2.2　昌都市虫草分布面积

昌都市 2019—2023 年草原面积为 56 702.7 km²,虫草分布面积为 21 058.67 km²,占草原面积的 37.14%,各县虫草面积为 27.3～12368.0 km²,丁青最大(12368 km²),其次是江达(2666.7 km²),类乌齐最小(27.3 km²),其中丁青、江达分别占全市虫草分布面积的 59%、13%,其余县(区)不足全市虫草分布面积的10%(图 5.19)。

5.3.2.3　昌都市虫草产量分布

昌都市所辖 11 县(区)均产虫草,从 2013—2023 年虫草产量分布来看,丁青县、类乌齐县、卡若区最多,是虫草分布的核心带;其次是察雅县、边坝县、江达县、洛隆县、贡觉县、左贡县、八宿县、芒康县。其中,虫草富集区共计 16 个乡(镇),主要是丁青县布塔乡、木塔乡、嘎塔乡;类乌齐岗色乡、长毛岭乡、卡玛多乡;卡若埃西乡、妥巴乡;察雅扩达乡、宗沙乡;边坝加贡乡、尼木乡、金岭乡;江达生达乡、邓柯乡、字嘎乡;

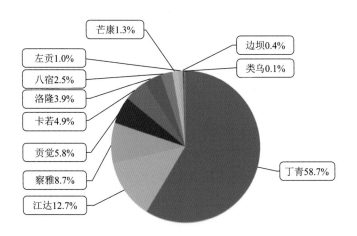

图 5.19　2019—2023 年昌都市虫草分布面积图

丁青沙贡乡、八宿邦达镇、拉根乡;芒康洛尼乡、纳西乡、木许不产虫草。其余各乡镇均属少量分布区。

据有关资料,昌都市 2013—2023 年累计虫草产量为 14 906.1 kg,平均每年1355.099 kg,其中丁青、类乌齐、卡若为虫草最多县(区),在正常年景,每县能产虫草 1825.28～5081.09 kg(图 5.20)。2021 年全市虫草 18 634.61 kg,其中丁青县8500.00 kg、类乌齐县 1783.00 kg、卡若区 2497.11 kg,三县累计 12 780.11 kg,占全市总数的 68.59%。其次是察雅、边坝、江达、洛隆、贡觉,每县产量 642.30～1656.59 kg;察雅最多(1656.59 kg),其次是边坝(1099.94 kg),贡觉最少(642.30 kg);左贡、八宿、芒康为虫草最少县,每县产量 195.21～370.13 kg,芒康最多(370.13 kg),其次是八宿(195.21 kg)。

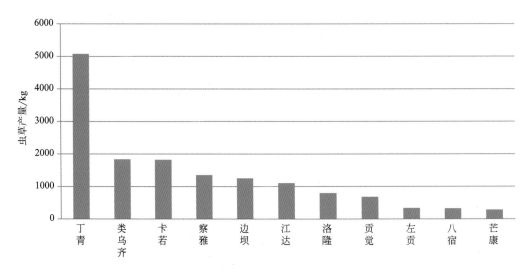

图 5.20　2013—2023 年昌都市虫草产量分布图

从昌都市各县(区)虫草产量趋势来看(表 5.13),昌都市 2013—2023 年虫草产量平均每 10 a 减少 285.5 kg。各县(区)而言,丁青每 10 a 增加 269.1 kg,其余各县每 10 a 减少 32.2～921.6 kg,以洛隆减速最大(921.6 kg/(10 a)),其次是类乌齐(847.8 kg/(10 a)),芒康最小(32.2 kg/(10 a))。

表 5.13 2013—2023 年昌都市各县区虫草产量变化趋势(单位:kg/(10 a))

站点	卡若	丁青	类乌齐	洛隆	左贡	芒康	八宿	边坝	江达	贡觉	察雅	总
产量	−55.8	269.1	−847.8	−921.6	−127.0	−32.2	−273.6	−412.7	−170.6	−266.9	−301.5	−285.5

5.3.3 冬虫夏草生态特性

虫草的分布与生态环境因子及其变化关系密切,其分布与地形、地貌、海拔、土壤、植被、气候条件等关系密切,其中降水和气温是影响虫草分布和产量的主要气象因子。

5.3.3.1 虫草分布区的植被

土壤是蝙蛾昆虫生长境的最主要活动场所,土壤质地、土壤温湿度是否适合对幼虫生活十分重要,土壤类型的分布也能影响蝙蛾幼虫取食植物的分布。有研究表明,最适宜蝙蛾幼虫生长的土壤为高山草甸土和高山灌丛草甸土,次适宜草甸混合土和流石滩,高山棕色和暗棕色林土,其他土壤不适宜蝙蛾昆虫生长。

昌都市的虫草一般分布在海拔 3300～4400 m 高度,西北、东北部虫草分布最多,南部少。虫草分布区的土壤为高山草甸土,呈深黑色,腐殖质含量较高(刁治民,1996)。昌都市虫草富集区的丁青县海拔 4100～5200 m 的阴坡以小叶杜鹃、柳灌等高山灌丛为主,阳坡和高山灌丛分布地带之上,是以小嵩草、苔草等为主的高山草甸植被,县境南部的怒江边海拔 3500～4200 m 的阴坡、半阴坡为云杉纯林,阳坡多分布大果圆柏或灌丛;类乌齐、卡若境内的植被主要为云杉、山地草甸、高山草甸、山地杨桦林等;江达境内海拔 4300～5000 m 主要为高山草甸、亚高山灌丛草甸带,海拔 3800～4300 m 为山地暗针叶林带;虫草较少量区域的察雅植被主要为高山流石滩植被、高山草甸植被、(亚)高山草甸植被、暗针叶林植被、针阔混交林植被、落叶阔叶林和温性灌草丛植被;洛隆境内海拔 4200～5000 m 主要分布着高山、亚高山草甸植被,海拔 3400～4600 m 的阳坡上一般分布灌丛植被;贡觉西部高原区以灌木和草甸植被为主,东部为高山峡谷区森林植被。虫草少量区域的八宿海拔 4500～4800 m 多流石滩,4300～4500 m 以上是高山灌丛草甸带,4300 m 以下分布有云冷杉,部分区域分布有亚高山中叶型杜鹃灌丛,干热河谷地带分布旱生带刺灌丛;左贡境内海拔 3000 m 以下河谷地区植被以耐旱带刺灌丛为主,海拔 4100～4500 m 多为高山灌

丛;芒康境内海拔 3000 m 以下的植被以耐旱带刺灌丛为主,海拔 4100～4500 m 多
为高山灌丛为主。

研究对比后发现,昌都市丁青县海拔境内 4100～5200 m 的乡镇、类乌齐、卡若、
江达境内海拔 4300～5000 m 乡镇、洛隆境内海拔 4200～5000 m 乡镇、贡觉西部乡
镇、八宿境内 4300～4500 m 以上的乡镇,左贡、芒康境内海拔 4500 m 以上的乡镇均
属于最适宜蝠蛾幼虫生长土壤环境。

5.3.3.2　气温

虫草的生长与温度关系十分密切,研究表明,中国虫草在生长境内平均气温达
到 2.6 ℃时开始生长,最适宜的环境温度为 7.0～12.0 ℃。不同地区由于海拔、土
壤、植被等的不同,虫草适宜的气温也不同,如川西高原虫草温度上下限为 −5～
8 ℃,适宜区温度范围为 −3～3 ℃;西藏全区虫草产地的适宜区温度为 −2.9～
5.0 ℃(周刊社 等,2018);西藏那曲产区的气温为 −1.9～4.0 ℃(陈仕江 等,2001)。

从昌都市 1980—2022 年年平均气温来看,各县(区)年平均气温为 3.4～
10.8 ℃,八宿平均气温最高(10.8 ℃),其次是卡若(7.9 ℃),丁青、左贡、芒康、洛隆
年平均气温为 3.9～5.9 ℃,类乌齐最低(3.4 ℃)。

昌都市 4 月底至 5 月上旬是虫草开始露土季节,各县(区)的日平均气温为
5.3～12.4 ℃,八宿最高(12.4 ℃),其次是卡若(10.2 ℃),类乌齐最低(5.3 ℃);各
县(区)的日最低气温为 −1.3～7.0 ℃,八宿最高(7.0 ℃),其次是卡若(3.3 ℃),类
乌齐最低(−1.3 ℃);各县(区)的日最高气温为 13.1～19.0 ℃,八宿最高
(19.0 ℃),其次是卡若(18.7 ℃),丁青最低(13.1 ℃)(表5.14)。

5 月中旬是虫草生长旺盛期,各县(区)的日平均气温为 7.0～14.4 ℃,八宿最高
(14.4 ℃),其次是卡若(11.9 ℃),类乌齐最低(7.0 ℃);各县(区)的日最低气温为
0.4～8.9 ℃,八宿最高(8.9 ℃),其次是卡若(5.2 ℃),类乌齐最低(0.4 ℃);各县区
的日最高气温为 14.6～20.7 ℃,八宿最高(20.7 ℃),其次是卡若(20.4 ℃),丁青最
低(14.6 ℃)。

5 月下旬至 6 月中旬为虫草生长最旺盛期,各县(区)的日平均气温为 10.2～
17.9 ℃,八宿最高(17.9 ℃),其次是卡若(14.8 ℃),丁青、类乌齐最低(10.2 ℃),各
县区的日最低气温为 3.9～12.7 ℃,八宿最高(12.7 ℃),其次是卡若(8.3 ℃),类乌
齐最低(3.9 ℃);各县(区)的日最高气温为 17.5～24.1 ℃,八宿最高(24.1 ℃),其
次是卡若(23.2 ℃),丁青最低(17.5 ℃)。

6 月下旬为虫草生长衰退期,各县(区)的日平均气温为 12.2～19.7 ℃,八宿最
高(19.7 ℃),其次是卡若(16.2 ℃),丁青、类乌齐最低(12.2 ℃);各县(区)的日最
低气温为 6.9～14.8 ℃,八宿最高(14.8 ℃),其次是卡若(10.6 ℃),类乌齐最低

(6.9 ℃);各县(区)的日最高气温为 18.9~26.2 ℃,八宿最高(26.2 ℃),其次是卡若(24.2 ℃),丁青最低(18.9 ℃)。

由昌都市虫草产量前三的地区分析可知,虫草生长最适宜的环境温度为 3.4~7.9 ℃,4—6 月平均气温介于 5.0~12.7 ℃。

表 5.14　1980—2022 年昌都市各县(区)日平均气温、日最高气温和日最低气温(单位:℃)

时间	气温	站点						
		卡若	丁青	类乌齐	洛隆	八宿	左贡	芒康
4 月下旬至 5 月上旬	日平均气温	10.2	5.6	5.3	7.4	12.4	6.6	5.7
	日最高气温	18.7	13.1	13.7	15.0	19.0	14.4	13.7
	日最低气温	3.3	−0.2	−1.3	1.1	7.0	0.5	−0.9
5 月中旬	日平均气温	11.9	7.3	7.0	9.2	14.4	8.6	7.8
	日最高气温	20.4	14.6	15.4	16.7	20.7	16.3	15.5
	日最低气温	5.2	1.7	0.4	3.0	8.9	2.6	1.0
5 月下旬至 6 月中旬	日平均气温	14.8	10.2	10.2	12.4	17.9	12.2	11.0
	日最高气温	23.2	17.5	18.5	19.4	24.1	19.7	18.6
	日最低气温	8.3	4.8	3.9	6.4	12.7	6.3	4.4
6 月下旬	日平均气温	16.2	12.2	12.2	14.5	19.7	13.9	12.5
	日最高气温	24.2	18.9	19.9	21.4	26.2	21.0	19.5
	日最低气温	10.6	7.2	6.9	8.9	14.8	8.7	7.2

5.3.3.3　地温

青藏高原高山草甸受大气温湿度的影响所形成的土层作用对虫草和寄主蝠蛾昆虫有明显的影响。旦增卓玛等(2019)研究发现,西藏那曲索县虫草产区 3—6 月 0 cm 平均地温介于 7.8~9.5 ℃时更有利于虫草产量的提高。

昌都市各县(区)3 月 0 cm 平均地温为 3.2~11.3 ℃,八宿最高(11.3 ℃),其次是卡若(7.6 ℃),类乌齐最低(3.2 ℃);5 cm 平均地温为 2.4~10.9 ℃,八宿最高(10.9 ℃),其次是卡若(7.7 ℃),类乌齐最低(2.4 ℃);10 cm 平均地温为 2.1~10.8 ℃,八宿最大(10.8 ℃),卡若(7.7 ℃)、类乌齐最低(2.1 ℃);15 cm 平均地温为 2.0~10.9 ℃,八宿最高(10.9 ℃),其次是卡若(7.5 ℃),类乌齐最低(2.0 ℃)。

4 月 0 cm 平均地温为 8.4~15.9 ℃,八宿最高(15.9 ℃),其次是卡若(12.6 ℃),类乌齐最低(8.4 ℃);5 cm 平均地温为 7.7~15.1 ℃,八宿最高(15.1 ℃),其次是卡若(12.5 ℃),类乌齐最低(7.7 ℃);10 cm 平均地温为 6.9~14.8 ℃,八宿最高(14.8 ℃),卡若(12.5 ℃)、类乌齐最低(6.9 ℃);15 cm 平均地温为 7.0~15.0 ℃,八宿最高(15.0 ℃),其次是卡若(12.2 ℃),类乌齐最低(7.0 ℃)。

5 月 0 cm 平均地温为 12.9~21.8 ℃,八宿最高(21.8 ℃),其次是卡若(17.5 ℃),类

乌齐最低(12.9 ℃);5 cm 平均地温为11.5～19.9 ℃,八宿最高(19.9 ℃),其次是卡若(16.9 ℃),类乌齐最低(11.5 ℃);10 cm 平均地温为11.2～19.4 ℃,八宿最高(19.4 ℃),其次是卡若(16.9 ℃),类乌齐最低(11.2 ℃);15 cm 平均地温为11.3～19.4 ℃,八宿最高(19.4 ℃),其次是卡若(16.6 ℃),类乌齐最低(11.3 ℃)。

6月0 cm 平均地温为16.2～26.1 ℃,八宿最高(26.1 ℃),其次是卡若(20.8 ℃),类乌齐最低(16.2 ℃);5 cm 平均地温为14.7～23.8 ℃,八宿最高(23.9 ℃),其次是卡若(19.6 ℃),类乌齐最低(14.7 ℃);10 cm 平均地温为14.4～23.1 ℃,八宿最高(23.1 ℃),其次是卡若(19.7 ℃),类乌齐最低(14.4 ℃);15 cm 平均地温为14.5～22.9 ℃,八宿最高(22.9 ℃),其次是卡若(19.5 ℃),类乌齐最低(14.5 ℃)。

昌都市 3—6 月 0 cm 平均地温介于 6.0～13.0 ℃,与虫草富集区丁青、类乌齐、卡若对比,3—6 月 0 cm 平均地温介于 9.1～14.5 ℃为适宜虫草生长(表5.15)。

表 5.15　1980—2022 年昌都各县区 3—6 月 0 cm、5 cm、10 cm、20 cm 平均地温(单位:℃)

月份	深度/cm	站点						
		卡若	丁青	类乌齐	洛隆	八宿	左贡	芒康
3月	0	7.6	4.1	3.2	6.3	11.3	5.7	5.1
	5	7.7	3.7	2.4	6.8	10.9	6.1	5.1
	10	7.7	3.0	2.1	6.7	10.8	5.9	4.9
	15	7.5	2.8	2.0	6.4	10.9	5.6	5.2
4月	0	12.6	9.1	8.4	10.4	15.9	10.1	9.4
	5	12.5	8.6	7.7	10.8	15.1	10.6	8.8
	10	12.5	8.1	6.9	10.7	14.8	10.5	8.6
	15	12.2	7.8	7.0	10.3	15.0	10.2	9.1
5月	0	17.5	13.6	12.9	15.4	21.8	14.8	14.4
	5	16.9	12.7	11.5	15.2	19.9	15.0	12.9
	10	16.9	12.2	11.2	14.9	19.4	14.8	12.6
	15	16.6	11.9	11.3	14.5	19.4	14.4	13.1
6月	0	20.8	16.7	16.2	19.2	26.1	18.2	17.4
	5	19.8	15.7	14.7	18.6	23.8	18.2	15.9
	10	19.7	15.2	14.4	18.3	23.1	17.9	15.6
	15	19.5	14.9	14.5	17.9	22.9	17.5	15.9

5.3.3.4　降水

在自然状况下,影响虫草产量的因素很多,可大致分为外部的物理因素和生物因素两类,其中降水量对虫草产量的影响最大(郭相 等,2008)。研究表明,雨雪对虫草的生长、发育影响很大,干旱不利于虫草的生长和发育。早春降水量直接影响当年的虫草产量。若早春降水量少,当年的虫草产量低,这是因为菌丝缺水而不能满足菌核生长发育的需要,造成子实体被日光晒蔫,不能很好地完成有性阶段的生长发育而影响了整体的产量和质量。空气相对湿度高于 80% 以上时,虫草子座生长快而肥大;空气相对湿度低于 50% 时,虫草发育不良,子实体瘦小干瘪,导致虫草产量下降。

西藏不同虫草产区的年降水量有一定差异,西藏全区年降水量在 370～850 mm,色季拉山段为 650～750 mm;聂拉木年降水量为 617.9 mm;错那年降水量为 377.8 mm;那曲年降水量为 406 mm。根据已有记录,虫草生长地的降水量虽可多达 800 mm 以上,但最少也未见低于 370 mm,200 mm 左右的降水量对应的地带性植被属于干旱的草原应该不会有虫草的生长(李晖 等,2011)。1980—2022 年昌都市各县区平均年降水量为 248.8～649.6 mm,其中丁青最多(649.6 mm),其次是类乌齐(608.4 mm),八宿最少(248.8 mm)。

旦增卓玛等(2019)研究发现,那曲地区 3—6 月累计降水量在 230～330 mm 时更有利于虫草产量的提高,以及周刊社等(2018)调查发现,在 3—4 月降雪量较大的年份,虫草产量相对较高,降雪少的年份,当年的虫草产量相对较少。3—6 月昌都市各县(区)单站累计降水量在 77.5～224.8 mm,其中丁青最多(224.8 mm),其次是类乌齐(209.0 mm),八宿最少(77.5 mm)。3 月,单站累积降水量为 7.9～16.8 mm,丁青最多(16.8 mm),其次是类乌齐(14.9 mm),八宿最少(7.9 mm);4 月,单站累积降水量为 18.2～31.1 mm,类乌齐最多(31.1 mm),其次是丁青(30.1 mm),左贡最少(18.2 mm);5 月,单站累积降水量为 21.8～59.7 mm,丁青最多(59.7 mm),其次是类乌齐(52.6 mm),八宿最少(21.8 mm);6 月,单站累积降水量为 28.0～118.4 mm,丁青最多(118.4 mm),其次是类乌齐(110.4 mm),八宿最少(28.0 mm)。

研究表明,西藏虫草生长境的年降水量在 390～850 mm。昌都市虫草富集区的丁青县和类乌齐县平均年降水量在 600 mm 以上,卡若 486.1 mm,左贡、八宿、芒康三县为虫草产量最少区,平均年降水量在 248.8～583.9 mm。根据昌都市虫草产量前三名地区(丁青、类乌齐、卡若)降水量可知,虫草生长最适宜的 3—6 月平均降水量分别为 10.9～16.8 mm、23.8～31.1 mm、42.3～59.7 mm 和 83.3～118.4 mm(表 5.16)。

表 5.16　1980—2022 年昌都市各县(区)3—6 月降水量(单位:mm)

时间	卡若	丁青	类乌齐	洛隆	八宿	左贡	芒康
3 月	10.9	16.8	14.9	14.3	7.9	8.7	10.4
4 月	23.8	30.1	31.1	28.0	19.9	18.2	21.9

时间	卡若	丁青	类乌齐	洛隆	八宿	左贡	芒康
5月	42.3	59.7	52.6	43.8	21.8	29.2	33.9
6月	83.3	118.4	110.4	65.4	28.0	59.2	86.8

5.3.3.5　日　照

光照强度和光照时间影响虫草子座外部形态和生长发育。在生长期,光照强、时间长,子座的生长就受到抑制,但子座粗壮;反之,光照弱、时间短,子座徒长,变得细长,在采挖期间日照太强,气温太高,虫草较容易干枯,若出地面的子实体严格遮盖住光,则子实体一直白化,不会长出子囊孢子,慢慢腐烂。因此光照对虫草子座的产量有着直接的影响。在高寒草甸中,年日照时数在1380~2850 h(徐百志 等,2010)。而且,高寒草甸中的较强紫外线对虫草的子囊孢子成熟也有明显的促进作用。

从昌都市1980—2022年年平均日照时数来看,各县(区)平均年日照时数为2196.4~2666.8 h,其中八宿最多(2666.9 h),其次是芒康(2599.1 h),左贡最少(2196.4 h)。

3—6月昌都市各县(区)累计日照时数在731.3~983.7 h,八宿最大(983.7 h),其次是芒康(887.2 h),类乌齐最少(731.3 h)。其中3月,日照时数为183.8~251.6 h,八宿最大(251.6 h),其次是芒康(239.9 h),类乌齐最少(183.8 h)。4月,日照时数为177.7~242.8 h,八宿最大(242.8 h),其次是芒康(220.1 h),类乌齐最少(177.7 h)。5月,日照时数为196.8~257.3 h,八宿最大(257.3 h),其次是洛隆(236.9 h),八类乌齐最少(196.8 h)。6月,日照时数为172.9~231.9 h,八宿最大(231.9 h),其次是洛隆(208.5 h),类乌齐最少(172.9 h)(表5.17)。

通过分析虫草高产量区丁青、类乌齐、卡若日照时数可知,年日照时数为2201.9~2521.6 h,3—6月平均日照时数介于162.2~211.4 h时最适宜虫草生长。

表5.17　1980—2022年昌都市各县(区)3—6月日照时数(单位:h)

日期	昌都	丁青	类乌齐	洛隆	八宿	左贡	芒康
3月	208.2	211.5	183.8	220.4	251.6	209.9	239.9
4月	207.9	215.4	177.7	211.1	242.8	200.7	220.1
5月	227.3	231.9	196.8	236.9	257.3	212.8	228.0
6月	202.2	199.9	172.9	208.5	231.9	188.3	199.1

5.3.3.6　相对湿度

3—6月昌都市各县(区)月平均相对湿度在38.7%~57.3%,芒康最大(57.3%),其次是类乌齐(56.8%),八宿最小(38.7%)。其中3月,平均相对湿度在

32.7％～51.6％,芒康最大(51.6％),其次是丁青(50.0％),八宿最小(32.7％)。4
月,平均相对湿度在 40.6％～56.8％,芒康最大(56.8％),其次是类乌齐(56.3％),
八宿最小(40.6％)。5 月,平均相对湿度在 38.9％～56.9％,芒康最大(56.9％),其
次是类乌齐(57.3％),八宿最小(38.9％)。6 月,平均相对湿度在 42.7％～64.4％,
丁青最大(64.4％),其次是类乌齐(64.0％),八宿最小(42.7％)(表 5.18)。

通过分析昌都市虫草富集区丁青、类乌齐、卡若可知,虫草生长最适宜的年相对
湿度为 50.1～57.7％,昌都 3—6 月平均相对湿度介于 48.5％～56.9％。

表 5.18　1980—2022 年昌都市各县 3—6 月平均相对湿度(单位:%)

日期	卡若	丁青	类乌齐	洛隆	八宿	左贡	芒康
3 月	39.8	50.0	49.7	47.4	32.7	45.0	51.6
4 月	47.5	54.9	56.3	52.5	40.6	49.8	56.8
5 月	49.1	57.0	57.3	52.6	38.9	51.1	56.9
6 月	57.7	64.4	64.0	57.4	42.7	55.8	63.7

5.3.4　气候变化对虫草分布影响

全球变暖背景下,极端天气气候事件的出现频率与强度越来越多,从而导致虫
草产量的减少,其主要原因在于全球气候变暖破坏了虫草的生物量和食物链,以及
全球气候变暖导致温度升高,冰川融化加剧,积雪减少,雪线上升,冻土退化、影响虫
草的生长,导致虫草产量逐年减少趋势。多年调查结果显示,虫草出现明显的两极
分布格局,个体大的虫草往高海拔区域转移。30 a 前虫草主要分布在 4200～4500 m,
最高分布海拔在 4850 m 以下;目前主要分布在海拔 4600 m 以上地带,最高分布
海拔已经超过 5200 m。个体小的种群往海拔 3900 m 以下的高山栎林和冷杉林
中转移。原来的虫草分布较集中的地带海拔为 4200～4500 m,种族数量逐年减
少,有部分地带已经多年未见长出虫草和发现寄主昆虫——虫草蝙蝠蛾分布(宋
善允,2013)。通过分析虫草高产量区丁青、类乌齐、卡若气候要素可知,虫草生长
最适宜的环境温度、降水、日照时数、相对湿度分别为 3.4～7.9 ℃、248.80～
583.9 mm,2201.9～2521.6 h,50.1％～57.7％。

本节选取 11 个县(区)虫草产量和虫草分布作为研究对象,但因资料有限,仅以
代表站 7 个国家基本气象站的气象数据进行分析,虽与虫草富集区高海拔乡镇的气
象数据有一定的差距,但 7 个国家基本气象站大致代表了昌都所有虫草的分布区
域,因而具有重要的指示意义。

第6章 气候资源与区划

6.1 气候区划

昌都市地势西北部高,东南部低,山脉呈南北走向,三条大江与三列山脉相间分布,平行骈走。由于河流的长期切割作用,地貌隆凸,河谷切割较深,险峰峻岭,沟壑纵横。林振耀等(1981)在青藏高原气候区划中将青藏高原划分为 13 个气候类型区,其中把藏东划为高原温带半湿润气候区。王保民(1980)在西藏气候区划中表明,喜马拉雅山脉以南是山地型的亚热带气候,而以北则是高原型的温带至寒带气候,其中藏东北划为高原寒温半湿润气候区,藏东南为亚热带山地湿润气候区。韩国军(2012)把青藏高原地区划分为 3 个小的气候区域:西藏东南部的温暖湿润区、青海西北部的气温干燥区和介于两者气候特征之间的高原中部区。毛飞等(2008)将青藏高原分为湿润、半湿润、半干旱、干旱和极端干旱气候区,其中湿润、半湿润区主要分布在东南部,约占总面积的 25%,极端干旱气候区主要分布在青海的柴达木盆地,约占 10%;其他地区为干旱、半干旱气候区。更多学者对于昌都气候的区划都是笼统概括在藏东之中,没有单独研究昌都气候的区划。昌都地形复杂,气候独特,资源丰富,农牧业生产潜力大,通过气候区划来进一步认识、利用和改造气候资源很有必要。本章根据昌都地形和气候特点,利用热量、水分因子进行昌都气候区划,根据划分气候区域来阐明各区域的主要特征,探索光照、热量、水分等气候资源以及气象灾害的分布特征,揭示各区域的生产潜力,为农牧业规划提供气候依据。

6.1.1 区划因子

太阳辐射强、热量不足、降水较少是西藏大部分地区最基本的农业气候特征。温度虽低,但是种植的喜凉作物多在光合作用适宜温度下限的附近;降水虽少,但高度集中在生长季,且地表水资源丰富;光、温、水配合较好,气候资源的有效性高。可见,热量和水分为本地农牧业生产的主要气象因素,因此,选择热量和水分作为区划的因子。

张谊光等(1981)在《西藏气候带的划分问题》一文中指出,在气候区划指标选择中用日平均气温≥0 ℃积温与最热月平均气温配合起来作区划的热量指标,能较好地反映高原气候的特色。王保民(1980)参照青藏高原≥10 ℃期间天数和最暖月平均气温作为温度指标,将高原划为三个气候带和喜马拉雅山南翼低山的两个特殊气候区,干燥度作为主要和年降水量作为辅助的水分指标,通过温度和水分对青藏高原气候进行区划。韩国军(2012)利用日平均气温、日最高气温,日最低气温、日降水和日照时数的年平均数据,确定载荷值高的相关站点聚类为同一个气候区,并进行卡方检验的方式对青藏高原进行气候区划。毛飞等(2008)利用降水量、积温降水比、气温降水比、蒸散降水比和降水蒸散比 5 种指标进行青藏高原干湿气候区划,用降水蒸散比得到的青藏高原干湿气候区分区结果比较合理。宋善允等(2013)在《西藏气候》一书中,使用积温和最热月平均气温作为热量指标,利用年湿润系数和 3—5 月降水量配合作为水分指标对西藏气候进行气候区划。

通过查阅大量文献资料,结合昌都市地形和气候特点,对于昌都市气候区划来说,热量比水分更重要,热量决定作物的种类、生长分布,以干燥度来表征干湿状况,不仅取决于当地降水量的多少,还取决于热量条件,因此本章将热量作为一级因子,水分作为二级因子。

6.1.2　区划指标

6.1.2.1　气候带指标

由于昌都市大部分地区太阳辐射强,日照时间长,表面温度的有效性高,实际的热量比温度表示要高。在昌都气候带的划分中,无法忽视太阳辐射对温度的补偿作用,参考西藏自治区热量分区指标,选取生长季日平均气温≥0 ℃积温和最热月平均气温为热量因子,将气候带划分为 5 个气候一级区(表 6.1)。

表 6.1　热量分区指标

区号	气候带	最热指标	
		生长季≥0 ℃积温/℃·d	最热月平均气温/℃
Ⅰ	热带	≥6500	≥22
Ⅱ	亚热带	4200～6500	18～22
Ⅲ	高原温带	1500～4200	12～18
Ⅳ	高原亚寒带	500～1500	6～12
Ⅴ	高原寒带	<500	<6

6.1.2.2 水分指标

温度条件满足以后,水分成为影响作物生长的重要条件。昌都市位于青藏高原东部边缘,地处横断山脉和三江(怒江、金沙江、澜沧江)流域,其水汽主要来源于印度孟加拉湾,受地势影响,沿三江河谷,自南向北输送,往西、往北水汽输送逐渐减少,故形成了东南湿润,西北干旱的明显差异。我们选用年湿润系数作为主导因子,3—5月的降水量作为辅助因子进行水分区划(表6.2)。

其中年湿润系数计算公式:

$$K = \frac{P}{E} \tag{6.1}$$

$$E_0 = 0.0018(25 + T)^2(100 - f) \tag{6.2}$$

式中:P 为年降水量(mm);E 为年可能蒸发量,为各月可能蒸发量 E_0 之和;T 为月平均气温(℃);f 为月平均相对湿度(%)。

表 6.2　水分分区指标

区号	名称	年湿润系数	3—5月降水量/mm
A	季风湿润	≥1.0	≥80
B	季风半湿润	0.6～1.0	30～80
C	季风半干旱	0.3～0.6	10～30
D	季风干旱	<0.3	<10

6.1.3　气候区划

根据表6.1和表6.2的热量分区指标和水分分区指标,选用1981—2022年昌都市7个国家基本气象站:卡若、丁青、类乌齐、洛隆、八宿、左贡和芒康,2010—2022年9个区域站丁青色扎、江达、边坝、贡觉、察雅、八宿邦达、八宿然乌、芒康竹巴龙、芒康盐井的气象资料进行气候区划。昌都市由于各站点地理分布不均匀,山谷相间,地形复杂,海拔高差大,气候垂直地带性明显,且相对稀少,数据年限短,可能对研究造成较大的影响。

6.1.3.1 气候带区划

按照热量因子,可分析出丁青、类乌齐、卡若、芒康、洛隆、左贡、八宿、察雅、江达、边坝和邦达均属于高原温带气候区,芒康竹巴龙和芒康盐井属于亚热带气候区。其中,按照积温,八宿、察雅属于高原温带气候区,按照最热月平均气温,两者又属于亚热带气候区。八宿邦达根据积温属于高原温带气候区,而根据最热月平均气温属于高原亚寒带气候区。

6.1.3.2　水分区划

按照主导指标年湿润系数分析,丁青、类乌齐、芒康、江达、丁青色扎划分为季风半湿润区,卡若、洛隆、左贡、边坝、贡觉划分为季风半干旱区,八宿、察雅、盐井(芒康南部)划分为季风干旱区。

按照辅助指标,3—5 月降水分析,丁青、类乌齐、洛隆、贡觉、江达、丁青色扎(丁青西北部)、八宿然乌(八宿南部)划分为季风湿润区,卡若、八宿、左贡、芒康、边坝、察雅、八宿邦达、芒康盐井(芒康南部)划分为季风半湿润区。

由于主导指标和辅助指标的结论差距较大,此处主要选取主导指标的结论作为水分区划。在计算年湿润系数过程中,由于无人站观测任务和时间有限,正常观测降水数据年限较少(2017—2019 年),因此无人站在水分气候区划中代表性较弱。

综上所述,通过热量和水分区划,将昌都市分为以下 3 个气候区,高原温带季风半湿润气候区、高原温带季风半干旱气候区、高原温带季风干旱气候区(表 6.3)。

表 6.3　昌都市气候区划

序号	气候区	气象站点
1	高原温带季风半湿润气候区	丁青、类乌齐、芒康、江达、丁青色扎、八宿然乌
2	高原温带季风半干旱气候区	卡若、洛隆、左贡、边坝、贡觉
3	高原温带季风干旱气候区	八宿、察雅、芒康盐井

6.1.4　分区概述

6.1.4.1　高原温带季风半湿润气候区

本区主要位于昌都西北部和东南部,包括丁青、类乌齐、芒康、江达。本区基本气候特点是日照较充足,夏季温凉湿润,冬季寒冷干旱。根据历史气象站观测数据分析可知,本区年平均气压为 630.0～661.2 hPa;年日照时数为 2186.4～2606.9 h;年平均气温为 3.5～5.9 ℃,最暖月平均气温为 12.1～14.5 ℃,最冷月平均气温为 −6.7～−4.1 ℃,气温年较差为 17.3～19.2 ℃,年极端最高气温在 26.1～33.6 ℃,年极端最低气温为 −20.1～−29.4 ℃;≥0 ℃积温为 1879.3～2191.6 ℃·d;年降水量为 585.3～648.0 mm,降水集中在 6—9 月,年蒸发量为 1415.4～1662.7 mm,年平均相对湿度为 57%～59%;年平均风速为 1.4～2.2 m/s。

本区主要为半农半牧区,丁青、类乌齐、江达为半农半牧。丁青农作物有春青稞、春小麦、油菜和豌豆等,类乌齐农作物有春青稞、春小麦、豌豆和马铃薯等,江达县农作物有青稞、春小麦、油菜和豌豆等。芒康县以农业为主。主要农作物有春青稞、冬小麦、春小麦、油菜、玉米、荞麦和谷子等。

本区各县主要气象灾害情况,丁青县主要有干旱、洪涝、雪灾、霜冻、冰雹、雷电、大风等气象灾害;类乌齐县主要有干旱、洪涝、霜冻、冰雹、雷电等气象灾害;芒康县主要有干旱、洪涝、霜冻、冰雹、雷电等气象灾害;江达县主要有干旱、洪涝、雪灾、霜冻、冰雹、雷电、大风等气象灾害。

6.1.4.2 高原温带季风半干旱气候区

本区主要包括卡若区、洛隆、左贡、边坝、贡觉,日照充足,干湿季分明。根据各站点历史气象观测数据分析,本区年平均气压为642.0～681.3 hPa;年日照时数为2201.8～525.3 h;年平均气温为4.9～8.0 ℃,最暖月平均气温为13.3～16.4 ℃,最冷月平均气温为-4.9～1.6 ℃,气温年较差为17.3～19.6 ℃,年极端最高气温为27.9～34.6 ℃,年极端最低气温为-23.0～-19.9 ℃;≥0 ℃积温为1919.4～3069.9 ℃·d;年降水量为406.5～514.8 mm,降水集中在6—9月;年蒸发量为1767.8 mm;年平均相对湿度49%～54%;年平均风速为1.2～2.7 m/s。

本区中卡若区、洛隆为半农半牧区。卡若区农作物有春青稞、冬小麦、春小麦、油菜、豌豆和蚕豆等,洛隆农作物有春青稞、春小麦、油菜、豌豆和马铃薯等。左贡、贡觉、边坝以农业为主。左贡农作物有春青稞、冬小麦、春小麦、油菜、玉米、高粱和豌豆等,边坝农作物有春青稞、冬小麦、春小麦、油菜和豌豆等,贡觉农作物有春青稞、春小麦、油菜、玉米、豌豆和蚕豆等。

本区各县主要气象灾害情况,昌都主要有干旱、洪涝、霜冻、冰雹、雷电等气象灾害;洛隆主要有干旱、洪涝、霜冻、大风、雷电等气象灾害;左贡主要有干旱、洪涝、霜冻、冰雹、雷电等气象灾害;边坝县主要有干旱、雪灾、冰雹、霜冻和大风等气象灾害;贡觉县主要有干旱、冰雹、洪涝、霜冻、雪灾等气象灾害。

6.1.4.3 高原温带季风干旱气候区

本区主要包括八宿、察雅、芒康盐井,日照充足,降水少、空气干燥,夏季气温高。根据八宿、察雅、芒康盐井的历史气象观测数据分析,本区年平均气压为683.7～742.0 hPa;年平均气温为10.8～14.8 ℃,最暖月平均气温为19.2～21.6 ℃,最冷月平均气温为1.0～6.7 ℃,气温年较差为14.8～18.2 ℃,年极端最高气温为33.4～37.0 ℃,年极端最低气温为-6.3～-16.9 ℃;≥0 ℃积温3739.2～5052.9 ℃·d;年降水量为248.1～338.8 mm,降水在集中在7—9月;年蒸发量为2728.7 mm;年平均相对湿度为38%～44%;年平均风速为1.7～5.3 m/s。

本区中八宿县为半农半牧区,农作物有春青稞、冬小麦、春小麦、油菜、玉米、高粱、豌豆等。察雅县以农业为主,主要农作物有春青稞、冬小麦、油菜、玉米、豌豆和蚕豆等,芒康盐井主要以农业为主,农作物有春青稞、冬小麦、玉米、豌豆和蚕豆等。本区气象灾害主要有干旱、洪涝、霜冻、大风、冰雹等。

6.2 水资源

　　水是生命的源泉,是生态系统不可缺少的要素,同土地、能源等构成了人类经济与社会发展的基本条件。随着人口与经济的不断增长,水资源的需求量也不断增加,为深入分析昌都市水系分布特点和降水特征,近年来较多学者讨论了青藏高原的水汽资源分布特征,通过对观测数据、水汽等的研究,再分析昌都市空中水资源的时空分布特征,能够进一步认识昌都市降水异常及合理开展人工影响天气作业,为利用和开发水资源提供理论基础和科学依据。

6.2.1 水系分布特点

6.2.1.1 河流

　　昌都市水系属外流水系,主要河流有怒江、澜沧江、金沙江及其支流,是中国及亚洲东南部主要河流的上游集结区之一,河流众多。大小河流分属于太平洋和印度洋两大水系。怒江为萨尔温江的上游,该流域属印度洋水系。澜沧江、金沙江两条大河属太平洋水系,其中金沙江为长江上游,最终注入东海;澜沧江为东南亚著名河流——湄公河的上游,流经横断山脉地区,最后注入南海。此外,位于昌都西南部的然乌湖是帕隆藏布江的源头,属雅鲁藏布江水系,最终流入印度洋。昌都的水系格局受到地质构造和外营力因素的控制,但在各河的不同河段表现出明显的差别。怒江、澜沧江、金沙江源自青藏高原腹地,它们进入昌都逐渐转变近南北走向,这 3 条亚洲南部最大的河流汇聚本区,形成了举世闻名的“三江并流”奇观,其最窄处,由怒江经澜沧江至金沙江的直线距离为 68 km,其具体位置在盐井以南西藏与云南交界的北纬 28°25′25.6″处。由此向南,金沙江率先转向东南,并向东奔去。因此,真正的“三江并流”奇观是在昌都完成的,是昌都所特有的。由于受青藏高原第四纪以来强烈隆起的影响,上述三条大江及其支流的下游河段强烈切割,在地貌上形成了相对起伏达 1000～2000 m 的深切大峡谷,“三江并流、平行岭谷”成为昌都市特有的地貌景观。怒江、澜沧江、金沙江的河流与水文特点不仅对西藏,而且对整个青藏高原和东亚都有重要的意义。

　　昌都市的地表径流受区域气候条件、地貌与植被、土壤垂直地带分布特征的影响,年径流地区分布趋势为自西向东减少,山地大于河谷,迎风坡大于背风坡,其特点与年降水量地区分布趋势一致。本区大多数河流补给主要是雨水和地下水,冰雪融水补给仅在本市的西、南边缘地区,怒江和雅鲁藏布江的支流源头。本市河流水量较丰富,据水文间观测结果推算:昌都市的多年平均出境水量为 2530.2 m³/s,年径流量 797.2 亿 m³。季节分配的地区径流的年际变化不大,最大水年平均流量与多年平均流量的比值最小为 1.17,最大为 2.24,平均为 1.46。

6.2.1.2 湖泊

昌都市湖泊数量多但规模很小,超过 10 km² 的湖泊仅有莽错湖(面积 18 km²,海拔 4310 m)和然乌湖(面积含安贡错 18.4 km²,海拔约 3800 m)2 个。此外,较大的湖泊还有布托错青(面积 9.0 km²,海拔 4660 m)、布托错穷(面积 6.4 km²,海拔 4590 m)、仁错(面积 3.7 km²,海拔 4430 m)。昌都的湖泊全部为外流淡水湖。湖泊的成因多样,有构造成因、冰川成因以及其他成因(如堵塞谷地成湖)等。其中莽错形成与构造活动有关。但本市湖泊大多为古冰川作用形成的冰川湖,如布托错青和布托错穷,其中面积在 1 km² 以下的高山湖泊基本上都为冰川湖泊,也有一些湖泊为现代谷地被山崩、滑坡或泥石流堵塞形成的湖泊,如然乌湖就是由山崩堵塞而形成的。

6.2.1.3 冰川

昌都的现代冰川主要分布在西南高山极高山地,如岗日嘎布、念青唐古拉山—伯舒拉岭、强拉日、他念他翁山南部的达美拥雪山和梅里雪山等。其中昌都市西南的岗日嘎布正处于印度洋季风向青藏高原输送水汽的主要通道上,是青藏高原南部边缘受西藏自治区西南季风影响最强烈的一条山脉,现代冰川十分发育,是青藏高原上现代冰川覆盖率最高的山脉。昌都市绝大多数冰川是在季风海洋性气候条件下形成的,属海洋性冰川。只有西北部唐古拉山可能属复合型过渡性冰川。昌都冰川总条数达数百条,为青藏高原上冰川集中分布区之一。昌都境内冰川分布的总趋势受海拔高度变低影响自西向东减少。现代冰川的形态类型,有悬冰川、冰斗-悬冰川、冰斗冰川、冰斗-山谷冰川、山谷冰川、峡谷冰川、坡面冰川和冰帽或平顶冰川 8 种类型。其中山谷冰川是各类冰川中规模最大的一种大型冰川,主要分面在岗日嘎布、念青唐古拉山—伯舒拉岭、强拉日、他念他翁山南部的达美拥雪山和梅里雪山等最高隆起区,长数千米至十千米多,面积数平方千米至几十平方千米,是本区主要的冰川类型。其中最大的山谷冰川是然乌湖南面的来古冰川(又称雅弄冰川),长约26 km,宽达 2~4 km,冰川末端伸至 4000 m 以下。在边坝县南部念青唐古拉山北坡也有一系列冰川发育,冰川末端下伸到海拔 4500 m 左右。

6.2.2 水文气象

昌都市属高原温带半干旱气候。夏季气候温和湿润,冬季气候干冷,年温差小,日温差大。年平均日照数为 2202.2~2729 h,年无霜期 46~162 d,年降水量为477.7 mm,集中在 5—9 月。昌都的气候以寒冷为基本特点。由于受南北平行峡谷及中低纬度地理位置等因素的影响,具有垂直分布明显和区域性差异大的特点。日照充足,太阳辐射强;日温差大,年温差小,气温偏低;降水集中,季节分布不均,蒸发量大,相对湿度小。昌都山脉河流的南北纵向排列有利于暖湿气流的南北输送,峡谷高差悬殊,气候垂直变化大水平变化小。昌都平均海拔在 3500 m 以上,空气稀薄,年平均气压和每立方米空气中含氧量仅有平原地区的 2/3。昌都市各地年平均气温为 2.4~12.6 ℃。5—9 月的降水量在 182.3~538.2 mm,占全年降水量的 77.9%~95.8%。10 月至次年 5 月降水量为 19.6~102.6 mm,仅占全年降水量的 4.3%~21.2%。各地年蒸发量为 1325.3~2617.2 mm,地处怒江河谷的八宿最高,年蒸发量是其年降水量的 10 倍以上。昌都地区河流众多,源远流长。河流水系从东向西依次为金沙江、澜沧江、怒江,属藏东"三江流域"。境内雪山挺拔,高耸入云,终年积雪皑皑;江河深切,沟谷纵横,河川密布;高山湖泊,晶莹碧翠,多姿多彩。水利水能资源十分丰富。澜沧江在昌都市境内长 509 km,流域面积 38 300 km²,地表水资源量 108.5 亿 m³,地下水资源量 38.7 亿 m³,天然水能蕴藏量 729.2 万 kW。怒江在昌都市境内长 975 km,流域面积 48 326 km²,地表水资源量 408.9 亿 m³,地下水资源量 103.5 亿 m³,天然水能蕴藏量 2009.6 万 kW。全市湖泊总面积 120.2 km²,面积大于 1 km² 湖泊共 10 个,其中最大湖泊然乌湖,面积 22 km²;莽错湖次之,面积 18 km²。这些大大小小的湖泊都有着自己的传说和故事,不失为开辟旅游资源的巨大财富。全地区冰川和积雪面积 2071.8 km²,均为海洋性冰川。边坝、八宿境内的冰川及永积雪面积最大,左贡、丁青次之。这些在山峰岭上布满着的冰雪,是天然的固体水库,蕴藏着巨大的水利水能资源。

6.2.3 大气可降水量

大气可降水量是指从地面直到大气顶界的单位面积大气柱中所含水汽总量全部凝结并降落到地面可以产生的降水量。本节使用 1993—2022 年 ERA5(ECM-WF Reanalysis V5)再分析数据和昌都市各基本站 1993—2022 年(其中察雅、边坝、贡觉、江达使用 2013—2022 年数据)的月降水量等数据进行分析,分别计算昌都市 1983—2023 年平均及春季(3—5 月)、夏季(6—8 月)、秋季(9—11 月)、冬季(12—2月)的大气可降水量。由式(6.3)计算:

$$W = -\frac{1}{g} \int_{P_s}^{P_z} q \, \mathrm{d}P \tag{6.3}$$

式中:W 为大气可降水量(mm);g 为重力加速度,取 9.8 m/s²;q 为比湿(g/kg);P_s 为地面气压(hPa);P_z 为积分上限,取 300 hPa。

6.2.3.1 大气可降水量的空间分布特征

从昌都市平均年大气可降水量的空间分布(图 6.1a)可见,年大气可降水量以卡若区为中心,向四周逐渐增加,边坝西部,左贡、芒康南部大气可降水量最大,可达到2500 mm 以上。从四季的大气可降水量空间分布(图 6.1b～图 6.1e)来看,春季的大气可降水量从北至南递增;夏、秋两季以卡若区及其周边为中心,向东南及西部递增;冬季则是从东北向西南递增。四季的大气可降水量均在边坝西部,左贡、芒康南部最大。此外,大气可降水量与季节有着紧密联系,夏季可降水量最大,冬季最小,夏季可降水量最大可达到 1210 mm 以上,而冬季最大仅为 210 mm 左右,有着较大差距。

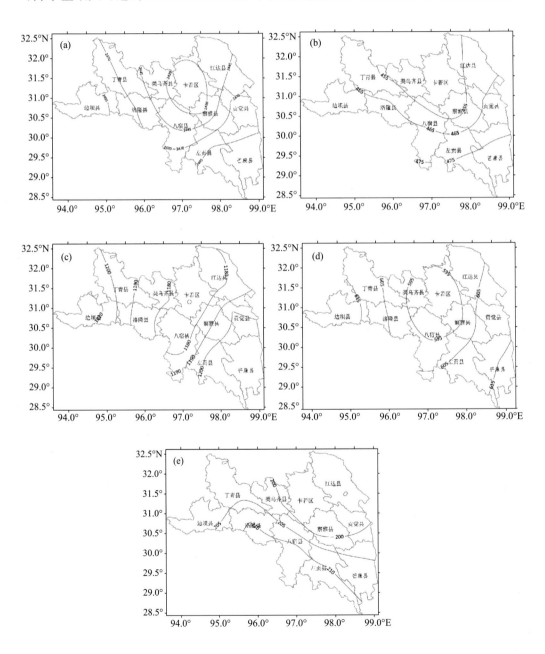

图 6.1 昌都市全年(a)、春季(b)、夏季(c)、秋季(d)、冬季(e)大气可降水量空间分布(单位:mm)

6.2.3.2 大气可降水量的时间分布特征

昌都市大气可降水量年变化(图 6.2)表明,5—10 月大气可降水量占全年大气可降水量的 78.3%。7 月、8 月大气可降水量分别达 425.7 mm 和 411.8 mm;1 月、2 月大气可降水量最小,分别只有 64.4 mm 和 68.0 mm。5—10 月实际降水量占全年实际降水量的 90.2%,7 月、8 月降水量分别达 116.2 mm 和 100.5 mm,1 月、2 月、12 月降水量则小于 5.0 mm。由此可见,不论是昌都市大气可降水量还是实际降水量,均表现出了显著的月际差异。

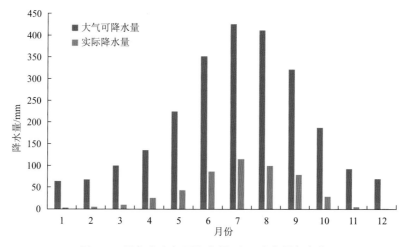

图 6.2 昌都市大气可降水量、实际降水量年变化

从大气可降水量年际变化特征(图 6.3a)可知,大气可降水量最大值出现在 2021 年,可降水量达 2668.1 mm,最小可降水量出现在 1997 年,可降水量为 2239.6 mm,最大变差为 428.5 mm。大气可降水量整体呈上升趋势,在 2021 年达到极值。季大气可降水量变化(图 6.3b~图 6.3e)表明,四季的大气可降水量均呈上升趋势,四季的大气可降水量变化与年际变化基本相同。

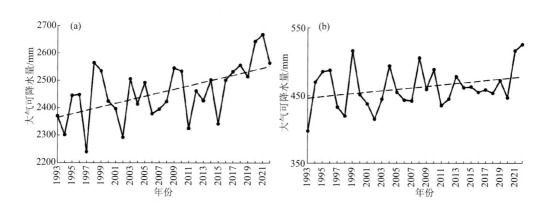

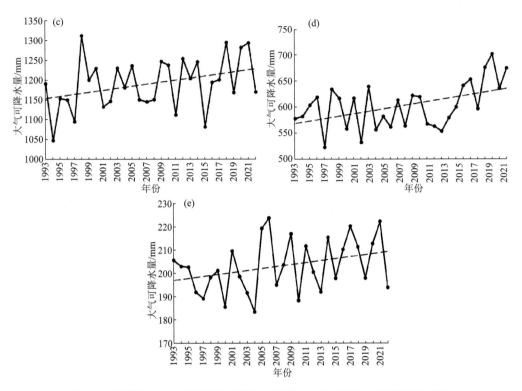

图 6.3　昌都市年(a)、春季(b)、夏季(c)、秋季(d)、冬季(e)大气可降水量变化

如图 6.4 所示,昌都市 20 世纪 90 年代大气可降水量平均值为 2415.1 mm,21 世纪 00 年代为 2427.2 mm,21 世纪 10 年代为 2469.9 mm,表明大气可降水量呈逐年代上升趋势。在季尺度上,春季变化不大,21 世纪 10 年代略高;夏季和冬季呈上升趋势;21 世纪 00 年代秋季大气可降水量略低。

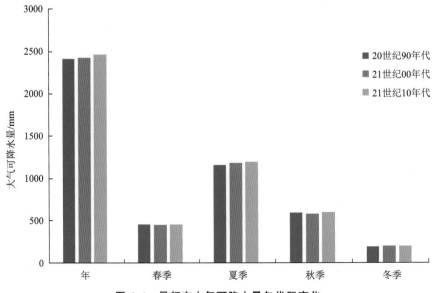

图 6.4　昌都市大气可降水量年代际变化

6.2.3.3　实际降水量时空分布特征

从昌都市平均年降水量分布(图6.5)来看,实际降水量从西南向北递增,丁青县东北部、类乌齐县西北部最大,达 640 mm 以上;八宿县南部最小,为 340 mm 以下。

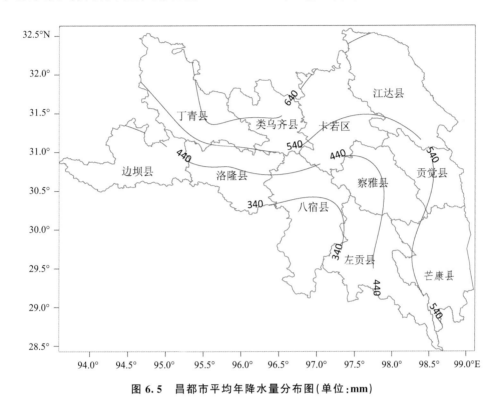

图 6.5　昌都市平均年降水量分布图(单位:mm)

近 30 年昌都市实际降水量呈下降趋势(图 6.6),而大气可降水量呈增加趋势(图 6.3a),二者正好相反,可见近年降水转化率较低。

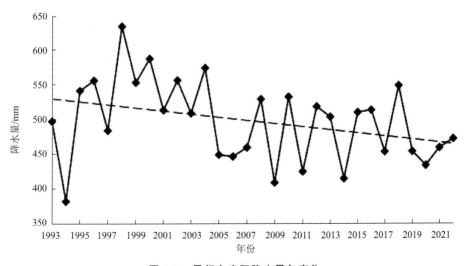

图 6.6　昌都市实际降水量年变化

6.2.4　降水转化率

6.2.4.1　降水转化率的空间分布特征

大气降水转化率定义为实际降水量与整层大气可降水量的比值,它反映了大气自然降水的效率。一般而言,大气可降水量一定的情况下,降水转化率越高,实际降水量越大。由昌都市降水转化率空间分布(图 6.7)可见,年降水转化率从西南向东

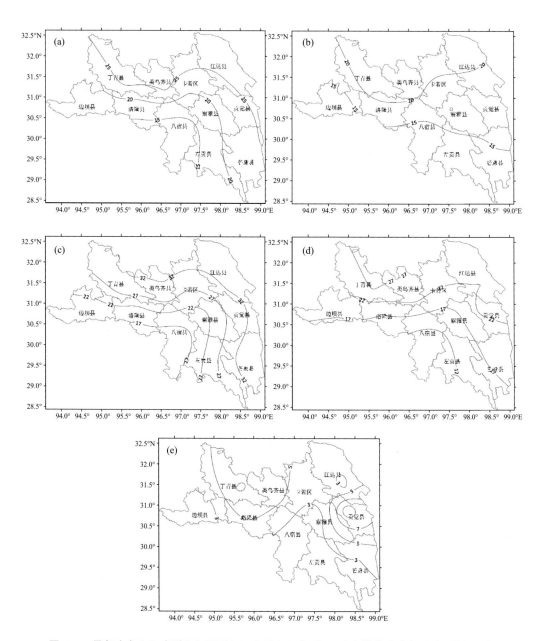

图 6.7　昌都市年(a)、春季(b)、夏季(c)、秋季(d)、冬季(e)降水转化率空间分布(单位:%)

北递增,昌都大部地区降水转化率低于 25%,丁青东北部、类乌齐北部,卡若北部、江达东北部、贡觉东部、芒康东北部可达 25% 以上。昌都市平均年降水转化率为 20.6%。春、夏、秋三季降水转化率分布与年降水转化率基本一致,贡觉、江达、边坝的冬季降水转化率较低,仅为 3% 左右。

6.2.4.2 降水转化率的时间分布特征

从降水转化率的时间演变特征来看,降水转化率的年变化(图 6.8a)基本呈现正态分布,3—10 月的降水转化率均处在 10% 以上,7 月份最高(27.3%),1—2 月、11—12 月在 10% 以下,1 月份最小(2.2%),呈现夏季降水转化率最高,冬季转化率最低的分布特征。昌都市降水转化率年际变化趋势(图 6.8b)表明,1993—2004 年呈上升趋势,2004—2022 年呈下降趋势。结合昌都市实际降水量年际变化(图 6.6)来看,近 30 年降水转化率的升高(降低)对应着降水量的增多(减少)。

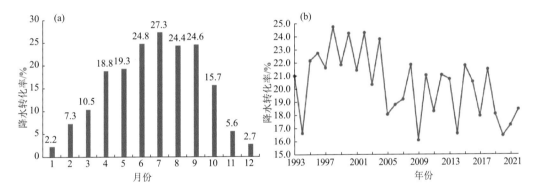

图 6.8 昌都市大气降水转化率年变化(a)和年际变化(b)

6.3 太阳能资源

青藏高原素有"世界屋脊"之称,昌都位于青藏高原的东南部,平均海拔 3500 m 以上,空气稀薄,日照时间长、太阳辐射强,随着经济社会的发展,全球能源消耗不断增长,传统能源储存越来越受限制,而太阳能作为一种可再生清洁能源,太阳能资源利用越来越受重视,大力发展可再生能源成为全球能源革命和应对气候变化的主导方向和一致行动,国家发改委、国家能源局等 9 部委联合印发《"十四五"可再生能源发展规划》,明确到 2025 年,可再生能源年发电量到 3.3 万亿 kW·h 左右,风电和太阳能发电量实现翻倍。在国家政策的扶持下,光伏发电已成为西藏清洁能源发展的大趋势,据了解,2023 年 5 月,全球规模最大光伏电站在西藏昌都市芒康县开工,该电站是目前全球在建规模最大、海拔最高、生态环保措施最完善的清洁能源发电项目。在农牧民家中,太阳能电池板、热水器、太阳灶等设备也得到了广泛应用。

6.3.1 太阳能参数的空间分布

为全面了解昌都太阳能资源的分布情况,按照太阳能资源评估方法,对昌都太阳总辐射、年日照时数、年日照百分率、日照时数大于 6 h 天数和太阳能资源稳定程度进行分析(因贡觉、江达、边坝和察雅四县无日照数据,空间分布图使用克里金插值法绘制)。

6.3.1.1 太阳总辐射和日照时数

昌都年太阳总辐射 6199.6 MJ/m²,各地年日照时数为 2186.4～2767.0 h (图 6.9),昌都市年日照百分率为 51%～64%。

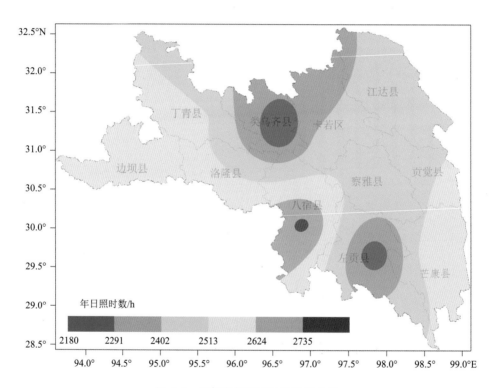

图 6.9 昌都市年日照时数空间分布

6.3.1.2 日照时数大于 6 h 天数空间分布

(1)年日照时数大于 6 h 天数空间分布

各地年日照时数大于 6 h 天数为 212～280 d,呈西部和东南部多、中部地区少的特点(图 6.10)。左贡和类乌齐日照时数相对较少的主要原因可能是受地理位置影响,均位于南北向的峡谷中,日照时数相对较少。

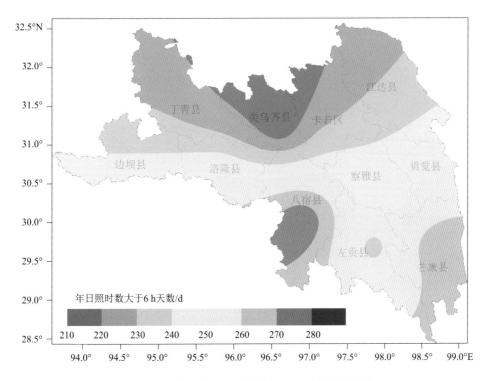

图 6.10 昌都市年日照时数大于 6 h 天数空间分布

（2）季日照时数大于 6 h 天数空间分布

各地春季日照时数大于 6 h 天数为 54～74 d，类乌齐最少，八宿最多，其中八宿、芒康在 70 d 以上，左贡、洛隆、丁青、卡若为 60～67 d，类乌齐不足 60 d（图 6.11a）。

夏季日照时数大于 6 h 天数为 42～58 d，左贡最少，八宿最多，其中八宿、类乌齐、洛隆均为 50 d 以上，其他地区均少于 50 d（图 6.11b）。

秋季日照时数大于 6 h 天数为 52～70 d，类乌齐最少，八宿最多，其中八宿、芒康相差较小，芒康为 69 d，洛隆、卡若、丁青为 60～64 d，左贡、类乌齐不足 60 d（图 6.11c）。

冬季日照时数大于 6 h 天数为 60～81 d，丁青最少，芒康最多，其中八宿为 78 d，洛隆为 72 d，左贡、卡若、丁青、类乌齐均不足 70 d，为 60～69 d（图 6.11d）。

综上所述，昌都市四季平均日照时数大于 6 h 天数最少的是夏季，为 50 d，其余三季差距较小，依次为秋季、春季和冬季，分别为 62 d、64 d 和 70 d。

6.3.1.3 太阳能资源稳定度分布

在太阳能资源评估中稳定程度是最重要的评估指标之一，太阳能资源稳定程度用各月的日照时数大于 6 h 天数的最大值与最小值的比值表示，见式（6.4），比值越小,说明太阳能资源全年变化越稳定,受天气变化影响越少,越利于太阳能资源的开发利用。

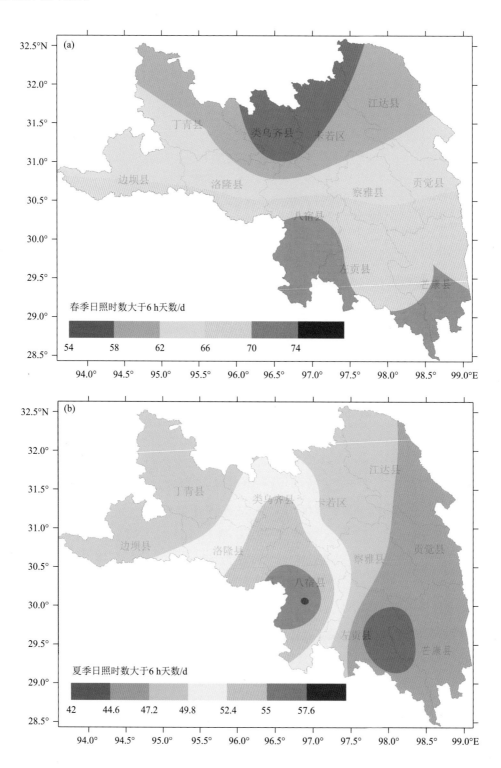

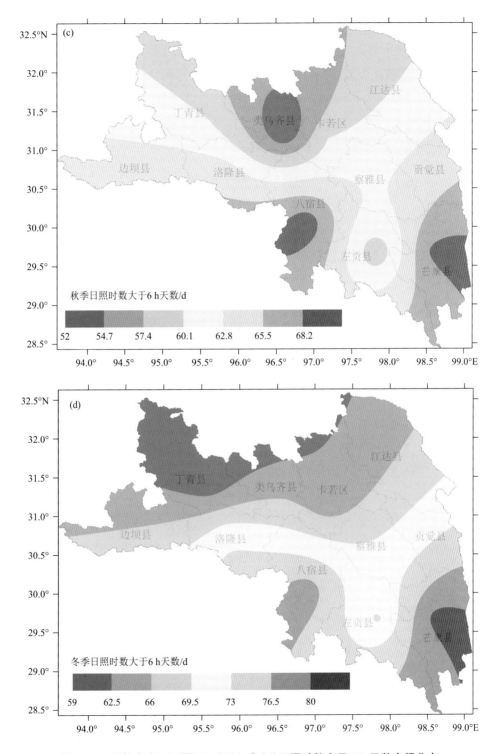

图 6.11 昌都市春(a)、夏(b)、秋(c)、冬(d)日照时数大于 6 h 天数空间分布

$$K = \frac{\max(D_1, D_2, \cdots, D_{12})}{\min(D_1, D_2, \cdots, D_{12})} \qquad (6.4)$$

式中:K 为太阳能资源稳定程度指标;$D_1, D_2 \cdots, D_{12}$ 分别为 1—12 月各月日照时数大于 6 h 的天数,单位为天(d);max()、min()分别为求最大值和最小值的标准函数。

根据中国气象局太阳能稳资源稳定程度等级(表 6.4)可知,昌都市绝大部分地区属于较稳定状态,八宿、洛隆、卡若、丁青、芒康、类乌齐为 2.2~3.7,左贡稳定度指标为 4.2,稳定程度为不稳定状态(图 6.12)。

表 6.4 太阳能资源稳定程度等级

太阳能资源稳定程度指标	稳定程度
<2	稳定
$2\sim4$	较稳定
>4	不稳定

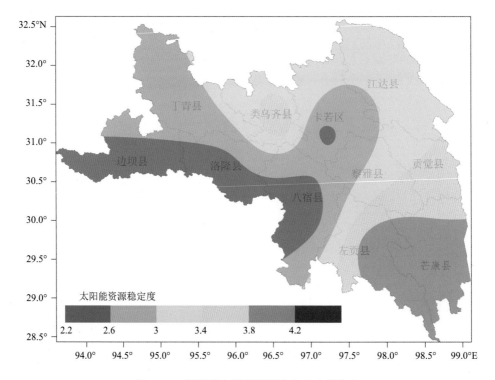

图 6.12 昌都市太阳能资源稳定度空间分布

6.3.2 太阳能资源区划

根据中国气象局太阳能资源评估办法规定,以太阳总辐射的年总量为指标,按照太阳能资源丰富等级(表 6.5)对太阳能资源丰富程度进行划分,因昌都只有卡若站有辐射数据,主要使用年日照时数和日照百分率进行区划,昌都绝大部分地区属于太阳能资源很丰富区,具体区划如下。

太阳能资源很丰富区,主要分布在昌都市南部,包括八宿、芒康、洛隆、丁青大部分地区,本区年日照时数为 2500～2700 h,日照百分率为 58%～64%,年日照时数大于 6 h 的天数为 240～280 d,太阳能资源较为稳定。

太阳能资源丰富区,主要分布在昌都中北部以及左贡,本区年日照时数为 2100～2400 h,本区年日照时数为 51%～57%,与太阳能资源丰富区相差较小,年日照时数大于 6 h 的天数为 210～240 d,太阳能资源绝大部分地区较为稳定。

表 6.5　太阳能资源丰富程度评估等级

太阳总辐射年总量/(MJ/m^2)	年日照时数/h	日照百分率/%	资源丰富程度
≥6300	3000～3560	≥68	资源最丰富
5040～6299	2500～2999	56～67	资源很丰富
3780～5039	1500～2499	40～55	资源丰富
<3780	<1500	<40	资源一般

6.4　风能资源

6.4.1　风能资源的时空分布

风能是自然资源的一部分,它是由空气流动产生的动能,是太阳能的一种转化形式。由于其"取之不尽,用之不竭"的特点,它被誉为永久性能源、可再生能源和清洁能源。西藏地区风能资源的储量非常巨大,属于我国风能资源丰富区。第二次青藏高原科考指出,西藏自治区 100 m 高度、平均风功率密度 400W/m^2 及以上风能资源技术可开发量 6 亿 kW,占全国总量的 15% 左右。而昌都地处西藏东部,高山峡谷纵横,来自西风带的气流受南北向的山脉影响会使得近地面风力减弱,但部分沿江河谷地带受地形狭管效应的作用,也具备一定的风能资源。

在气候资源分析中,衡量某地风能资源潜力的大小,通常以风能密度和风能可利用小时数表示;或者采用两者的乘积表示,称为风能储量。对于一个地区来说,年、季、月平均风速或极端最大风速只能反映该地风能资源的基本状况;从实际利用角度出发,人们通常采用有效风能密度和有效风能时数来评价一地风能资源的可利用程度。

6.4.1.1 风能的计算方法

依据《全国风能资源评价技术规定》，如果测站没有风自记观测，只有 3 次或 4 次定时观测，风能资源参数按照以下方法计算。

（1）平均风速、年最大风速

昌都、丁青、类乌齐、洛隆、八宿、左贡、芒康 7 个气象站点平均风速数据从 1981—2022 年地面观测日值数据中计算得到；贡觉、察雅、边坝、江达 4 个气象站点平均风速数据从 2010—2022 年地面观测日值数据中计算得到。

昌都、丁青、类乌齐、洛隆、八宿、左贡、芒康 7 个气象站点年最大风速数据从 2007—2022 年地面观测日值数据中计算得到；贡觉、察雅、边坝、江达 4 个气象站点最大风速数据从 2010—2022 年地面观测日值数据中计算得到。

（2）威布尔（Weibull）分布参数 K、C 的估算

采用多年年平均风速及年最大风速估算韦布尔分布参数 K、C：

$$K = \frac{\ln(\ln T) - 0.1407}{\ln\left(\dfrac{V_{\max}}{V}\right) - 0.1867} \tag{6.5}$$

$$C = \frac{\overline{V}}{\Gamma\left(1 + \dfrac{1}{K}\right)} \tag{6.6}$$

式中，常数 $T = 365 \times 24 \times 6 = 5260$；$\overline{V}$ 为多年平均风速；$V_{\max}$ 为年最大风速。

（3）年平均风功率密度（D_{WP}）

$$D_{\mathrm{WP}} = \frac{1}{2}\rho C^3 \Gamma\left(1 + \frac{3}{K}\right) \tag{6.7}$$

式中，D_{WP} 为年平均风功率密度（W/m^2）；ρ 为年平均空气密度（干空气密度）；K、C 为韦布尔分布两个参数。

$$\rho = \rho_0 \frac{273}{273 + t} \times \frac{P}{0.1013} \tag{6.8}$$

式中，ρ_0 为 0 ℃下、压力为 0.1013 MPa 下干空气的密度，$\rho_0 = 1.293\ kg/m^3$；P 为本站绝对压力（MPa）；t 为本站年平均温度。

6.4.1.2 风功率密度空间分布

昌都市年风功率密度为 4～28 W/m^2（图 6.13），其中洛隆、贡觉等地在 20 W/m^2 以上，贡觉最大，为 28 W/m^2；丁青、八宿、芒康、边坝等地年平均风功率密度为 10～20 Wm^2；其余各地均在 10 W/m^2 以下。

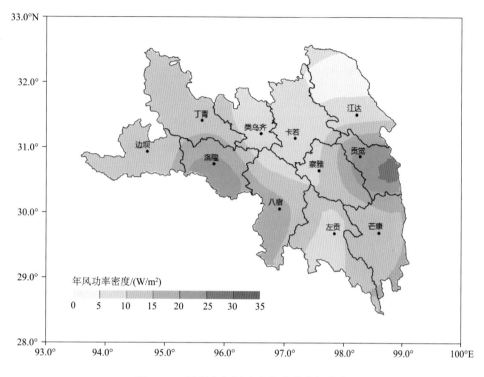

图 6.13 昌都市年风功率密度的空间分布

6.4.2 风能区划指标及区划

6.4.2.1 风能区划指标

根据国家发展和改革委员会印发的《全国风能资源评价技术规定》,采用多年观测的风速资料计算出年平均风功率密度,结合本地风能指标,确定如下风能区划指标(表 6.6)。

表 6.6 风能区划指标

符号	分区	年平均风功率密度/(W/m²)
I	风能丰富	≥200
II	风能较丰富	150~199
III	风能一般	50~149
IV	风能贫乏	20~49
V	风能极度贫乏	<20

6.4.2.2 风能资源区划

根据表 6.6 中的风能区划指标和 11 个气象站点观测资料,昌都市风能资源可划分为2个区域(图6.14)：

①风能资源贫乏区：主要包括洛隆、贡觉两地，这些地区年风功率密度在20 W/m² 以上。

②风能资源极度贫乏区：主要包括卡若、丁青、类乌齐、边坝、八宿、左贡、芒康、江达、察雅9个地区，这些地区年风功率密度在20 W/m² 以下，风能资源极度贫乏。

青藏高原地势高亢开阔，受高空强劲西风的影响，成为全国风速分布的高值区之一，昌都位于青藏高原东南部，其地势西北高、东南低，境内念青唐古拉山、他念他翁山等山脉高耸，岭谷栉比，河谷深切，并且都呈现为南北走向。强劲的西风急流在受大地形的影响，在山前阻塞，导致风速降低。同时昌都平均海拔在3500 m以上，导致这里空气密度较低，仅为内地平原地区的60%～70%，在风速相同的情况下，风功率密度较低。另外，昌都市站点稀疏，本次统计所用到的站点均处于昌都人口较为密集的县城附近，代表性一般。

综合而论，昌都绝大多数地区属于风能资源极度贫乏区域，但根据风能资源区划图可见，在怒江河谷以及金沙江河谷地带的部分地区，受狭管效应的作用，仍具有一定的风能资源，具备一定的可开发性。

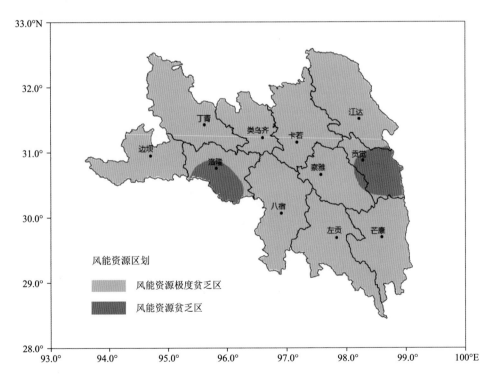

图6.14 昌都市风能资源区划

6.5 旅游气候资源

昌都市位于西藏东部,澜沧江上游,是西藏自治区的东大门。受特殊的地理环境和独特的人文习俗吸引,到昌都旅游的人越来越多。但是由于昌都海拔较高,空气稀薄,部分地区气候恶劣,很多游客不能适应,产生高原反应。对昌都旅游资源进行气候区划,对各个旅游景点进行适宜旅游季节分类,有利于旅游者制定合理的旅游计划,有助于推动昌都旅游事业的发展。许多学者已采用各种指标对西藏旅游气候资源进行研究(李春花 等,2015;石磊 等,2015)。本节使用温湿指数、风寒指数以及空气含氧量质变进行旅游区气候条件的评价。

6.5.1 旅游舒适气候区划

6.5.1.1 指标

随着全球气候变化的加剧,气候问题已为人们耳熟能详。同时随着国民经济的快速增长,人们对美好生活的需求也不断提高,旅游业的快速发展,气候变化对旅游业的影响也逐渐受到各界人士关注。人们通常选择最佳的旅游季节和最舒适的气候环境条件进行旅游,温度、风速、湿度三要素对人体生理和心理影响最敏感。但是其中任一因素不能单独衡量人体的舒适度,需要综合的指标进行衡量。本节结合高原海拔高、空气稀薄等特点,在舒适度上选取了评价西藏气候时采用的高原舒适度指标结合人体舒适度与含氧量对昌都旅游的舒适度进行评价(宋善允 等,2013),舒适度指数具体计算公式如下:

$$I_d = 1.8T_m - 0.55(1.8T_m - 26)(1 - RH) - 3.25\sqrt{v} + 32 \qquad (6.9)$$

$$g_{Id} = 0.132 \times O_I + 0.8 \times I_d \qquad (6.10)$$

$$O_I = \frac{PP_h}{P_0} \times 100 + (T_{min} - T_{max})/10.0 \qquad (6.11)$$

式中,I_d 为舒适度指数;g_{Id} 为高原舒适度指数;O_I 为含氧量;T_m 为平均气温;RH为相对湿度(%);v 为风速(m/s);P_0 为 1013 hPa;P_h 为平均气压(hPa);T_{min}、T_{max}为最低和最高气温(℃)。

高原舒适度指数在 0~85.0,可分为 6 级:0~25.9 为很冷、26.0~40.9 为较冷、41.0~50.0 为冷舒适、50.1~65.0 为最舒适、65.1~75.9 为热舒适、76.0~85.0 为炎热不舒适。

6.5.1.2 区划

通过对昌都市 11 县(区)高原舒适度指数分析可知(表 6.7),可以将昌都市各县(区)按月分为3类。其中第Ⅰ类为较冷,包括了卡若11月至次年2月、丁青10月至次年4月、类乌齐10月至次年4月、洛隆11月至次年4月、八宿12月至次年1月、芒康10月至次年4份、左贡11月至次年4月、贡觉11月至次年3月、察雅2月、江达11月至次年3月、边坝11月至次年3月;第Ⅱ类为冷舒适,包括卡若3—5月和11月、丁青5—9月、类乌齐5—9月、洛隆5—6月和9—10月、八宿2—4月和10—11月、芒康5—9月、左贡5—6月和8—10月、贡觉4—7月和9—10月、察雅9月至次年1月和3—4月、江达4—5月和9—10月、边坝4—6月和9—10月;第Ⅲ类为最舒适,包括卡若6—9月、洛隆7—8月、八宿5—9月、左贡7月、贡觉8月、察雅5—8月、江达6—8月、边坝7—8月。从舒适度指标来看,昌都市无很冷、热舒适和炎热不舒适区。

表6.7 昌都市各县(区)各月高原舒适度指数

月份	1月	2月	3月	4月	5月	6月	7月	8月	9月	10月	11月	12月
卡若	37.5	39.7	42.5	45.3	49.6	53.2	54.5	53.9	50.9	45.7	40.7	37.7
丁青	31.1	33.0	35.8	39.1	43.5	47.5	49.4	49.0	45.9	40.0	34.8	31.8
类乌齐	30.2	32.9	35.5	38.8	43.3	47.6	49.2	48.5	45.6	39.8	34.0	30.9
洛隆	32.4	34.4	37.3	40.7	45.1	49.3	51.2	50.6	47.9	42.1	36.7	33.4
八宿	39.8	41.2	43.5	46.5	51.1	55.1	56.2	55.8	53.9	49.0	44.0	40.7
芒康	30.5	32.0	34.9	38.4	43.4	47.6	48.3	47.5	45.2	40.1	34.8	31.7
左贡	32.4	34.2	37.5	40.7	45.3	49.8	50.2	49.6	47.4	42.4	36.7	32.8
贡觉	34.3	36.2	38.9	41.2	45.1	49.4	50.0	50.1	46.6	42.1	38.2	35.4
察雅	41.1	38.8	46.3	43.0	51.9	56.6	51.7	56.8	49.1	49.5	44.9	41.8
江达	34.2	37.0	40.5	43.2	46.7	50.8	51.9	51.5	48.2	42.2	37.0	34.0
边坝	32.5	35.7	38.2	41.2	45.4	49.5	51.2	51.3	48.1	42.1	37.4	34.5

从昌都市11县(区)舒适度空间分布可知(图6.15),丁青、类乌齐、芒康为较冷,其余县(区)为冷舒适期,无很冷、热舒适和炎热不舒适区。

昌都市各县区旅游景点在地域和气候条件下存在差异,各个不同时节可以观赏不同的旅游景象。昌都市主要景点有强巴林寺、然乌湖、千年古盐田、三色湖、美玉草原、芒康桃花、来古冰川等。每年的12月到翌年2月份为"观雪山冰川、赏湖泊蓝冰、享冬日暖阳、泡温泉康养"的冬游最佳时机,每年的5—9月份为最佳旅游期,也就是该地区的初夏和深秋时节。参照昌都文旅相关资料,由国道317进入,国道318

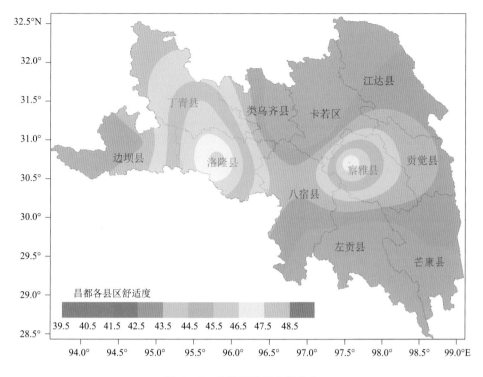

图 6.15　昌都舒适度空间分布

出是一条完整的旅游线路,简称"7 进 8 出",可以完整观赏昌都 11 县(区)境内各个不同旅游景点的独特景象。

6.5.2　风寒指数与温湿度指数

通常采用气温表示环境的冷暖,但是研究大气环境的舒适度,必须考虑湿度、气流等气象要素的综合作用,这类综合指标称之为生物气温指标。大部分学者对气温的评价多采用温湿指数和风寒指数。

(1)温湿指数

$$\text{THI} = t - 0.55 \times (1 - f) \times (t - 14.4) \tag{6.12}$$

式中,THI 为温湿指数;t 为气温;f 为相对湿度。

(2)风寒指数

$$K = -(10\sqrt{v} + 10.45 - v) \times (33 - t) + 8.55 \times S \tag{6.13}$$

式中,K 为风寒指数,t 为气温(℃),v 为风速(m/s),S 为日照时数(h)。

选取宋善允等(2013)评价西藏气候时生物气温指标对应划分,分为炎热、热、舒适、凉、冷凉、冷、酷冷、可能冻伤 8 个级别(表 6.8)

表 6.8 生物气温评价指标

温湿指数（THI）		风寒指数（K）	
范围	感觉程度	范围	感觉程度
≥28.0	炎热	≥−50.0	炎热
25.0～27.9	热	−100.0～−49.9	热
23.0～24.9	暖和	−300.0～−99.9	舒适
16.0～22.9	舒适	−400.0～−299.9	凉
14.0～15.9	凉	−600.0～−399.9	冷凉
10.0～13.9	冷凉	−1000.0～−599.9	冷
<10.0	冷凉	−1400.0～−999.9	酷冷
		<−1400.0	外露皮肤冻伤

　　从昌都市温湿度指数和风寒指数的计算结果（表 6.9 和表 6.10）来看，丁青、类乌齐 6—9 月为旅游最佳时间，其他月份较为寒冷。卡若和洛隆适宜旅游的时间为 5—9 月，其他月份比较寒冷，不适宜户外活动。八宿、左贡、芒康 6—9 月均为旅游适宜时间，10 月至翌年 5 月较为寒冷。

表 6.9 昌都市各站月温湿指数结果

序号	站点	站号	1月	2月	3月	4月	5月	6月	7月	8月	9月	10月	11月	12月
1	丁青	56116	冷	冷	冷	冷	冷	冷凉	冷凉	冷凉	冷凉	冷	冷	冷
2	类乌齐	56128	冷	冷	冷	冷	冷	冷凉	冷凉	冷凉	冷凉	冷	冷	冷
3	卡若	56137	冷	冷	冷	冷	冷凉	凉	凉	凉	冷凉	冷	冷	冷
4	洛隆	56223	冷	冷	冷	冷	冷凉	冷凉	凉	凉	冷凉	冷	冷	冷
5	八宿	56228	冷	冷	冷	冷凉	凉	舒适	舒适	舒适	舒适	冷凉	冷	冷
6	左贡	56331	冷	冷	冷	冷凉	冷凉	冷凉	冷凉	冷凉	冷凉	冷	冷	冷
7	芒康	56342	冷	冷	冷	冷	冷	冷凉	冷凉	冷凉	冷凉	冷	冷	冷

表 6.10 昌都市各站月风寒指数结果

序号	站点	1	2	3	4	5	6	7	8	9	10	11	12
1	丁青	冷	冷	冷	冷凉	冷凉	冷凉	凉	凉	冷凉	冷凉	冷	冷
2	类乌齐	冷	冷	冷	冷	冷凉	冷凉	凉	凉	冷凉	冷凉	冷	冷
3	卡若	冷	冷凉	冷凉	冷凉	凉	凉	舒适	舒适	凉	冷凉	冷凉	冷凉
4	洛隆	冷	冷	冷	冷	冷凉	冷凉	凉	凉	冷凉	冷凉	冷	冷
5	八宿	冷	冷	冷凉	冷凉	凉	舒适	舒适	舒适	凉	冷凉	冷凉	冷凉

序号	站点	1	2	3	4	5	6	7	8	9	10	11	12
6	左贡	冷	冷	冷	冷凉	冷凉	凉	凉	凉	冷凉	冷凉	冷凉	冷
7	芒康	冷	冷	冷	冷	冷凉	冷凉	冷凉	冷凉	冷凉	冷凉	冷	冷

从风寒指数月份分布的总体特征来看,春季大部分地区为冷凉;夏季卡若、八宿为舒适,芒康为冷凉其他地区大部为凉;秋季大部分为冷凉;冬季大部分为冷,昌都市区大部时段为冷凉。

6.5.3　温湿指数变化趋势和空间分布

从温湿指数空间分布的总体特征来看(图 6.16),八宿、察雅、洛隆南部、卡若区中南部、江达西南部、贡觉西北部、左贡北部等为冷凉,芒康东南部和类乌齐中北部、丁青北部冷。

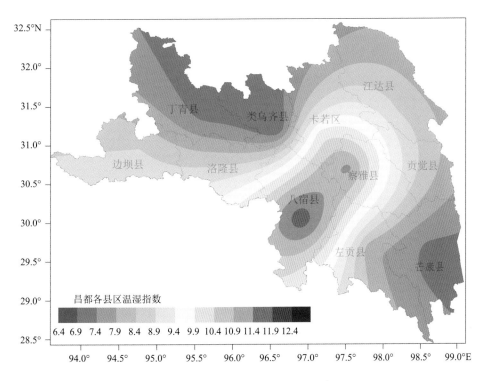

图 6.16　昌都市温湿指数空间分布

昌都年温湿指数的变化为线性增长趋势(图 6.17),其增速为 0.35/(10 a)。昌都市各季节温湿指数的变化趋势与年趋势一致,为线性增长趋势(图 6.18),其中增速最大的为冬季,增速为 0.49/(10 a),其次为秋季,增速为 0.38/(10 a),而春季和夏季增速相对小,其中春季增幅最小,增速为 0.25/(10 a)。

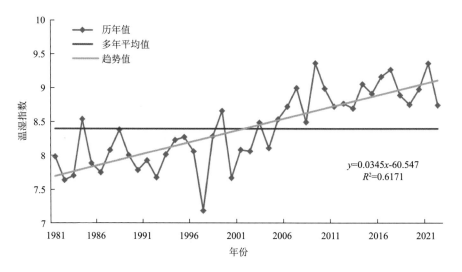

图 6.17　1981—2022 年昌都年温湿指数变化

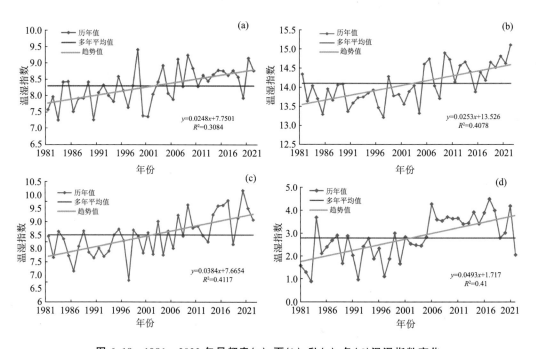

图 6.18　1981—2022 年昌都春(a)、夏(b)、秋(c)、冬(d)温湿指数变化

6.5.4　风寒指数变化趋势和空间分布

从风寒指数空间分布来看(图 6.19),卡若区东南部和八宿中部为凉,昌都市整体上以冷凉为主,但是芒康东南部显示为冷。

昌都年风寒指数的变化呈线性增长趋势(图 6.20),其增速为 15.69/(10 a)。昌

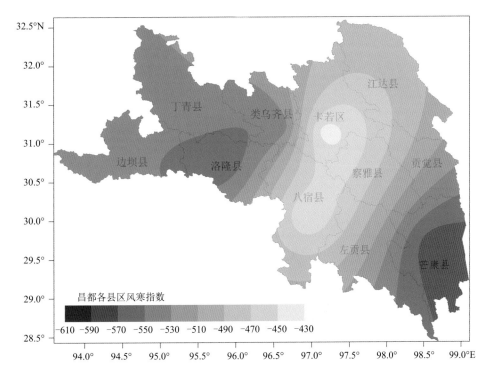

图 6.19 昌都市风寒指数空间分布

都各季节风寒指数的变化趋势与年趋势一致,为线性增长趋势(图 6.21),其中增速最大的为冬季,增速为 17.42/(10 a);其次为春季,增速为 16.91/(10 a);后面为秋季,增速为 14.69/(10 a);夏季增速最小,为 10.88/(10 a)。

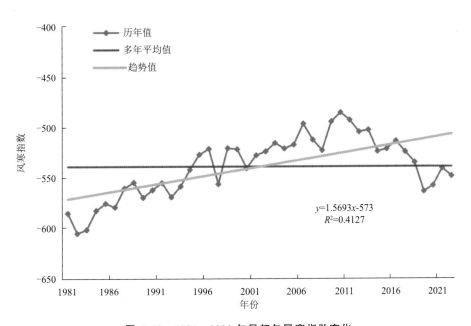

$$y=1.5693x-573$$
$$R^2=0.4127$$

图 6.20 1981—2022 年昌都年风寒指数变化

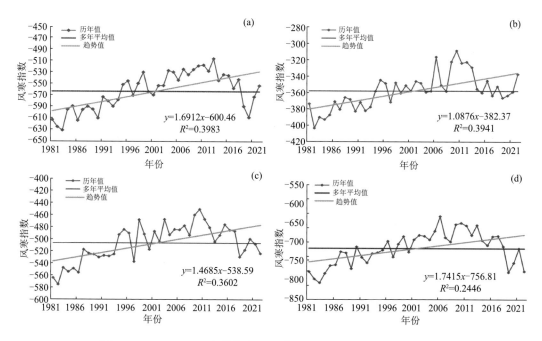

图 6.21　1981—2022 年昌都春(a)、夏(b)、秋(c)、冬(d)风寒指数变化

6.5.5　含氧量变化

通过对昌都市 11 县(区)气象站点月平均气压和平均最高、最低气温分析,计算出 11 县(区)年含氧量和月季含氧量。从昌都年含氧的变化趋势来看(图 6.22),昌都年平均含氧量为 62%,1981—2022 年昌都年含氧量有一定的上升趋势,但是上升

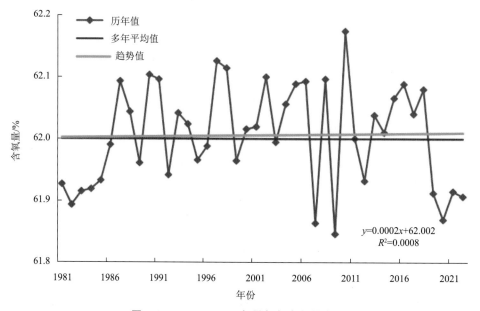

图 6.22　1981—2022 年昌都年含氧量变化

趋势不明显,为 0.002%/(10 a)。含氧量最高的年份为 2010 年,年平均含氧量为 62.17%;而最低值为 2009 年,平均含氧量为 61.84%。从昌都市各县含氧量空间分布(图 6.23)可知,卡若、八宿、贡觉、察雅、江达含氧量相对较高,丁青、类乌齐、芒康、左贡相对较低。

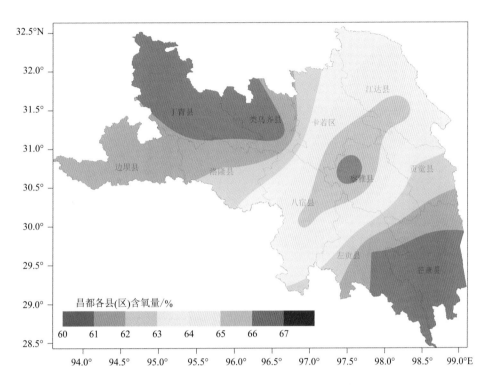

图 6.23 昌都市各县(区)平均含氧量空间分布图

从昌都各季含氧量的变化趋势来看(图 6.24),昌都冬季含氧量相对较少,平均含氧量为 61.5%;其次依次为春季、秋季、夏季,平均含氧量分别为 61.9%、62.3%、62.4%。1981—2022 年的含氧量变化趋势来看,冬季和秋季呈减少趋势,其中冬季减少变化趋势较明显,趋势为 -0.017%/(10 a),秋季趋势为 -0.003%/(10 a);夏季和春季多年含氧量变化趋势为增长趋势,其中春季增长趋势较明显,为 0.023%/(10 a),夏季为 0.004%/(10 a)。

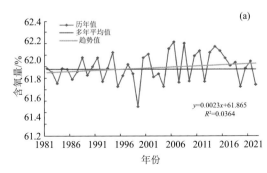
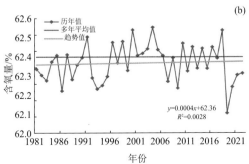

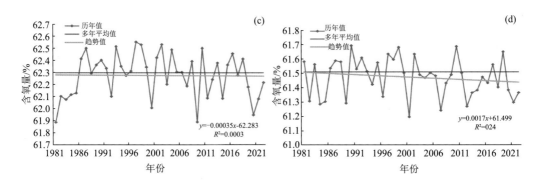

图 6.24　1981—2022 年昌都春(a)、夏(b)、秋(c)、冬(d)含氧量变化

第 7 章　气候变化的影响及应对

7.1　气候变化对生态系统的影响

7.1.1　气候变化对水资源的影响

7.1.1.1　气候变化对湖泊的影响

(1)昌都市湖泊概况

青藏高原孕育着地球上数量最多、面积最大且类型多样的高原湖泊群。湖泊作为青藏高原的重要陆地景观之一,在全球水循环和生物地球化学循环中发挥着重要作用,被认为是反映全球气候变化和区域响应的重要信息载体(闫琦,2023)。

昌都市位于青藏高原东南部,其拥有的湖泊众多,但规模较小。全市湖泊总面积约为 120.2 km²,其中仅莽错湖和然乌湖都超过了 10 km²,湖泊面积分别为 18 km² 和 18.4 km²。此外,较大的湖泊还有布托错青(面积 9.0 km²)、布托错穷(面积 6.4 km²)和仁错(面积 3.7 km²)。

昌都市的湖泊的成因多式多样,有构造成因、冰川成因以及其他成因(如堵塞谷地成湖),如莽错湖的形成与构造活动有关。昌都市面积在 1 km² 以下的高山湖泊基本上都为冰川湖泊,如布托错青湖和布托错穷湖,也有一些湖泊为现代谷地被山崩、滑坡或泥石流堵塞形成的湖泊,如然乌湖就是由山崩堵塞而形成的。

昌都市主要的湖泊有然乌湖、三色湖、布托湖、卓玛朗措湖和莽措湖等。

然乌湖位于昌都市八宿县的然乌乡,古冰川的下游,紧临 318 国道线,是由山体滑坡及泥石流堵塞河道而形成的堰塞湖,是雅鲁藏布江支流帕隆藏布江的源头,湖泊长全 28 km,是昌都市最长的湖泊。该湖泊为外流湖泊,主要补给来源于周边发育的海洋性冰川,按形态分为上湖"雅错"、中湖"安错"和下湖"安目错"。

三色湖位于昌都市边坝县边坝镇普玉村,与著名的祥格拉冰川相邻,因有三种颜色的独立湖泊组成,故称为三色湖。白湖藏语称"错嘎",黑湖藏语称"错那",黄湖藏语称"错斯"。在三湖中,黑湖面积最大,黄湖面积最小,黑湖与白湖有溪相连。

布托湖位于昌都市丁青县的北部,由一大一小两个高山湖泊组成,其中面积大的叫"布托措青",湖泊面积约 9 km²,小的叫"布托措琼",湖泊面积约 6 km²,两湖相距约 5 km,布托湖四周地势为高谷盆地,其湖水源于四周雪峰林立的冰川。

卓玛朗措湖位于昌都市洛隆县,湖面全长约 5 km,最宽的地方约 1.5 km,由大小 21 个湖泊组成,是洛隆较大的淡水湖之一。

莽措湖位于昌都市芒康县的莽岭乡,水域面积超过 20 km²,湖中有堆确岛、堆房岛两座小岛。

(2)气候变化对昌都市湖泊的影响

湖面升降、湖泊水量的变化均与气候变化和冰川退缩之间存着紧密的联系,它们之间具有相互作用,并且对人类环境具有明显的影响,这些影响主要通过他们之间以水分为纽带的复杂关系中得以表现(Harrison et al.,2006)。

气候变化可以直接或间接影响湖泊水量的净流入和流出,是湖泊变迁的主要驱动因素之一,在自然水循环和水平衡中发挥着重要作用(闫利 等,2019)。青藏高原面积大于 50 km² 的 138 个湖泊整体显扩张趋势,湖泊面积的变化与气候变化有着直接的联系,气温主要影响以冰雪融水为主要补给来源的湖泊,降水主要影响以降水和地表径流为主要补给来源的湖泊。

在区域性气温不断升高、冰川融解退缩的背景下,夏季河流的冰川水量补给增加,导致通过或依赖冰川补给的湖泊扩张淡化。另一方面,众多以降水径流补给的湖泊退缩、微化乃至消亡已成为区域气候暖干化趋势的直接后果(姜加虎 等,2004)。

以八宿县的然乌湖为例,湖面海拔 3852 m,周围高山危耸峻峭,众多海拔 5000 m 以上的高峰皆有冰川发育;由于全球气候逐渐变暖等因素,气温的升高对整个湖泊和冰川都有不同程度的影响,该地年平均气温表现为明显的升高趋势,降水则为减少趋势,蒸发量呈增多趋势。然乌湖湖体狭长,呈串珠状分布,分上、中、下游三段,由三个梯级形相连的湖泊组成,它的成因是由于山体滑坡或泥石流堵塞河道而形成的堰塞湖。其主要补给来源于周边发育的海洋性冰川,每当冰雪融化时,雪水便注入湖中,使然乌湖经常保有丰富的水源。在冰川等水源补给缺少的情况下,降水减少、气温升高和蒸发量增大将会造成该湖湖面面积减小和水位下降。

7.1.1.2 气候变化对河流的影响

(1)昌都市河流概况

青藏高原作为亚洲多条河流起源,为几十亿人类提供必要的水资源,有着"亚洲水塔"之称。在全球变暖的条件下,昌都市河流格局也在发生变化,对人类、社会、经济等重点领域也有一定影响。昌都市的多年平均出境水量为 2530.2 m³/s,年径流量 797.2 亿 m³。季节分配的地区径流的年际变化不大,最大年平均流量与多年平均流量的比值最小为 1.17,最大为 2.24,平均为 1.46。

昌都市河流众多,河流水系从东向西依次为金沙江、澜沧江、怒江,属藏东"三江流域"。金沙江在昌都市境内长 587 km,流域面积 23 000 km²,地表水资源量 39.6 亿 m³;澜沧江在昌都市境内长 509 km,流域面积 38 300 km²,地表水资源量 108.5 亿 m³;怒江在昌都市境内长 975 km,流域面积 48 326 km²,地表水资源量 408.9 亿 m³。

(2)气候变化对河流的影响

昌都市河流的水源主要有雨水、冰雪融水和地下水三种,呈现流量丰富、含量小、水质好等特点。但是径流季节分配不均,年际变化小,水温偏低,水情悬殊。河流的演变,受到地质构造、地形以及气象等要素的制约。

西藏河流可分为雨水补给类型、地下水补给类型、融水补给类型、混合补给类型(关志华 等,1980)。昌都市位于西藏东部,其主要河流属混合补给类型,支流多属雨水补给类型。其中,金沙江、澜沧江、怒江等是雨水、融水和地下水各补给量占年径流量的比重都小于 40% 的河流,属混合补给类型。

在全球变暖的背景下,昌都市各地年平均气温表现为明显的升高趋势,增速为 0.15～0.49 ℃/(10 a),降水量均呈减少趋势,减速为 8.5～24.2 mm/(10 a),年蒸发量在类乌齐、芒康和八宿等地呈现出增多趋势,增速为 50.3～121.3 mm/(10 a),其余各地表现为减少趋势,减速为 29.6～75.9 mm/(10 a)。气温、降水量和蒸发量等气象要素的不同变化,加剧了昌都市河川径流年内分配的不均匀性。

7.1.1.3　气候变化对冰川的影响

(1)昌都市冰川概况

昌都市平均海拔 3500 m 以上,包括卡若、江达、贡觉、芒康、察雅、类乌齐、八宿、左贡、丁青、洛隆和边坝 11 个县(区)。全市冰川和积雪面积 2071.8 km²,均为海洋性冰川,主要分布在丁青、边坝、洛隆、八宿、左贡等县境内(图 7.1)。其中,边坝、八宿境内的冰川及永积雪面积最大,左贡和丁青次之。

岗日嘎布山脉处于印度洋季风向青藏高原输送水汽的主要通道上,是受西南季风影响最强烈的一条山脉,昌都市著名的雅弄冰川(热达冰川)和作求普冰川(东噶冰川)就位于岗日嘎布山脉。

(2)雅弄冰川和作求普冰川时间和空间变化

根据 1976—2021 年卫星遥感资料分析,近 40 年雅弄冰川(热达冰川)和作求普冰川(东噶冰川)均呈退缩趋势(图 7.2)。

1976—2021 年雅弄冰川平均面积 179.52 km²，冰川面积从 1976 年的 183.33 km² 减小到 2021 年的 177.52 km²，冰川面积减小 5.81 km²，面积减小率 3.17%；作求普冰川平均面积为 6.44 km²，1976 年和 2021 年冰川面积分别为 6.74 km² 和 6.19 km²，1976—2021 年冰川面积减小 0.55 km²，面积减小 8.16%。

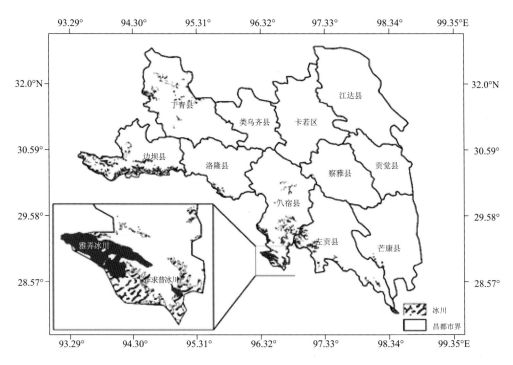

图 7.1 昌都市地理位置及冰川分布图

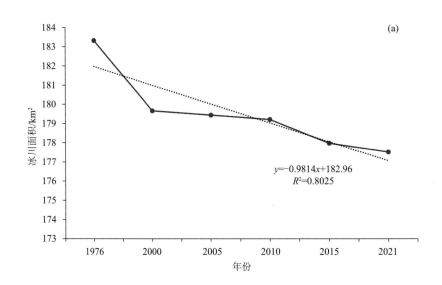

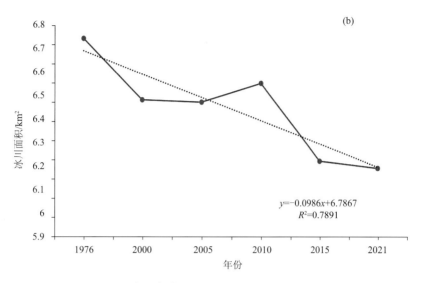

图 7.2　1976—2021 年昌都市雅弄冰川(a)和作求普冰川(b)面积变化图

由冰川空间变化显示(图 7.3),雅弄川以末端退缩为主,从 2005 年开始冰川末端区消融明显,到 2021 年这一区域冰川消融而产生的冰面湖明显增大。并且从 2021 年开始,从雅弄冰川末端的形状可以看出,冰川末端的"小尖角"流入冰湖中,说明该冰川一直处在运动中。

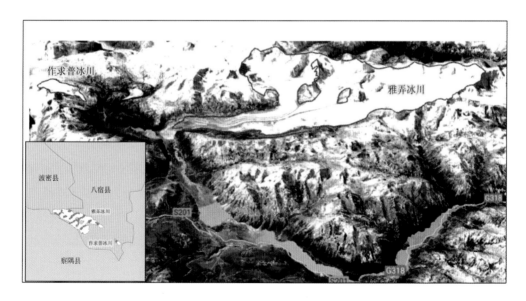

图 7.3　2005—2021 年雅弄冰川表面消融变化图

(3)气候变化对冰川的影响

气温和降水是影响冰川变化的主要因素,1976—2021 年昌都市雅弄冰川和作求普冰川均处于退缩状态。研究表明,冰川呈现持续退缩的原因可能在于平均气温显著上升,而降水变化却不明显(吴坤鹏 等,2017)。1980—2021 年,距离冰川最近八宿气象站年平均气温每 10 a 升高 0.39 ℃,平均最高气温和最低气温每 10 a 分别升高 0.29 ℃和 0.47 ℃,平均年降水量每 10 a 减少 5.79 mm。年平均气温的升高,尤其是最低气温的升高可能是影响雅弄冰川和作求普冰川消融的主要气象要素,加之降水量的减少,一定程度上阻断了冰川积累的来源,进一步加速了区域冰川的退缩。

7.1.2 气候变化对农业的影响

7.1.2.1 昌都市农业概况

在全球气候变化大背景下,气象因素对农业生产和粮食安全起着至关重要的作用,特别在高原地区,农业生产过程中受当地气候变化的影响更为突出。昌都农业大多依靠大自然种植为主,生产过程仍主要以自然光照、温度与降水条件作为基本因素,对气候因素变化非常敏感。农作物赖以生存的土壤环境以及空间温度条件产生波动,就会进而影响发育期及成熟期粮食作物生长。尤其是近年来,受全球气候变暖影响,灾害性与极端性气候多发频发,农业生产出现大幅波动,部分农作物在极端气候灾害的影响下表现为减产甚至绝收的情况。

昌都市主要农作物为青稞、大麦、荞麦、小麦(春小麦、冬小麦)、玉米、蔬菜、马铃薯、油菜等喜凉农作物和其他经济作物,是西藏重要的粮食产区之一,农业产业在西藏经济中占有举足轻重的位置。近年来昌都市农业经济日益增长,据《2021年昌都市国民经济和社会发展统计公报》统计至 2021 年末,昌都市总播种面积49 235.8 hm²,粮食作物种植面积 46 430.9 hm²,农业产值 23.38 亿元,同比增长 6.0%。

7.1.2.2 温度变化对农业的影响

温度是农作物生存的重要条件之一,决定着作物的分布界限、生长条件、发育周期以及产量。在适宜温度范围内,农作物生长发育周期短而质量好;低于最低温度或超过最高温度,作物就会受到低温灾害和高温热害影响,停止发育甚至无法维持生命周期。界限温度对农业生产具有普遍意义,标志某些物候现象或农事活动的开始、转折或终止。

昌都市气温呈升高的趋势,在季节上的增温冬春季更加明显,冬春季温度的升高使得作物的物候期发生了改变,具体体现为春季物候期提前,冬季物候期推迟,作物的生长时间延长。有效积温增加使得一些以前不太适合种植青稞的地区也可以种上青稞了,青稞的种植范围向高纬度和高海拔地区推进,地理适应性扩大。积温与无霜期的增加使得作物的生长期延长,生物产量增加。

然而,在温室效应、全球气候变暖的影响下,高温热害会严重影响农业生产,使得农作物的生长发育遭到限制,进而影响农作物的产量。例如,昌都市春、夏季各地呈明显的升温趋势,这将会造成青稞幼穗分化时间提前,不利于青稞壮苗的培育,进而影响其产量。当然,在农作物的不同生长季节,气温升高会产生不同的影响。而且因种植水平和农作物种类的不同,影响程度也会不一样。此外,在气候变暖的情况下,农作物的品质也会受到影响。

7.1.2.3　降水变化对农业的影响

　　在全球气候变暖的背景下,降水量正发生着不同程度的变动,对当地的农业生产、粮食产量都有不同程度的影响。降水量的年变化分两种类型,一种为单峰型,另一种是双峰型。昌都市属于单峰型,最大月降水量出现在 7 月(或 8 月),最小值出现在 1 月(或 12 月)。

　　降水变化对农作物的影响主要表现在农作物生产过程、病虫害、产量等方面。降水量变化对不同农作物的影响程度截然不同。如青稞前期和后期水分的需求量较小,而中期则较多,而分蘖期至抽穗期、开花灌浆期则是水分需求的临界期,若这个时段降水量较少,将会影响着青稞的茎秆盖度和籽粒产量。同时,生产活动可利用的热量条件对作物生长发育的影响一定程度上受降水变化影响,如果气温上升而降水不能相应增加,会对农作物的生长发育产生负面作用。昌都市气温升高最明显的季节是冬春季,而降水主要是在夏季,7—9 月集中了全年降水量的 90%,冬春季的降水只占全年的 2%~5%,春旱现象将更加严重,春末夏初之际青稞多处于分蘖与拔节期,是作物的水分临界期,水分需求量大,耗水量占整个生长期的 72%,该时期的水分供应,对作物的生长至关重要,而降水不足,蒸散量增大,作物的水分供应矛盾将更加突出,即将对农作物产量巨大影响。

7.1.3　气候变化对林业的影响

7.1.3.1　西藏昌都市林业概况

　　昌都市有林面积 375 万 hm²,有着丰富的森林资源,全市所有县(区)均为有林县,这些林区资源在水源涵养、水土保持、维护生态平衡等方面有着不可替代的作用。昌都的林业布局主要是"三江"流域构成的,其不同的地形特征造就了丰富的林区资源,发展前景广。"三江"(金沙江、澜沧江、怒江)上游为高原宽谷区,该地区林业建设的方向是天然林保护、荒山封育和营造多功能防护林;中游为山地区,该地区林业建设的方向是天然林保护,种植经济林木和发展森林旅游;"三江"下游为高山峡谷区,该地区可发展多种经济林木,是昌都市的主要林区。昌都市作为西藏第二大林区,林业区划隶属横断山脉干热河谷半湿润块状暗针叶林区。森林蓄积约

2.88 亿 m³,森林覆盖率 34.78%,木材蓄积量达 3.64 亿 m³,有高等植物 1000 余种,其中木本植物 600 余种,隶属 70 余科、180 余属,是我国目前生态环境保存相对较好的地区之一,也是我国乃至世界生物多样性和景观多样性较富集的地区之一(郭宗惠 等,2009)。

7.1.3.2 林业发展的主要气候影响因素

气候影响森林的生产,进而影响到林业经济的可持续发展。林业是以森林生态系统为依托,森林资源是林业发展的基础能源,又与气候存在着因果关系。气候因素中的气温、湿度、降水、光照等对森林生长起决定性影响,林业生产总值深受气候影响。同时,风对林火的发生发展影响很大,是重要的气候因子。因此,在发展林业经济过程中要考虑到气候变化因素。

适宜的气候因素是森林生长繁殖的基础条件,也是林业经济发展的必然条件。林业发展受复杂多样的气候因素影响(陈慧斌,2016)。一般情况下温度升高,植物的生理生化反应加速,生长发育加速;反之亦然。不同温度条件下生长不同的植物。例如:八宿葡萄产自西藏昌都市八宿县林卡乡,葡萄园位于怒江峡谷中,主要是因为该地方日照时间长,温度较高,能够为葡萄提供充足的温度;植物在适宜空气湿度和土壤湿度条件下才能保持正常的生长。湿度是影响植物生长的一个重要因素,适宜的空气湿度有利于植物快速生长,当空气湿度较小时,土壤内水分含量状况较为良好,这时植物的生长速度加快,蒸腾作用增强。当空气湿度太高,就对植物的生长发育有阻碍作用。例如:察雅苹果,只有湿度适中,才能稳产。当降水过多、空气湿度大时,会妨碍花芽期授粉,果实膨大期会形成果锈并导致秋虫害蔓延,限制苹果稳产;光照对植物生长的影响主要体现在光照强度、光照时间等方面,适宜的光照有助于调节植物的品质。例如:八宿县依托"两江流域"干热河谷地带地理优势,种植苹果作为促进农民增收的重要方式。光照是苹果树花芽分化和开花的关键因素之一。适宜的光照条件能够促进花芽的分化和发育,从而增加开花数量和质量。据统计数据,春季日照时数八宿县最多,在 700 h 以上,为全市的高值中心。夏季日照时数呈现东南部少西北部多的分布趋势。秋季日照时数总体呈自东南部向门西北部递增,高值区位于八宿;降水量的变化显著影响林业生产总值的变化。其原因在于,林业生产总值主要来源于森林资源,而降水量对森林资源有着非常重要的作用,即降水量对林业经济发展起着重要的作用。

7.1.3.3 气候变化对林业的影响

温度作为气候因素中最主要的组成部分之一,会对森林物候产生重要影响。昌都市各地近年来气温呈明显的上升趋势,昌都市木本植物春季物候期提前。此外,气候变暖会导致虫害增加、害虫死亡率下降,害虫种类增加。

洪涝灾害常常造成水土流失,促使土壤贫瘠,生态恶化,影响林业经济的可持续发展(姚光强 等,2013)。夏季是昌都市降水最集中时段,但全市各地夏季降水量变化趋势不同,其中卡若、丁青、洛隆等县(区)呈减少趋势,其他各县呈增加趋势。降水增加的地区也是昌都市森林生长较好的地区,降水增加,洪涝灾害发生概率增大,对林业产生影响。

森林火灾对林业发展的危害最大,森林在顷刻之间化为灰烬。风可以带走林内的水分,使可燃物干燥;风还能加速空气流动,使氧气供应充足使燃烧加强(马忠宝,2011)。秋、冬两季是昌都市森林草原防灭火的关键期,防火时间长、风大草木干,风能降低林内湿度,提高火险等级。林火扑灭以后,如果有隐火,风还可能引起复燃;风向和风速也会影响林火蔓延的方向和速度。因此,风可以通过对火灾的影响,进而影响林业发展。1990 年以来,除类乌齐县和洛隆县风速呈减小趋势,其余各地均呈增大趋势,尤其是 21 世纪 10 年代以来,左贡县和芒康县等林业发达的地区风速明显偏大,加之冬春季气温升高,致使发生森林火灾的风险加大,对发展当地林业不利。

7.2 气候变化对交通、旅游和能源的影响

7.2.1 气候变化对交通的影响

随着经济社会的快速发展和交通需求的不断增长,昌都市现代交通设施总量迅速扩大,公路、航空的运输能力、效率不断提高,有效地促进了本地社会经济的发展,出行和货物运输变得更加快捷、高效。在交通不断发展的同时,交通事故也随之频繁发生。

道路交通事故发生的因素有很多,分为主观因素和客观因素,其中主观原因有:醉驾酒驾、疲劳驾驶、技术不熟练等;客观原因有:气象条件、车况不佳、道路状况以及其他外界环境因素等。天气条件对城市交通的影响主要表现在道路状况、驾驶员视野、行驶速度以及车辆本身上。气象条件主要是各种降水现象和能见度,其次是大风等天气,这些现象是相互关联的。因此,气象条件对交通的影响是一个共同的作用,在实际预报中要考虑各种天气现象。

在气象灾害中,常常是多种灾害因子相伴发生,比如夏天的雷暴天气,会产生短时强降水伴随大风、雷电等天气现象,冬季雨雪天气在温度剧降后会造成道路积冰,这些气象条件对交通运输业影响极大。交通气象灾害的另一个特点是:突发性和随

机性。如短时强降水引发山体滑坡等,这一特点造成的危害防不胜防。此外,交通气象灾害还有明显的季节性和区域性特点,不同季节不同的气候特征对道路交通的影响各不相同,有时也会间接造成其他事故。

据美国、澳大利亚等国家统计发现:雨天公路事故起因于路面潮湿,摩擦力减小,刹车失灵,能见度下降等;同时也发现:若发生短时强降水,并伴随有大风天气,事故率会更高,损失更大。对降水的性质和降雨天气的影响,降水的强弱和大小有着密切的关系。国内研究人员刘聪等(2009)对交通气象灾害做出了相当深入的研究,他们指出:致灾因素多是交通气象灾害最重要的特点之一,强度上也有别于一般的气象灾害,比如:短时强降水天气会瞬时使久旱的路面瞬间变得湿滑,路面摩擦力减小,轮胎打滑,同时降水时容易造成视程障碍,使能见度下降,也是道路交通事故发生的致灾因子之一。

降水天气对交通的影响与降水的性质、强度、及降水量的大小有密切关系。由表7.1可以看出:从降水的性质来看,雪和雨夹雪对交通的影响最大。雪和雨夹雪在气温较低时,可在路面上形成冰雪,造成车辆滑动,转弯和刹车时容易打滑,容易造成交通事故。降雨强度和降雨量对不同交通的影响也不同,降雨强度越大,降雨量越大,对车辆的影响越大。

表 7.1 不同强度的降水对交通的影响

降水强度	陆面现象	路面状况对交通的影响
小雨	潮湿或有少量积水	路面摩擦系数略有下降,对交通影响不大
中雨	有明显积水	路面摩擦系数下降,车轮打滑、刹车失阻
大雨	有大量积水	路面摩擦系数明显下降,车轮打滑、刹车失阻
暴雨	低洼处积水,淹没低矮路标路障	车行缓慢,交通受阻
小雪	有少量积雪	司机需注意,对交通影响不大
中雪	有积雪	影响行车和刹车
大雪	路面积雪	需限速慢行
暴雪	积雪很厚,严重时形成雪阻	行车困难,交通受阻
雨夹雪	路面有积冰	行车困难,刹车失阻,行车失控

风对城市交通的影响小于对高速公路的影响。一般来说,风力4级或对车辆移动基本没有影响,当风力5~6级时有一定影响,当风力7级以上时可产生显著影响。当车辆迎风行驶时,车身易发生摆动,造成事故的可能性很大。大风对高速行驶的大型卡车和公共汽车影响最大。由于汽车顺风行驶,车身容易摇摆,造成事故

的可能性很大。

根据能见度的实时数据分析,大多数城市能见度距离为 $10\sim 20$ km,天气好的时候可达 30 多千米,天气差的时候不足百米。能见度差是影响交通的重要因素之一。当能见度为 $5\sim 10$ km 时,对城市交通基本没有影响;当能见度下降到 2000 m以下时,影响城市车辆的正常运行。需要指出的是,气象能见度的定义和观测方法与驾驶员在驾驶时前方路面的视距有很大的差异。气象能见度是指能够从天空中看到背景并识别出适当大小的黑色目标的最大水平距离,而"能见度"的标准是能够识别目标的轮廓和形态。驾驶员在驾驶时需要清楚区分前方道路上不同颜色、大小的物体、车辆、行人、路障、指示牌等,并确定其运动状态和应采取的措施,明显高于气象观测能见度界定标准的要求。根据实践调查,气象能见度距离约为驾驶员驾驶视距的 $3\sim 5$ 倍。能见度对城市交通的影响见表 7.2。

表 7.2　不良能见度对交通的影响

能见度距离/m	对交通的影响
$2000\sim 5000$	对交通影响不大
$1000\sim 2000$	对交通有一定的影响,不利于车辆高速行驶
$500\sim 1000$	对交通有显著影响,车辆需减速行驶,司机要注意观察前方路况
$200\sim 500$	对交通显著影响,各种车辆需限速行驶
$50\sim 200$	对交通有严重影响,尽量减少车辆出行
<50	难以分辨路况,车辆行驶困难,交通严重阻塞甚至瘫痪

道路交通事故的原因复杂,在排除人、车、路的原因之外,在导致交通事故频繁发生的因素中,天气条件是一个不可忽视的重要原因,特别是在遇雨、雹、雪、沙尘等敏感的天气条件时,汽车超速行驶、没有保持必要的间距、错误开灯等是诱发交通事故的直接原因。在海拔较高的西藏,很多高速公路相比其他省份要危险,川藏高速公路的各个路段交通事故频发。气象对交通的影响是交通部门无法回避的,了解和掌握其规律可以为交通发展提供更好的科学决策依据。

7.2.2　气候变化对旅游的影响

昌都市是川藏公路的咽喉要道。这座藏东古城已有 500 多年的历史,有着光辉灿烂的文化。座落在昌都镇的强巴林寺,是康区最大的黄教寺庙之一,该寺兴建于公元 1444 年。从清康熙皇帝开始受历代皇帝的册封,寺内保存着价值极高的绝世珍品。兴建于公元 1185 年的嘎玛寺不仅汇聚着藏、汉、纳西三民族的工艺精华,而且还是嘎玛噶举派的祖寺。寺庙所在地是唐卡画像之乡,有各种唐卡画像供游客选购。达玛拉山上有已灭绝的恐龙化石群,距昌都城 10 km 处的卡诺遗址,是距今5000 多年前的新石器时代的村落遗址,对研究藏民族文化和历史具有重大意义。察雅县有距今 1100 多年摩崖造像。昌都市的旅游景点不仅有高山奇峰、飞瀑流泉、美丽的湖光山色和迷人的幽谷溶洞等自然景观,而且还有别具一格的文化艺术与人文景观。古老的寺庙胜迹,精湛的石刻艺术,精美的唐卡画,精雕细镂的金银首饰,无不显出古老而博大精深的藏族文化。千姿百态的神山圣湖和淳朴豪放的民族风情,以其特殊的神秘魅力,令人神往。

气候变化影响旅游气候条件,与自然地理环境密切相关。由于昌都市地域辽阔,生态地理特征明显,气候变化对自然生态区的影响差异显著,并不断影响着昌都市旅游业的发展。气候变化对不同生态系统演化的影响不同程度地影响着旅游资源。昌都市气温上升,加速了本地冰川融化,雪线和冻结层也随之上升,对高原冰川、湖泊等旅游景观产生直接影响。昌都市夏季气温升高和湿度下降,旅游舒适度降低,对昌都市夏季旅游旅游产生影响。此外,夏季不仅是旅游的旺季,也是降水集中期,极端强降水频发,将对本地旅游带来较大的不利影响。

7.2.3 气候变化对能源的影响

昌都市清洁能源资源十分丰富。著名的金沙江、澜沧江、怒江在昌都市境内流程约 1900 km,常年平均流量达 400 m³/s 左右,境内河流众多,大江小河纵横交错,水量充沛,天然水能蕴藏量达 4000 亿 kW;湖泊总面积 120.2 km²,冰川和积雪面积2071.8 km²,均为海洋性冰川;在山峰岭上布满着的冰雪,是天然的固体水库,蕴藏着巨大的水利水能资源;昌都市年日照时数为 2600~3200 h,是我国太阳总辐射的高值区域。

"十四五"期间,昌都市清洁能源发展迎来快速发展的重大机遇。昌都市围绕西藏自治区"一基地、两示范"总体布局,大力发展清洁能源产业,把清洁能源作为三大主导优势产业之一,全力打造藏东国家清洁能源基地。昌都市清洁能源技术可开发总量约 10 535 万 kW,其中水电约 3300 万 kW、光伏约 7100 万 kW、风电约135 万 kW,目前开发利用总量不足 10%。目前,昌都市积极打造金上、澜上、藏东南水风光储一体化清洁能源基地,加快推进叶巴滩、拉哇、扎拉等水电站及芒康昂多、贡觉拉妥水光互补光伏项目的建设,确保如美、昌波水电站按期完成项目核准并开工建设。

在全球变暖的背景下,昌都市气温、降水、风速和太阳辐射等气象要素均发生了明显的变化。由于降水、温度、风速和太阳辐射的变化和变异,包括生物能源以及水力、太阳能和风能在内的可再生能源在不同程度上受到气候变化的影响。例如,昌都市降水的趋势存在明显的区域差异,有些地方偏多,有些地方偏少,这些都将对昌都市的水资源分布产生影响,使水文情势更加复杂多变,为水电站的发电调度规划带来困难。气候变化和极端气候还可能通过对传输系统或基础设施选址的影响,影响能源系统的复原力和能源供应的可靠性。此外,气候变化可能影响能源供应的潜力,对土地利用和与其他部门的竞争产生影响。在昌都市,气候变化的主要影响体现在水电行业和光伏发电行业。

7.2.3.1　对水电行业的影响

干旱减少水量,降低发电量,气候变暖导致河流、湖泊水量减少,水库涵养量不足,可利用的水力资源减少,使水电站发电量下降。例如,2022 年夏季,我国出现历史罕见的极端高温天气。以川渝地区为例,四川省降水量历史同期最少,电力缺口超过 1000 万 kW;重庆市最高峰需求 2800 万 kW,缺口 400 万 kW。2023 年初,云南气象干旱发展迅速,全省有 90％的区域(113 个站)出现气象干旱,大部地区以中等及以上气象干旱为主,加剧了水电供给不足的问题。

极端天气损坏水电设施,极端暴雨引发的洪水可能损毁水电站大坝、水轮机及电力设备,导致发电系统瘫痪。此外,极端气候事件增多也使水资源的时空分布更加不确定,干旱期河流水量骤减,而暴雨期洪水又会过度增多,这将严重影响水电站的正常发电调度,使水电站无法发挥应有的峰谷调节作用。国内外许多学者应用不同模式分析了高原极端降水的未来变化(Yang et al.,2012;Li et al.,2021),结果显示,西藏极端降水事件在 21 世纪的未来将增多(王予 等,2021;向竣文 等,2021;Wang et al.,2021)。因此,极端降水对昌都市水电行业的影响不容忽视。

7.2.3.2　对光伏发电行业的影响

光伏组件的工作原理是利用半导体的光伏效应,高温会降低光伏组件的转换效率。当温度升高时,半导体中的载流子数量增加,但载流子的平均自由路径缩短,光生伏特效应降低,导致转换效率下降。研究显示,晶硅电池的转换效率每升高 1 ℃,会降低 0.3％～0.5％。一般而言,光伏组件正常工作时,电池片的标准工作温度是 25 ℃,这是光伏发电的最适宜温度,也就是在这个温度下,光伏的发电效率最高。在高于 25 ℃的工作条件下,温度每升高一度,组件的输出功率会相应衰减。各种损耗效应叠加,导致电池的发电效率迅速衰减,使用寿命大为缩短。

昌都市主要水电站所在区域均为极端降水频率增加的地区。随着极端降水事件增多,该区域水电站受到极端降水的影响将加大。同时,随着昌都市气温的上升,对昌都市光伏电站也将产生不利影响。但降水增多、日照时数增加有利于水电站和光伏电站的产出。因此,气候变化对昌都市能源行业发展的影响具有很大的不确定性。

7.3 应对气候变化的重点领域和措施

气候变化是全球各个国家面临的共同挑战,事关全球人类的可持续发展。目前,通过碳中和来应对气候变化已成为各国实现应对气候变化长期目标的重要途径。减缓和适应已成为应对气候变化的两大策略:减少温室气体排放,增加碳汇,从而减缓气候变化速率;增强环境适应性,开展切实有效的适应行动,从而降低气候变化不利影响和风险。

7.3.1 农牧业

强化农业领域适应气候变化能力。重点应该放在对于科学的农业栽培与作物管理技术的普及上,大力发展新型农业,统筹部署推进农田建设工作,加强规划引领,强化政策支持,集中力量建设高标准农田,构建种养新模式,推动减量化和资源化,推进昌都绿色农业发展。

树牢绿色发展理念,形成农业绿色品牌。将农牧民追求"高肥高产量"的理念转变为追求"高效高质量",推广测土配方施肥和农作物病虫草害统防统治,鼓励使用有机肥和生物农药,积极开展有机肥替代化肥计划,加强农膜源头监控和回收利用,融合推广科学、生态、经济施肥用药等绿色生产技术,逐步建立西藏高原特色农产品绿色、天然、安全的品牌效应。

完善农业基础设施,大力发展农业科技。应针对农业发展存在的短板和不足,有针对性地完善农业基础设施条件,加快实施农田高效节水灌溉工程,研发适应高原农业特点的农业机械,提高农业机械化作业率,在主要农作物种植区或连片农业区,积极推行生产全程机械化,全面提升农业技术服务水平、应用效率和经营效益。

加快推动城乡融合,推进新型城镇化,发挥城镇的载体和平台作用,为乡村振兴和农业绿色发展聚集土地、资金、技术和人才等各类资源要素。同时,借助城镇优势,发展绿色农产品深加工等多种产业形态,延长农业产业链,促进一、二、三产业融合发展,推动农业转型升级。

构建覆盖全市的灾情信息调度系统和农业气象试验基地,完善农气会商机制,提高了农业灾害风险防范预警能力。

7.3.2 水资源

水资源领域也是国家在适应气候变化中尤为重视的领域之一,气候变化影响水资源的存储、循环与时空分布,使我国水资源系统面临着更高的脆弱性和风险性。

建立更严格的污水处理与排放标准,加大水资源污染的惩治力度,构建区域再生水循环利用体系,大力推进污水资源化利用,推进水环境治理减污降碳协同控制。严格落实水资源开发利用控制、用水效率控制、水功能区限制等三条红线。严格执行建设项目水资源论证制度、规划水资源论证制度、水土保持方案审批制度。

随着全球气候变化,西藏受冰川融化所造成的灾害风险也越来越高,不利于西藏水源补给区人与自然和谐发展,需要建立西藏水资源保障的生态补偿机制,将江河源头区水源涵养,流域内面源污染控制,工业和生活污水收集处理,水资源合理开发利用等纳入流域生态管理。通过经济手段解决西藏地区水资源保护与利用中存在的矛盾问题,保障国家的水生态安全,促进江河源区与下游地区经济的协调发展。

继续大力推进西藏水利基础设施建设。首先必须满足当地群众基本生产生活用水需要,要大力发展民生水利,切实解决群众吃水、用电、灌溉、防洪等基本用水用电问题。在此基础上,要加大水利骨干工程建设,增强水利工程对江河的控制能力,加大水资源的调配能力,以可靠的水利基础设施保障西藏水安全。

加强西藏水能资源开发利用研究。建议高度重视"藏电外送",把"藏电外送"作为类似"西气东输"等国家重大项目来抓。建立相关战略协调机制,邀请国内高等院校、研究机构、政府有关部门的知名学者、专家、教授,组成高层次、高级别、高水平的昌都水能开发利用智囊团,对昌都市"藏电外送"项目可行性、地质环境、工程建设、气候影响、水资源保护、生物多样性等提供咨询意见,增强项目决策的科学性。

7.3.3 林业等自然生态系统

增加耐火、耐旱(湿)、抗病虫、抗极温等树种的造林比例,加强火灾、有害生物入侵等森林灾害的监测防控力度,培育适宜昌都人工种植和天然草地植被恢复的乡土牧草,逐步建立野生牧草种植繁育技术体系,积极开展湿地生态环境保护与可持续利用的工作,封育沼泽湿地,进行退化湿地修复、栖息地恢复、恢复自然岸线、建设人工湿地,维护湿地生物多样性,全面提升湿地保护与修复水平,维护、增强重点湿地生态系统的生态服务功能。继续开展生态保护重点工程建设,建立重要生态功能区,促进自然生态恢复等措施。通过水土保持、防沙治沙等措施,维护森林生态系统的稳定和对气候变化的适应能力。推进湿地恢复与综合治理工程,继续开展国土绿化、沙区物种保护、荒漠化、石漠化监测和土地植被恢复行动。建立市场化和多元化的生态补偿机制;实施野生动植物保护及自然保护区建设等重大生态保护与修复工程。

还需要修订完成基础设施相关标准,增强应对极端天气气候事件的能力,有效保护森林、草原、湿地等生态系统,有效治理荒漠化和沙化土地,普及适应气候变化的健康保护知识和技能等。

7.3.4 交通运输

减缓与适应协同推进,全面开展交通运输领域应对气候变化工作。一方面,交通运输是化石能源消耗和温室气体排放的重点领域之一,应减少交通领域对气候变化的影响;另一方面,需要应对气候变化对交通运输基础设施建设、养护和运行等带来的诸多不利影响。

在交通运输领域应对气候变化顶层设计方面,统筹考虑减缓与适应,优先采取具有减缓和适应协同效益的行动举措,将温室气体排放管控及适应气候变化要求有效融入交通运输系统运行全领域、全过程,从制度、技术、资金和人才等多方面为交通运输领域应对气候变化能力提升营造有利环境。加强韧性交通基础设施建设,将温室气体排放管控及适应气候变化要求有效融入交通基础设施建设过程,在基础研究、监测统计核算、评价考核和试点示范等层面,积极推进交通运输温室气体与大气污染物排放协同控制,在绿色低碳交通基础设施建设、交通装备结构优化和客货运输结构优化调整等领域,研究实施新时期交通运输领域协同减排重大政策和重大工程;开展自然灾害综合风险公路水路承灾体普查工作,形成公路行业灾害风险数据库,持续加强交通生态环境保护和治理,开展生态选线、公路边坡近自然植被保护、江河岸线生态化防护等工作,依靠自然力量提升生态恢复能力、防灾减灾御灾能力,协同推进基础设施生态保护修复与气候适应能力提升。

加强气候变化监测预警和风险管理方面,交通运输部门应联合气象部门加强交通气象服务保障和科研工作,开展极端天气预测预警,已建成初具规模的交通气象监测站网,开展了基于公路路段、高时空分辨率的主要路网交通气象预报预警业务,提升交通网络对极端天气适应能力,提升在气候变化条件下的安全运营能力。

7.3.5 旅游业

引导旅行者选择低碳旅行的交通模式,提升昌都市旅游交通基础设施建设和利用水平;深度挖掘昌都市旅游活动的开发潜力,提高旅游文化产品中的经济附加值。在旅游开发建设中开发人文旅游景点不仅可以缓解自然景点的容量压力,提高旅行者游览质量,而且可以达到丰富旅游内容、活跃旅行者文化生活、延长旅行者停留时间的目的。充分发挥昌都文化的魅力,优化昌都旅游活动结构,以最小的环境消耗扩大昌都文化的影响力。

参考文献

安玉琴,徐爱燕,刘静,等,2009.西藏文化旅游资源开发现状探析[J].西藏大学学报(社会科学版),24(4):26-31.

陈昌毓,2011.甘肃林木生长与气候关系分析[J].农技服务,28(5):20-23.

陈虹举,杨建平,丁永建,等,2021.多模式产品对青藏高原极端气候模拟能力评估[J].高原气象,40(5):977-990.

陈慧斌,2016.林业经济发展与气候因素的因果关系[J].时代农机,43(1):2.

陈荣,段克勤,尚溦,等,2023.基于CMIP6模式数据的1961—2099年青藏高原降水变化特征分析[J].高原气象,42(2):294-304.

陈仕江,尹定华,丹增,等,2001.中国西藏那曲冬虫夏草的生态调查[J].西南农业大学学报,23(4):289-292+296.

陈说,叶涛,刘苇航,等,2021.NEX-GDDP和CMIP5对青藏高原地区近地面气象场历史和未来模拟的评估与偏差校正[J].高原气象,40(2):257-271.

程志刚,曹双平,李婷,2011.21世纪青藏高原气候变化及气候带可能变迁[C].第28届中国气象学会年会:586-592.

旦增卓玛,旺堆杰布,洛旦,等,2019.气候因子对那曲虫草产量的影响[J].西藏科技,6:32-34+40.

刁治民,1996.青海虫草资源及生物学特性的初步研究[J].生物学杂志,2:20-22.

杜军,路红亚,建军,2013.1961—2010年西藏极端气温事件的时空变化[J].地理学报,68(9):1269-1280.

杜军,向毓意,2001.原春青稞株成穗数与气象条件关系[J].国生态农业学报(1):102-104.

段丽萍,2003.西藏自治区旅游资源概况[J].四川地质学报,3:182-187.

段丽萍,2005.西藏自治区旅游资源区划的初步设想[J].云南地理环境研究(S1),A1:33-40.

多吉,2010.浅谈昌都蝗虫发生动态预测及综合防治[J].西藏科技,212(11):20-23.

甘子鹏,2022.青藏高原青稞品质与气象条件的关系[D].兰州:兰州交通大学.

高由禧,李慈,袁福茂,等,1982.海陆地形对夏季温度场的影响[J].高原气象(4):46-59.

关志华,陈传友,1980.西藏河流水资源[J].资源科学,2(2):25-35.

郭相,刘蓓,马绍宾,等,2008.云南冬虫夏草生态环境调查及生物学特性分析[J].中国食用菌,6:8-11.

郭宗惠,黄志伟,肖蕾,2009.建藏东生态屏障铸高原绿色明珠——昌都林业改革开放30年成就斐然[J].中国林业,3:32-33.

韩国军,2012.近50年青藏高原气候变化特征分析[D].成都:成都理工大学.

何光碧,高文良,屠妮妮,2009.2000—2007年夏季青藏高原低涡切变线观测事实分析[J].高原气象,

28(03):549-555.

胡军,多吉扎西,拉巴,等,2023.西藏昌都市芒康县盐井葡萄生育期界定及气象条件分析[J].中国农学通报,39(1):103-106.

姜加虎,黄群,2004.青藏高原湖泊分布特征及与全国湖泊比较[J].水资源保护,6:24-27,70.

雷祥旭,姚宜斌,许超钤,2015.青藏高原地区大气可降水量变化特征初步分析[J].测绘地理信息,40(4):19-22.

李博渊,胡芩,2024.基于CMIP6模式评估结果对未来青藏高原降水多情景预估[J].高原气象,43(1):59-72.

李春花,罗正霞,陈蓉,2015.西藏旅游气候资源空间分异研究[J].青海师范大学学报(自然科学版),3:8-14.

李芬,吴志丰,徐翠,等,2014.三江源区虫草资源适宜性空间分布[J].生态学报,34(5):1318-1325.

李红梅,李林,2015.2℃全球变暖背景下青藏高原平均气候和极端气候事件变化[J].气候变化研究进展,11(3):157-164.

李晖,王立辉,2011.西藏虫草生境的气候[J].西藏科技,6:68-71.

李进,冯成强,张文生,2008.虫草研究回顾与展望[J].中国农学通报,2:382-384.

李磊磊,范建容,张茜彧,等,2017.西藏自治区植被与气候变化的关系[J].山地学报,35(1):9-15.

李世奎,1987.中国农业气候区划[J].自然资源学报,1:71-83.

李廷,2021.基于遥感技术的昌都地区土地覆被和地质灾害分析研究[D].拉萨:西藏大学农牧学院.

李宛鸿,徐影,2023.CMIP6模式对青藏高原极端气温指数模拟能力评估及预估[J].高原气象,42(2):305-319.

林振耀,吴祥定,1981.青藏高原气候区划[J].地理学报,1:22-32.

刘国一,尼玛扎西,宋国英,等,2014.西藏一江两河地区青稞生产土壤养分限制因子分析[J].中国农业气象,35(3):276-280.

刘依兰,边巴扎西,1997.西藏林芝地区耕作制度气候区划[J].中国农业气象,1:29-31.

洛桑旺姆,其米玉珍,拉珍,等,2014.西藏山南地区主要景点的旅游气候分析[J].西藏科技,8:57-63.

闾利,张廷斌,易桂花,等,2019.2000年以来青藏高原湖泊面积变化与气候要素的响应关系[J].湖泊科学,31(2):573-589.

吕学都,2022.气候投融资发展的现状、问题及推进创新的思考[J].可持续发展经济导刊,(Z1):85-88.

马伟东,2019.青藏高原青稞种植现状及其增产途径[J].青海农林科技(4):49-52+87.

马忠宝,2011.森林气候因子对森林防火的影响[J].农村实用科技信息,11:1.

尼玛拉宗,卓嘎,2018.西藏日喀则市太阳能资源时空分布特征及资源潜力评估[J].农学学报,8(3):16-22.

彭贵康,康宁,李志强,等,2010.青藏高原东坡一座世界上最滋润的城市——雅安市生态旅游气候资源研究[J].高原山地气象研究,1:12-20.

石磊,黄晓清,尼玛吉,等,2015.西藏自治区旅游气候适应性分析[J].冰川冻土,37(5):1412-1419.

宋善允,王鹏祥,杜军,等2013.西藏气候[M].北京:气象出版社.

田晓瑞,舒立福,王明玉,等,2007.西藏森林火灾时空分布规律研究[J].火灾科学,16(1):10-14.

王保民,1980.西藏气候区划[J].西藏农业科技,3:21-34.

王明玉,舒立福,王景升,等,2007.西藏东南部森林可燃物特点及气候变化对森林火灾的影响[J].火灾科学,16(1):15-20.

王鑫,李跃清,郁淑华,等.2009.青藏高原低涡活动的统计研究[J].高原气象,28(1):64-71.

王予,李惠心,王会军,等,2021.CMIP6全球气候模式对中国极端降水模拟能力的评估及其与CMIP5的比较[J].气象学报,79(3):369-386.

吴国雄,段安民,张雪芹,等,2013.青藏高原极端天气气候变化及其环境效应[J].自然杂志,35(3):167-171.

吴坤鹏,刘时银,鲍伟佳,等,2017.1980-2015年青藏高原东南部岗日嘎布山冰川变化的遥感监测[J].冰川冻土,39(01):24-34.

向竣文,张利平,邓瑶,等,2021.基于CMIP6的中国主要地区极端气温/降水模拟能力评估及未来情景预估[J].武汉大学学报(工学版),54(1):46-57+81.

闫琦,2023.青藏高原湖泊微生物群落特征与构建机制[D].兰州:兰州大学.

姚光强,鲁永新,2013.楚雄州气候变化及其对森林生态系统的影响浅析[C]//云南省水利学会2013年度学术交流会论文集.云南省水利学会:283-289.

张利平,彭云,田宏,2019.川西高原虫草生态气候区划研究[J].西南大学学报(自然科学版),41(10):108-116.

张猛,杨改河,王晓君,1995.西藏河谷地区农业气候区划分探讨[J].西北农林科技大学学报(自然科学版),4:26-29.

张谊光,黄朝迎,1981.西藏气候带的划分问题[J].气象,4:6-8.

赵玉山,2023.察雅县发展苹果产业优势得天独厚[J].中国果业信息,40(5):46-47.

周刊社,洪健昌,罗珍,等,2019.西藏高原虫草产区气候变化特征分析[J].资源科学,41(1):164-175.

周刊社,张建春,黄晓清,等,2018.西藏高原虫草资源适宜性区划分析[J].生态学报,38(8):2768-2779.

周顺武,吴萍,王传辉,等,2011.青藏高原夏季上空水汽含量演变特征及其与降水的关系[J].地理学报,66(11):1466-1478.

周天军,陈梓明,邹立维,等,2020.中国地球气候系统模式的发展及其模拟和预估[J].气象学报,78(3):332-350.

周学武,何见,2011.西藏核桃种植技术研究[J].农技服务,28(5):704-706.

周玉科,高琪,2017a.1960—2012年青藏高原极端气候指数数据集[J].中国科学数据(中英文网络版),2(2):70-78.

周玉科,高琪,范俊甫,2017b.基于极端气温指数的青藏高原年际升温及不对称特征研究[J].地理与地理信息科学,33(6):64-71.

宗学普,段玉春,左宜泽,1983.西藏昌都地区果树资源[J].作物品种资源,4:25-33+2-57.

HARRISON S,GLASSERL N,WINCHESTER V,et al,2006.A glacial lake outburst flood associated with recent mountain glacier retreat,Patagonian Andes[J].The holocene,16(4):611-620.

LI T,JIANG Z H,ZHAO L L,et al,2021.Multi-model ensemble projection of precipitation changes o-

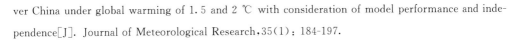

ver China under global warming of 1. 5 and 2 ℃ with consideration of model performance and independence[J]. Journal of Meteorological Research,35(1)：184-197.

WANG C P,HUANG M T,ZHAI P M,2021. Change in drought conditions and its impacts on vegetation growth over the Tibetan plateau[J]. Advances in Climate Change Research,12(3)：333-341.

YANG T X,HAO B,SHAO Q X,et al,2012. Multi-model ensemble projections in temperature and precipitation extremes of the Tibetan Plateau in the 21st century[J]. Global and Planetary Change，80-81：1-13.

昌都气候

ཆབ་མདོ་ནམ་ཟླ།

杨军远　普布次仁◎主编

气象出版社
China Meteorological Press

内容简介

本书以气象观测数据和遥感资料为基础,利用数理统计方法,参考大量文献,广泛采纳第一次、第二次青藏高原科学考察的国内外高原气象研究的科技成果和全国灾害普查调研成果,全面系统分析阐述昌都气候和气候变化特征。全书共包括昌都概述、气候要素特征、气候变化、气象灾害及风险区划、农业与气候、气候资源与区划、气候变化的影响及应对7章,以图文并茂的方式介绍了昌都气候特征及天气气候灾害概况,针对本地社会经济现状及未来发展趋势,分析了农业气候、旅游气候、气候资源、气候变化影响及应对措施等。本书可为昌都市经济发展、生态文明高地建设提供气候变化和气候资源基础数据,也可为昌都市防灾减灾提供科学依据。

图书在版编目（CIP）数据

昌都气候 / 杨军远，普布次仁主编． -- 北京 ： 气象出版社，2024．10． -- ISBN 978-7-5029-8332-1

Ⅰ．P467

中国国家版本馆 CIP 数据核字第 2024Y67S93 号

昌 都 气 候
Changdu Qihou

出版发行：气象出版社

地　　址：北京市海淀区中关村南大街 46 号　　邮政编码：100081

电　　话：010-68407112（总编室）　　010-68408042（发行部）

网　　址：http://www.qxcbs.com　　　　E-mail：qxcbs@cma.gov.cn

责任编辑：颜娇珑　　　　　　　　　　　　终　　审：张　斌

责任校对：张硕杰　　　　　　　　　　　　责任技编：赵相宁

封面设计：地大彩印设计中心

印　　刷：北京中科印刷有限公司

开　　本：787 mm×1092 mm　1/16　　　印　　张：17.25

字　　数：340 千字

版　　次：2024 年 10 月第 1 版　　　　　印　　次：2024 年 10 月第 1 次印刷

定　　价：180.00 元